彩 图

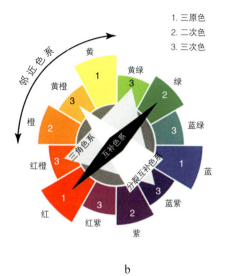

彩图1 色相环和色系

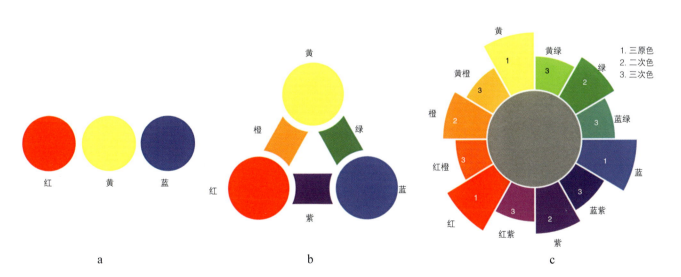

彩图2 三原色和二次色、三次色

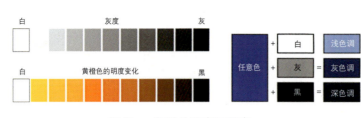

彩图3　色彩的明度及彩度

彩图4　金鱼草、大丽花等对比色材料组成的带状花坛

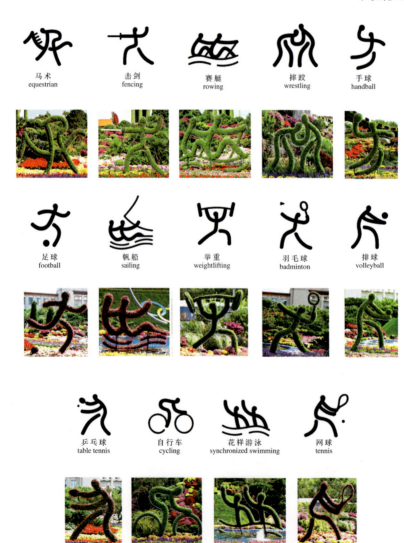

彩图5　北京2008奥运会体育图标纹样造型花坛

彩图6　北京城市道路交叉处花坛

彩图7　北京2008年国庆天安门广场花坛——"同一个世界，同一个梦想"

彩图8　北京2008年国庆天安门广场花坛——"五彩奥运"

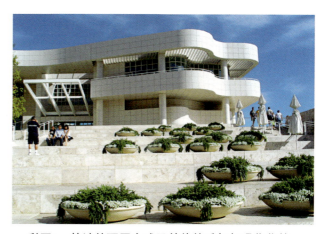

彩图9　简洁的配置方式及单体的重复与现代化的建筑形式相得益彰

彩图10　废弃的容器与质感丰富的植物组合形成质朴的景观效果

彩图11　设置在道路一侧的单面观花境

彩图12　设置于道路两侧的对应演进式花境

彩图13　草坪上双面观赏的花境

彩图14　庭院草坪边缘的小型花境

彩图15　由钢筋组合成的类似独柱式花架

彩图16　花门

彩图17　高、中、矮植篱组合成景

彩图18　绿篱组成的迷宫

彩图19　充满趣味的家庭花园一角

彩图20　别墅花园中的自然式植物景观

彩图21　生态浮岛美化水面

彩图22　生态浮岛软化生硬的河道岸线

彩图23　具有声响及丰富色彩的小型水景园一角

彩图24　英国爱丁堡皇家植物园岩石园

彩图25　英国邱园岩石园

彩图26　色彩斑斓的仙人掌类植物形成图案组合

彩图27　自然式牡丹芍药园

彩图28　北京植物园月季园丰花月季展示区

彩图29　北京植物园月季园藤本月季展示区

彩图30　种植池式屋顶花园

彩图31　可移动穴盘栽植苗拼接出的屋顶花园

彩图32　私家小型屋顶花园

彩图33　落地窗户外植槽与容器栽植相结合的美丽景观

彩图34　草本花卉组合布置的室内景观

彩图35　室内花园景观（1）

彩图36　室内花园景观（2）

彩图37　2007年北京海淀公园奥运花卉展火炬传递标志立体造型

彩图38　饲用及食用植物展示

彩图39　"凤舞花韵"景区

彩图40　"和谐奥运"景区的花境景观

"十二五"普通高等教育本科国家级规划教材
国家林业和草原局普通高等教育"十三五"规划教材
高等院校园林与风景园林专业规划教材

园林花卉应用设计（第4版）

Application Design of Garden Flowers

（附数字资源）

董 丽 主编

中国林业出版社
China Forestry Publishing House

内 容 简 介

本教材是在《园林花卉应用设计》(第3版)的基础上进行修订的。内容包括园林花卉应用设计的一般理论、知识以及园林主要花卉应用形式及其景观设计。前者包括绪论、园林花卉分类、花卉应用设计基本原理,园林花卉种植施工与养护管理,涉及园林花卉应用设计的一般理论和知识;花卉景观设计主要包括花丛、花坛、花境应用设计,园林花卉立体景观设计,植篱、园林草坪及地被的应用与设计,花园设计、花卉专类园设计,屋顶花园应用设计,阳台窗台花卉装饰,室内花卉景观设计以及花卉展览设计。全书共16章内容。本次修订新增了数字资源,主要包括课件和景观案例,呈现形式多样,便于师生教学使用。

本教材适合高等院校园林、风景园林、园艺、环境设计等专业本科及研究生教学使用,也可作为相关领域从业人员的参考书。

图书在版编目(CIP)数据

园林花卉应用设计/董丽主编. —4版. —北京:中国林业出版社,2020.5(2025.2重印)
"十二五"普通高等教育本科国家级规划教材. 国家林业和草原局普通高等教育
"十三五"规划教材. 高等院校园林与风景园林专业规划教材
ISBN 978-7-5219-0491-8

Ⅰ.①园… Ⅱ.①董… Ⅲ. 花卉–园林设计–高等学校–教材 Ⅳ. S68

中国版本图书馆 CIP 数据核字(2020)第 028314 号

国家林业和草原局生态文明教材及林业高校教材建设项目

中国林业出版社·教育分社

策划、责任编辑:康红梅	责任校对:苏 梅
电话:83143551　83143527	传真:83143516

出版发行	中国林业出版社(100009　北京市西城区刘海胡同7号)
	E-mail:jiaocaipublic@163.com　电话:(010)83143500
	https://www.cfph.net
经　销	新华书店
印　刷	北京中科印刷有限公司
版　次	2003年10月第1版(共印3次)
	2010年3月第2版(共印2次)
	2015年8月第3版(共印3次)
	2020年5月第4版
印　次	2025年2月第4次印刷
开　本	850mm×1168mm　1/16
印　张	15.5　　插页　8
字　数	475千字
另数字资源	约300千字
定　价	56.00元

数字资源

未经许可,不得以任何方式复制或抄袭本书之部分或全部内容。

版权所有　侵权必究

国家林业和草原局院校教材建设专家委员会
园林与风景园林组

组　长

李　雄（北京林业大学）

委　员

（以姓氏拼音为序）

包满珠（华中农业大学）	潘远智（四川农业大学）
车代弟（东北农业大学）	戚继忠（北华大学）
陈龙清（西南林业大学）	宋希强（海南大学）
陈永生（安徽农业大学）	田　青（甘肃农业大学）
董建文（福建农林大学）	田如男（南京林业大学）
甘德欣（湖南农业大学）	王洪俊（北华大学）
高　翅（华中农业大学）	许大为（东北林业大学）
黄海泉（西南林业大学）	许先升（海南大学）
金荷仙（浙江农林大学）	张常青（中国农业大学）
兰思仁（福建农林大学）	张克中（北京农学院）
李　翅（北京林业大学）	张启翔（北京林业大学）
刘纯青（江西农业大学）	张青萍（南京林业大学）
刘庆华（青岛农业大学）	赵昌恒（黄山学院）
刘　燕（北京林业大学）	赵宏波（浙江农林大学）

《园林花卉应用设计》编写人员

主 编

董 丽

副主编

岳 桦　　张延龙　　张鸽香

编写人员

（以姓氏拼音为序）

白恒勤	董 丽	范舒欣	郭闻文
韩丽莉	郝培尧	洪 波	胡惠蓉
金荷仙	刘庆华	刘秀丽	马 越
毛志滨	宋希强	孙兴旺	吴铁明
夏 冰	肖建忠	谢晓蓉	尹淑霞
岳 桦	张鸽香	张延龙	周 丽
朱仁元			

主 审

余树勋　　王莲英　　张启翔

第4版前言

《园林花卉应用设计》(第1版)教材诞生于我国改革开放后人居环境建设快速发展的新世纪之初,是当时我国园林和风景园林高等教育领域第一本比较系统全面的、关于园林花卉应用设计的教材,此后不断修订完善,也一直被全国众多相关院校作为首选教材。自2015年第3版修订至今,我国在人居生态环境建设领域又发生了巨大的变化。2017年党的十九大报告中明确提出"人民对美好生活的需要,已不仅对物质文化生活提出了更高要求,而且在民主、法治、公平、正义、安全、环境等方面的要求日益增长",提出了要将"坚持人与自然和谐共生"作为新时代中国特色社会主义思想和基本方略的重要内容,要"建设美丽中国,为人民创造良好生产生活环境"。2018年2月,习近平总书记在视察四川时又提出了建设"公园城市"的理念。可以说在当下的中国,生态文明和绿色发展的理念正是这个时代最为显著的特征。

回望几千年人类文明史,追求健康和美丽的人居环境从来就是人类社会发展的目标和动力。即使在发展的过程中出现了偏差,也是靠着这样的动力才最终纠正了偏差。工业化和城市化过程中由于过度追求经济利益而造成的对生态环境的过度破坏影响了人类的健康,就是这样的一种偏差。如今,我们正处于纠正这个偏差并追求健康的可持续发展的轨道中。植物景观,无论自然的还是人工建植的,都因植物所具有的生命的属性,成为承载城乡人居环境最重要的生态服务功能的"自然"系统,其重要性毋庸置疑。不可忽略的是,在植物景观的生态服务功能中,美化环境的功能以及文化的价值也是其重要内涵。园林花卉景观更因其类型多样而美丽,无论是建筑的室内、露台、屋顶,还是室外的各类花园、绿地、街旁路边,它们规模可大可小,近在身边,装点着我们的环境,同时提供生物多样性支撑、覆盖地面等生态功能,日益受到全社会的重视。

教育教学要适应社会需求同时引领行业发展,加之当今信息技术的快速发展也带来了教育理念和教学手段的变化,据此我们此次又对本教材进行了第4版修订,在勘误、补充相关信息的同时,尤其增加了数字资源,给年轻教师备课和学生拓展性自主性学习提供了方便。同时,在教材付梓之际,我们教学团队建设的网络课程资源也同步上线。期待这些努力继续为我国风景园林人才培养发挥应有的作用。

董 丽
2020年3月

第3版前言

《园林花卉应用设计》(第2版)自2011年出版后,承蒙读者的厚爱,使用范围不断扩大并获得广泛赞誉。2014年10月入选第二批"十二五"普通高等教育本科国家级规划教材,2015年4月获中国林业教育学会主办的"第三届全国林(农)类优秀教材"二等奖。借此次售罄之际,决定对全书进行一次修订。本次修订首先对各章节进行局部的内容增删,其次对全书的文字进行一次修订,将原有错误之处、不顺畅之处等全面修改、润色,使全书信息更准确、语言更顺畅。

时值我国国民经济"十二五"规划即将结束、"十三五"规划即将开启之际,新一届国家领导人和政府都从多个角度提出了加强生态文明建设的要求,并且在2015年中央政治局会议上,在十八大提出的"新型工业化、城镇化、信息化、农业现代化"之外,首次加入了"绿色化",并将其定性为"政治任务",这也表明风景园林这一支撑人居环境建设的重要学科及行业都任重而道远。

在过去30多年的发展历程中,我们在营造城乡生态环境的植物景观方面有巨大的成就,也有过偏差。曾经,在植物景观设计中不分地域、不顾场地条件、不顾功能要求片面追求视觉效果,推山填水也要去建大尺度的花坛、花带景观,这些早已饱受诟病。如今,面对山水、土壤、大气环境污染严重、生物栖息地广遭破坏等生态问题,在风景园林景观建设中广泛重视植物的生态效益已成为主流。但我希望风景园林的从业者不要走向另一个极端:全盘否定花卉景观。人居环境要健康,也要美丽,对美的环境的追求伴随着人类文明的发展历程,这也是风景园林行业和学科存在的基础和意义。而在这美丽家园的营造过程中,最具有装饰性的广义的花卉(当然也具有装饰性之外的其他功能)永远是那万绿丛中不可缺少的"一点红"。因此,花卉景观设计永远是植物景观设计中不可或缺的重要内容。事实是,当前我国的许多城市在全面提升绿化质量加强生态环境建设的同时,也在提升景观效果,努力建设更具人性化的健康而美丽的环境。我们也欣喜地看到,教材中在十多年前就提出的低维护性景观的建设、栖息地的建设等理念如今已然获得全社会共识并进入广泛的行业实践。

期待本教材能在未来为我国风景园林学科教育的发展和人才培养发挥更大的作用,也欢迎广大读者继续提出宝贵的意见及建议。

董 丽

2015年6月

第2版前言

《园林花卉应用设计》自 2003 年出版以来,至今已近 7 载。在此期间,该教材不仅广泛用于全国各地高校中相关专业的教学,也为社会有关从业人员提供了一本系统的关于花卉景观设计的参考书。2008 年该书获第二届高、中等院校林(农)类优秀教材一等奖。随着我国园林行业的蓬勃发展,花卉景观的设计日益受到重视,尤其是随着 2008 年我国成功举办第 29 届北京奥运会及 2009 年国庆 60 周年华诞庆典,首都北京及相关城市大量应用花卉,对提升城市景观起到了巨大的作用,举世瞩目。这期间广大风景园林设计师的探索和创新,不仅为花卉景观应用和设计积累了丰富的经验,更是极大地推动了我国花卉景观的普及相关产业的发展。借此机会,我们对原教材的内容进行了调整和补充,一方面反映我国近年来取得的园林花卉应用设计的成果,另一方面着眼未来,传达与时俱进且符合我国国情的花卉设计理念。2007 年,本书的第 2 版被列入"普通高等教育'十一五'国家级规划教材"。

本次修订重点完成以下几个方面:第一,补充了"植篱的应用与设计"一章,使整体内容更为完善。第二,对花坛、花境部分进行了补充,尤其是在传统花坛和花境设计手法的基础上,园林实践中出现了一些介乎于两者之间的花卉景观,这既是景观多样性的尝试,又是对于传统设计手法在继承基础上的创新,这方面实例的增加可以开阔学生的视野,激发他们的创造性。第三,随着举办奥运会对城市绿化质量和景观质量的要求,北京市近些年来进行了前所未有的屋顶绿化的研究和示范,取得了巨大的成果。本次特请该领域的资深专家——北京市园林科研所教授级高工韩丽莉对"屋顶花园应用设计"一章进行了全面修改补充,以期将行业的研究和实践成果及时应用于教学。第四,针对近些年来我国频繁举办各类国际和国内园林和花卉展览活动的现状,对"花卉展览设计"一章也做了较大幅度的修改,丰富了实例。第五,对其余各章进行了局部补充修改,力求全书内容更为新颖、全面和系统。

园林行业的快速发展是一件值得欣慰的事情,但同时也对教材的及时更新提出了更高的要求。本次修订虽尽力而为,但因时间及编者认识所限,也未能尽如人意。真诚希望广大读者继续对本教材提出宝贵意见。

董 丽

2010 年 2 月

第1版序

《园林花卉应用设计》是继我校吴涤新教授《花卉应用与设计》(中国农业出版社1994年版)之后的一部力作。我用了较长时间,断续读完了全部书稿。此书即将作为专业教材问世。本人作为第一读者,谨在此表达祝贺与欣慰之忱。

首先,应充分肯定此书之价值与历史作用。它是一部集体创作的21世纪教材,由主编董丽副教授在统一的著书主体思想指引下协调内容,润饰笔调,加以统编,读来顺口合拍,引人入胜。书中博引广征,搜集并消化了许多中外古今的有关资料。

第二,本书引经据典,收罗较齐。尤其未忘将1999年昆明世界园艺博览园中之瓜果园、药草园等作为观赏专类园之例证加以介绍,使人有亲切和贴心之感。

第三,在补缺求全方面,编著者煞费苦心,精心安排,如蕨类花园、花卉展览及阳台窗台花卉布置等,好多都是以往花卉书籍中较少包罗的。这次,在本书中集其大成,使大著更加丰满充实,确是来之不易的。

第四,图文并茂,文笔流畅,读之有引人入胜、触类旁通之感。花卉拉丁学名也尽量写全、写得正确。书后附有中文、拉丁学名索引,方便读者检阅。这在一般教学用书中,还是较为罕见的优点。

另外,附带提出有关建议和希望。

如此书尚缺基础种植设计(foundation planting design)的系统介绍,而这是我国传统园林艺术的精华之一,反而被外国园林学去并普遍应用成功。对此,希于再版时务必加以补充才好。

最后,再一次祝贺此书之公开问世,作为园林界的老兵,我的心情激动,欣慰不已。希继续努力,与时俱进,在复兴中华园林中多作贡献。

是为序。

癸未秋月
陈俊愉于北京林业大学梅菊斋

第1版前言

园林花卉种类繁多，观赏性强，自古以来，中外园林无园不花。随着时代的发展，随着人们对生存环境的景观质量和生态质量需求的提高以及花卉新品种的丰富和栽培、应用及相关的材料设施、工程技术的不断进步，花卉在园林中应用的方式越来越多样。"园林花卉应用设计"这一课程便应运而生。然而，迄今为止，一直没有适用于本科教学的相应教材供学生参考。在北京林业大学教务处、园林学院以及中国林业出版社的支持下，在全国园林专业通用教材编写指导委员会的指导下，在同行的支持和共同努力下，由北京林业大学组织全国多所林业和农业院校的相关教师及工作在园林事业一线的园林设计师共同编写了这本教材。

从系统性、科学性和实用性的要求出发，本教材不仅介绍了花卉应用设计的基础，而且较全面地介绍了当今园林花卉应用各类形式的设计原则和方法。内容的编排从规则式设计到自然式设计，从单一园林花卉应用形式的设计到综合性园林花卉应用设计，从露地园林花卉应用设计到室内园林花卉应用设计，最后到具有高度综合性的花卉展览的设计，循序渐进，既便于教学组织，又利于自学。书中所涉及的概念主要参考《中国农业百科全书·观赏园艺卷》中的定义，前者未曾收集或与本书内容有异的概念则由作者在参考了大量中外文献资料的基础上进行补充或定义，力求准确。

在对传统的园林花卉应用形式如花坛、花境等全面系统论述的基础上，本教材还包括了目前在我国刚刚兴起或长期以来教学参考资料较为缺乏的内容，如各类花卉专类园、方兴未艾的花卉立体景观设计以及各类花卉展览的设计，表现了内容的新颖性。对重要的园林花卉应用形式，除了简明扼要的设计要点外，对其所涉及的园林植物类型也作了介绍，同时还附有部分优秀设计的实例，便于学生充分理解和掌握相关的设计原则在实际项目中的运用。每章后有推荐阅读书目和思考题，可供自学时参考。本书不仅适用于高等院校园林专业的学生，也可供从事园林设计的工作者参考。

全书附有部分彩色插图及墨线图。部分插图引自同行的相关专著，限于篇幅未能一一标注，将参考文献列于书后，谨致谢忱。

感谢中国工程院资深院士、著名花卉专家陈俊愉教授以其耄耋之年惠予作序，并提出了宝贵意见。

感谢著名园林专家余树勋教授、王莲英教授、张启翔教授审稿并提出宝贵意见。

感谢北京林业大学教务处的支持以及出版社的编辑、出版人员为此书付出的辛勤劳动。感谢所有帮助收集资料或以各种形式为本书出版作出贡献的园林学院的同学。

由于编者认识所限，书中定有疏漏和错误之处，欢迎读者提出批评和建议。

编 者
2003 年 5 月

目 录

彩图
第4版前言
第3版前言
第2版前言
第1版序
第1版前言

第1章 绪 论 ………………………… 1
1.1 相关概念及本课程内容 …………… 1
1.2 花卉在园林绿化建设中的作用 …… 2
 1.2.1 园林花卉对环境的改善和防护作用 ……………………………… 2
 1.2.2 园林花卉对环境的美化作用 ……………………………… 2
 1.2.3 园林花卉对人类精神生活的作用 ……………………………… 2
 1.2.4 园林花卉的经济效益 ……… 3
1.3 园林花卉应用简史 ………………… 3
 1.3.1 西方园林花卉应用简述 …… 3
 1.3.2 中国园林花卉应用简述 …… 5
1.4 "园林花卉应用设计"课程要求 …… 7
 1.4.1 本课程教学目的 …………… 7
 1.4.2 课程要求掌握的内容 ……… 7
 1.4.3 学习方法 …………………… 7
思考题 …………………………………… 8
推荐阅读书目 …………………………… 8

第2章 园林花卉分类 ……………… 9
2.1 按生长习性及形态特征分类 ……… 9
 2.1.1 一、二年生花卉 …………… 9
 2.1.2 多年生花卉 ………………… 9
 2.1.3 木本花卉 …………………… 10
2.2 按园林用途分类 …………………… 10
 2.2.1 花坛花卉 …………………… 10
 2.2.2 花境花卉 …………………… 10
 2.2.3 水生和湿生花卉 …………… 10
 2.2.4 岩生花卉 …………………… 10
 2.2.5 藤蔓类花卉 ………………… 10
 2.2.6 草坪植物 …………………… 10
 2.2.7 地被植物 …………………… 10
 2.2.8 室内花卉 …………………… 10
 2.2.9 切花花卉 …………………… 11
 2.2.10 专类花卉 ………………… 11
思考题 …………………………………… 11
推荐阅读书目 …………………………… 11

第3章 花卉应用设计基本原理 …… 12
3.1 科学性原理 ………………………… 12
 3.1.1 花卉的生物学特性 ………… 12
 3.1.2 花卉与环境的关系 ………… 12
 3.1.3 植物群落的基本特征 ……… 15
3.2 艺术性原理 ………………………… 16
 3.2.1 园林花卉配置的形式美原理 ……………………………… 16
 3.2.2 园林花卉配置的色彩原理

      ·········· 18
  3.2.3 园林花卉配置的意境美 ······ 21
 3.3 园林花卉种植设计构图形式 ······· 22
  3.3.1 平面构图 ··············· 23
  3.3.2 立面构图 ··············· 23
  3.3.3 空间造型 ··············· 23
 思考题 ································ 24
 推荐阅读书目 ·························· 24

第4章 园林花卉种植施工与养护管理 25
 4.1 园林花卉种植施工 ················ 25
  4.1.1 园林花卉种植施工的原则
      ······················ 25
  4.1.2 园林花卉种植施工的准备工作
      ······················ 26
  4.1.3 施工现场的准备及整地 ····· 26
  4.1.4 定点放线 ··············· 26
  4.1.5 挖坑及作床 ············· 27
  4.1.6 起苗、包装、运输及假植
      ······················ 27
  4.1.7 栽植 ··················· 28
  4.1.8 灌溉 ··················· 28
 4.2 园林花卉养护管理 ················ 28
  4.2.1 灌溉及排水 ············· 29
  4.2.2 施肥 ··················· 29
  4.2.3 修剪与整形 ············· 30
  4.2.4 中耕与除草 ············· 30
  4.2.5 病虫害防治 ············· 30
  4.2.6 越夏管理 ··············· 30
  4.2.7 防寒越冬 ··············· 30
 思考题 ································ 31
 推荐阅读书目 ·························· 31

第5章 花丛应用与设计 32
 5.1 花丛概念及特点 ·················· 32
 5.2 花丛对植物材料的选择 ············ 32
 5.3 花丛设计原则 ···················· 32
 思考题 ································ 32
 推荐阅读书目 ·························· 32

第6章 花坛应用与设计 33
 6.1 概述 ···························· 33
  6.1.1 花坛概念及特点 ········· 34
  6.1.2 花坛的功能 ············· 34
 6.2 花坛类型及设计 ·················· 34
  6.2.1 花坛的类型 ············· 34
  6.2.2 花坛对植物材料的要求 ··· 40
  6.2.3 花坛的设计 ············· 40
  6.2.4 花坛施工 ··············· 44
  6.2.5 花坛日常管理 ··········· 44
  6.2.6 设计实例 ··············· 44
 6.3 花台与花钵(移动花坛)设计与应用
    ······························ 51
  6.3.1 花台的应用与设计 ······· 51
  6.3.2 花钵(移动花坛)的应用与设计
      ······················ 52
 思考题 ································ 55
 推荐阅读书目 ·························· 55

第7章 花境应用设计 56
 7.1 花境概念与特点 ·················· 56
  7.1.1 花境的概念 ············· 56
  7.1.2 花境的特点 ············· 56
 7.2 花境类型 ························ 57
  7.2.1 依观赏角度分 ··········· 57
  7.2.2 依花境所用植物材料分 ··· 57
  7.2.3 依花境颜色分 ··········· 58
 7.3 花境设计 ························ 59
  7.3.1 花境的位置 ············· 59
  7.3.2 种植床设计 ············· 59
  7.3.3 背景设计 ··············· 60
  7.3.4 边缘设计 ··············· 60
  7.3.5 花境主体部分种植设计 ··· 61
  7.3.6 设计绘图 ··············· 64
 7.4 花境种植施工与养护管理 ·········· 64
  7.4.1 整床及放线 ············· 64
  7.4.2 栽植 ··················· 64
  7.4.3 花境的养护管理 ········· 64
 7.5 花境设计实例 ···················· 65
 思考题 ································ 66
 推荐阅读书目 ·························· 66

第8章 园林花卉立体景观设计 ··············· 67
8.1 概述 ··············· 67
8.1.1 园林花卉立体景观的含义 ··············· 67
8.1.2 常见花卉立体景观的类型 ··············· 67
8.1.3 花卉立体景观设计的主要植物类型 ··············· 68
8.2 垂直绿化 ··············· 70
8.2.1 概念与意义 ··············· 70
8.2.2 垂直绿化的类型及设计 ··············· 70
8.2.3 垂直绿化植物的种植与维护 ··············· 72
8.3 花卉立体装饰 ··············· 73
8.3.1 花卉立体装饰的特点 ··············· 73
8.3.2 花卉立体装饰的设计 ··············· 74
8.3.3 花卉立体装饰的养护管理 ··············· 78
8.4 不同环境中花卉立体景观设计 ··············· 80
8.4.1 广场的花卉立体景观设计 ··············· 80
8.4.2 道路的花卉立体景观设计 ··············· 80
8.4.3 公共绿地花卉立体景观设计 ··············· 81
8.4.4 商业区花卉立体景观设计 ··············· 81
8.4.5 庭园立体花卉景观设计 ··············· 81
思考题 ··············· 82
推荐阅读书目 ··············· 82

第9章 植篱应用与设计 ··············· 83
9.1 概述 ··············· 83
9.1.1 植篱的概念 ··············· 83
9.1.2 植篱的类型 ··············· 83
9.1.3 植篱的功能 ··············· 84
9.2 植篱设计 ··············· 85
9.2.1 根据功能和景观需要确定植篱类型 ··············· 85
9.2.2 确定植篱的高度、宽度与形态 ··············· 85
9.2.3 植物种类选择 ··············· 87
9.3 植篱种植与养护 ··············· 87
思考题 ··············· 87
推荐阅读书目 ··············· 87

第10章 园林草坪及地被应用与设计 ··············· 88
10.1 草坪和地被概念及作用 ··············· 89
10.1.1 园林草坪和草坪植物 ··············· 89
10.1.2 园林地被和地被植物 ··············· 90
10.1.3 草坪植物和地被植物的生态作用 ··············· 90
10.2 园林草坪应用设计及建植 ··············· 90
10.2.1 园林草坪的景观特点 ··············· 91
10.2.2 园林草坪的设计 ··············· 92
10.2.3 园林草坪的建植 ··············· 93
10.2.4 园林草坪的养护管理 ··············· 93
10.3 园林地被应用设计及建植 ··············· 95
10.3.1 园林地被的景观特点 ··············· 95
10.3.2 园林地被的景观设计 ··············· 96
10.3.3 园林地被的建植 ··············· 98
10.3.4 园林地被植物的养护管理 ··············· 99
思考题 ··············· 99
推荐阅读书目 ··············· 99

第11章 花园设计 ··············· 100
11.1 花园考源及定义 ··············· 100
11.1.1 中国花园的考源简述 ··············· 100
11.1.2 西方花园的考源及历史上主要的花园类型简述 ··············· 100
11.2 花园设计 ··············· 104
11.2.1 花园的景观构成 ··············· 104
11.2.2 花园景观布局的形式 ··············· 105
11.2.3 花园设计的原则 ··············· 105
11.2.4 低维护性花园简介 ··············· 106
11.2.5 家庭花园设计实例 ··············· 107
思考题 ··············· 108
推荐阅读书目 ··············· 108

第12章 花卉专类园设计 …… 109

12.1 专类园概述 …… 109
- 12.1.1 专类园的概念 …… 110
- 12.1.2 专类园的类型 …… 110
- 12.1.3 专类园的特点及设计要点 …… 111

12.2 水景园应用与设计 …… 112
- 12.2.1 水、水生花卉及水景园 …… 112
- 12.2.2 水生植物及其群落景观 …… 113
- 12.2.3 水生植物配置的原则及景观设计 …… 117
- 12.2.4 水生花卉的种植施工 …… 118
- 12.2.5 水景园的其他生物 …… 122
- 12.2.6 水景园的管理 …… 122
- 12.2.7 规则式小型水景园设计实例 …… 123

12.3 岩石园应用与设计 …… 124
- 12.3.1 岩石园概述 …… 124
- 12.3.2 岩石园的含义及类型 …… 125
- 12.3.3 岩生植物的含义及特点 …… 126
- 12.3.4 岩石园的景观设计和建造 …… 126
- 12.3.5 岩石园的管理 …… 129

12.4 蕨类植物专类园 …… 129
- 12.4.1 蕨类植物简介 …… 130
- 12.4.2 蕨类植物的形态及观赏特点 …… 130
- 12.4.3 蕨类植物的生态类型 …… 131
- 12.4.4 蕨类植物专类园设计 …… 132
- 12.4.5 种植施工 …… 135
- 12.4.6 养护管理 …… 135

12.5 仙人掌及多浆植物专类园 …… 135
- 12.5.1 概念和类型 …… 135
- 12.5.2 仙人掌及多浆植物的观赏特点 …… 135
- 12.5.3 仙人掌及多浆植物专类园的布置 …… 136
- 12.5.4 仙人掌及多浆植物专类园的种植施工 …… 138
- 12.5.5 养护管理 …… 138

12.6 药用植物专类园 …… 139
- 12.6.1 药用植物专类园的概念 …… 139
- 12.6.2 药用植物专类园的设计 …… 139
- 12.6.3 观赏药草园实例 …… 141

12.7 观赏果蔬专类园 …… 143
- 12.7.1 概念 …… 143
- 12.7.2 果蔬园的设计 …… 144
- 12.7.3 实例介绍：昆明世博园蔬菜瓜果园 …… 145

12.8 花卉专类园 …… 148
- 12.8.1 牡丹园 …… 148
- 12.8.2 月季园 …… 152
- 12.8.3 鸢尾园 …… 156
- 12.8.4 竹园 …… 162

思考题 …… 164
推荐阅读书目 …… 164

第13章 屋顶花园应用设计 …… 166

13.1 概述 …… 166
- 13.1.1 屋顶花园的概念 …… 166
- 13.1.2 屋顶花园的产生与发展 …… 167
- 13.1.3 屋顶花园的作用 …… 168
- 13.1.4 屋顶花园的特点 …… 169

13.2 屋顶花园的设计 …… 170
- 13.2.1 屋顶花园设计的基本原则 …… 170
- 13.2.2 屋顶花园的类型及布局 …… 171
- 13.2.3 屋顶花园的植物选择及种植设计 …… 173

13.3 屋顶花园的种植施工 …… 173
- 13.3.1 屋顶花园的荷载要求 …… 173
- 13.3.2 屋顶花园的构造层及其施工 …… 175
- 13.3.3 屋顶花园的种植施工 …… 180

13.4　屋顶花园的植物养护管理 …………… 181
　　13.5　屋顶花园实例 ……………………… 183
　思考题 …………………………………… 187
　推荐阅读书目 …………………………… 187

第14章　阳台窗台花卉装饰 ……………… **188**
　　14.1　阳台、窗台绿化作用 ……………… 188
　　14.2　阳台、窗台花卉装饰原则 ………… 188
　　14.3　阳台、窗台花卉选择 ……………… 189
　　14.4　阳台、窗台植物布置形式 ………… 190
　　　　14.4.1　阳台的类型及植物布置形式
　　　　　　　 …………………………… 190
　　　　14.4.2　窗台花卉布置形式 ………… 191
　　14.5　阳台、窗台植物养护 ……………… 191
　思考题 …………………………………… 192
　推荐阅读书目 …………………………… 192

第15章　室内花卉景观设计 ……………… **193**
　　15.1　概述 ………………………………… 193
　　　　15.1.1　室内绿化的意义 …………… 193
　　　　15.1.2　室内花卉及其应用方式
　　　　　　　 …………………………… 193
　　　　15.1.3　室内环境的特点及对花卉的
　　　　　　　 影响 ……………………… 194
　　　　15.1.4　室内植物养护管理的技术要点
　　　　　　　 …………………………… 194
　　15.2　室内容器栽植植物应用设计 ……… 195
　　　　15.2.1　单株盆栽花卉的应用设计
　　　　　　　 …………………………… 195
　　　　15.2.2　组合盆栽花卉的应用设计
　　　　　　　 …………………………… 195
　　　　15.2.3　室内花卉的悬吊装饰 ……… 196
　　　　15.2.4　瓶景及箱景的应用设计
　　　　　　　 …………………………… 197
　　15.3　插花花艺在室内应用 ……………… 198
　　　　15.3.1　插花花艺的类型 …………… 198
　　　　15.3.2　室内插花布置的原则 ……… 199
　　15.4　室内综合花卉景观设计 …………… 199
　　　　15.4.1　室内花卉应用设计的原则
　　　　　　　 …………………………… 199
　　　　15.4.2　共享空间综合花卉景观——
　　　　　　　 室内花园 ………………… 200
　　　　15.4.3　居住空间花卉的综合布置
　　　　　　　 …………………………… 200
　思考题 …………………………………… 200
　推荐阅读书目 …………………………… 200

第16章　花卉展览设计 …………………… **201**
　　16.1　概述 ………………………………… 201
　　　　16.1.1　花卉展览的定义及起源
　　　　　　　 …………………………… 201
　　　　16.1.2　花卉展览的类型 …………… 202
　　16.2　花卉展览的设计 …………………… 203
　　　　16.2.1　花卉展览的设计原则 ……… 203
　　　　16.2.2　花卉展览的整体规划 ……… 204
　　　　16.2.3　花卉展览的植物景观设计
　　　　　　　 …………………………… 206
　　　　16.2.4　花卉展览设计实例 ………… 207
　　16.3　展览温室花卉景观设计 …………… 215
　　　　16.3.1　温室概述 …………………… 215
　　　　16.3.2　展览温室的分类 …………… 216
　　　　16.3.3　展览温室花卉景观的设计
　　　　　　　 …………………………… 216
　思考题 …………………………………… 217
　推荐阅读书目 …………………………… 217

参考文献 ………………………………… **218**

索　引 …………………………………… **220**
　Ⅰ　名词索引 …………………………… 220
　Ⅱ　植物名称索引 ……………………… 223

第1版后记 ……………………………… **230**

第1章 绪论

[**本章提要**] 本章在探讨花卉、观赏植物、园林植物等相关概念的基础上，定义了本课程所涉及的花卉概念，并介绍其在当今社会生活中的广泛用途，最后提出园林花卉应用设计课程的要求及学习方法。

1.1 相关概念及本课程内容

花卉(ornamental plants, garden flowers)的含义有狭义和广义之分。狭义的花卉引申自其字面含义（花的字面含义为种子植物的繁殖器官，卉为草的总称），仅指草本的观花和观叶植物。广义的花卉包括"凡是具有一定的观赏价值，并经过一定技艺进行栽培和养护的植物，有观花、观叶、观芽、观茎、观果和观根的，也有欣赏其姿态和闻其香的；从低等植物到高等植物……有草本也有木本……应有尽有，种类繁多"（陈俊愉，1990）。《中国农业百科全书观赏园艺卷》定义花卉"为观赏植物的同义词，即具有观赏价值的草本和木本植物"（中国农业百科全书总编辑委员会观赏园艺卷编辑委员会，中国农业百科全书编辑部，1996。本书以下简称《农百观赏卷》)。同时，定义观赏植物(ornamental plants, landscape plants)为"具有一定观赏价值，适用于室内外布置、美化环境并丰富人们生活的植物"。

中国在20世纪50年代后，习称观赏植物为园林植物(landscape plants)。园林植物指"一切适用于园林绿化（从室内花卉装饰到风景名胜区绿化）的植物材料"，又与广义的花卉同义（陈俊愉，2001）。事实上，随着园林事业的发展，园林植物的含义既包含了观赏植物的含义，又超越了观赏植物的含义，可以用来"概括园林绿化所用的一切植物材料"（陈俊愉，2001），即不仅指具有观赏价值的植物，更包括那些对保护环境和改善环境具有重要意义的植物。

广义的花卉，即园林植物，是园林设计的基本素材；广义的花卉设计，即园林植物景观设计，是园林设计的重要内容。鉴于草本花卉独特的生物学习性及观赏、应用特点，在园林中常具有独特的作用（见1.2节），并常形成独立的景观（如花坛、花境等），因此，园林花卉应用设计(application design of garden flowers)以草本花卉的应用设计为主体，同时包括规模较小的以草本花卉为主的各类园林绿地的综合植物景观设计，如立体绿化和各类花园，以及室内环境的植物景观设计等。

1.2 花卉在园林绿化建设中的作用

1.2.1 园林花卉对环境的改善和防护作用

园林植物是唯一可以对环境具有综合生态意义的造园要素。与所有的园林植物一样，园林花卉通过其自身的生理生化代谢、对地面的覆盖、对土壤的固定等诸多途径改善和保护其生存的环境。花卉能吸收二氧化碳，增加空气中的氧气；花卉通过蒸腾作用增加空气湿度，降低空气温度；花卉可以吸收某些有害气体或自身释放一些杀菌素而净化空气；花卉可以滞尘，从而减少地面扬尘；花卉尤其可以覆盖地面，固持土壤，涵养水源，减轻水土流失；花卉可以减少太阳光的反射，减弱城市眩光，从而提高环境质量。

1.2.2 园林花卉对环境的美化作用

园林花卉种类繁多，色彩艳丽而丰富。如大量的一、二年生花卉和球根花卉，受地域限制小，栽培方式多样，株高一致，开花整齐，是园林中花坛、花带等花卉景观的主要材料。宿根花卉种类繁多，大部分都具有较长的花期，有的花色艳丽，有的花叶兼美，观赏性状丰富，生态类型多样，是园林中花境、花丛、花群以及地被等花卉景观的主要材料，也是点缀园林中许多其他植物难以生长地段的主要材料。

花卉是色彩的来源，也是最具季节变化的标志。冬去春来，四季相异，时令性的花卉是其最显著的代表。人们可以从春天繁花似锦的郁金香(*Tulipa gesneriana*)、夏季亭亭玉立的荷花(*Nelumbo nucifera*)以及秋天的傲霜寒菊(*Chrysanthemum morifolium*)而深切感受季节的变化。

花卉不仅生长期短，布置方便，更换容易，应用灵活，而且花期便于调控，这是其他植物材料所不能替代的优点之一。比如园林中大量应用各种球根花卉和一、二年生花卉，布置花坛、装点广场、道路、建筑、草坪，成为园林景观中不可或缺的内容。

在园林绿化中，乔灌木是绿化的基本骨架，而各类绿地中大量的下层植被、裸露地面的覆盖、重点地段的美化、室内外小型空间的点缀等都必须依赖于丰富多彩的花卉。因此，在园林设计中，花卉对环境的装饰作用具有画龙点睛的效果。

1.2.3 园林花卉对人类精神生活的作用

人类不仅希望园林中有花，而且希望在人类活动所至的所有环境中都有花可赏。花卉除了具有改善环境的生态功能及装饰环境的美化功能，还对人类精神和生理起到作用。

园林花卉不仅以其天然的姿色、风韵及芳香给人以美的享受，其还包含丰富的文化内涵，对人们性情的陶冶、品格的升华具有重要作用。这些在各民族的历史上都有所体现，中国的花文化更是具有悠久的历史和丰富的内涵。

近些年来，花卉对人体生理的影响越来越受到关注。千百年前，人们就发现，在花园里散步，具有镇静情绪和促进康复的作用。从事园艺劳动有助于减轻精神压力和忧郁症，可降低血压、促进血液循环以及保护关节等，这些已被医学界所认同，因此"园艺疗法"方兴未艾。园艺疗法是指人们在从事园艺活动时，在绿色的环境里得到情绪的平复和精神的安慰，在清新的空气和浓郁的芳香中增添乐趣，从而达到治病、健康和益寿的目的。园艺疗法最早诞生于第二次世界大战后的美国，是一种对在战场上受到身心创伤的士兵进行身体和精神康复的辅助治疗方法。20世纪90年代被引进日本后，以改善老年人和残疾人的症状和生活为目的。现在，园艺疗法被认为是补充现代医学不足的辅助疗法，能够帮助病人康复精神和情绪等方面的疾患。在国外不少医院和有条件的家庭利用园艺疗法，让病人特别是一些老年病人、残疾人及精神病患者从事园艺活动，以争取早日恢复健康。医学家们还提出了合理利用植物的多种颜色来调节和改善人体生理功能的治疗法，即色彩疗法；加上利用馥郁的花香对人心理和生理的有益作用进行治疗，均是园艺疗法的重要内容。花木丛中或绿色地带的空气负离子较多，对患有高血压、神经衰弱、心脏病的人，能起到良好的辅疗功效，这也正是花卉环境效益的体现。因此，在医院、家庭、社区、公园等专门开辟绿地用于园艺疗法，是园林花卉应用的新内容。

1.2.4 园林花卉的经济效益

花卉作为商品本身就具有重要的经济价值，花卉业是农业产业的重要内容，而且花卉业的发展还带动诸如基质、肥料、农药、容器、塑料、包装、运输等许多相关产业的发展。

许多花卉除观赏效果以外，还具有药用、香料、食用等多方面的实用价值，这些也常常是园林绿化结合生产从而取得多方面综合效益的重要内容。

1.3 园林花卉应用简史

在农业发展伊始，人类就开始利用各种植物。但是，只有在生产力有了一定的发展后，人们才开始将原来用作蔬菜、水果、药草等目的而栽培的植物中的那些美丽的花卉特意种植作为观赏，或者实用和观赏兼顾。

1.3.1 西方园林花卉应用简述

在古埃及，因为葡萄和无花果可以提供遮阴和美味的水果而被种植在聚居地的周围和园圃。到公元前1500年时，种植果树、蔬菜的实用性园子演变成具有围墙、规则式种植床、水池和栽植的树木等装饰性设计的花园（图1-1）。

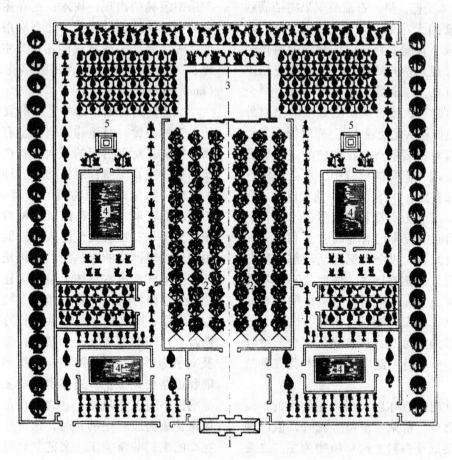

图1-1　根据埃及古墓中发掘出的石刻所绘制的埃及宅园平面图
1. 入口塔门　2. 葡萄棚架　3. 中轴线端点上的三层住宅楼　4. 矩形水池　5. 对称设置的凉亭
（园中还整齐地摆放着桶栽植物，周围有行列式种植的庭荫树）

之后不久，即开始种植专门观赏的植物。在十八王朝时期的古埃及宅园中，除了以规则式种植的棕榈、柏树、葡萄等木本植物，还在规则式的植坛中种植有虞美人、牵牛花、黄雏菊、玫瑰、茉莉、夹竹桃等草本和木本花卉。

古巴比伦高度发达的文明也孕育了发达的园林艺术和技术。在古巴比伦的宫苑中不仅大量种植树木，而且结合其发达的建筑技术，孕育了举世闻名的"空中花园"。空中花园中不仅种植乔木，还种植蔓生和悬垂花卉美化柱廊和墙体。

古希腊文化、艺术和科学的繁荣，也促进了园林的发展和花卉的应用。在荷马(Homer)的史诗《奥德赛》(*Odyssey*)中（公元前19～前18世纪）曾这样描述古希腊的花园：园子被树篱所围绕，"里面树木茂盛，梨、石榴及苹果树结满硕果，还有甜蜜的无花果及硕果累累的油橄榄。肥沃的葡萄园中栽满葡萄……在最后的两排树外面，布置着规划整齐的花园，其中鲜花四季开放。两个喷泉，一个贯穿于园子中央；一个潜入庭院入口之下，然后从富丽堂皇的皇宫外面涌出。居民们就从此处汲水"。克里特人和迈锡尼人尤其以对自然景观中花和树的热爱而著称，这不仅表现在荷马的史诗中，而且许多壁画和陶器上都有描绘。公元前5～前4世纪，许多聚会场所和纪念场所都栽植大量树木进行遮阴和装饰。当时的雅典已有专卖食品和花卉的市场，大多数的公共或个人纪念活动都需要花环、花圈及花冠等花卉饰品，因此花卉市场在那时就必不可缺。古希腊园林中应用的花卉品种也非常丰富，不仅有葡萄、柳树、榆树和柏树，而且月季随处可见，三色堇、百合、番红花、风信子等至今仍广泛应用的草本花卉种植也相当普遍。

古罗马早期的园林以实用为主要目的，园中虽然也有百合、罂粟、蔷薇等花卉，但以种植果树、蔬菜以及香料和药草植物为主。之后由于受希腊文化的影响，罗马的园林也得以发展。古罗马的园林主要是规则式布局，花园中有整齐的行道树，几何形的花坛、花池，修剪整齐的绿篱以及葡萄架、菜圃和果园等，一切都呈现出井然有序的人工美。植物造型在古罗马园林中受到重视，黄杨、紫杉和黄柏等常绿植物常被修剪成各种形式的篱、几何形体、文字、图案，甚至一些复杂的动物和人物形象，称为绿色雕塑或植物雕塑（topiary）。花卉则主要以花坛、花台等形式种植，而且还出现了以绿篱围合、内部图案复杂的迷园以及蔷薇专类园。花园中，有美丽的林荫道、爬满常春藤的柱廊，有大量的树丛和番红花、晚香玉、三色堇、冠状银莲花等组成的花坛。这种花卉布置的方式对后来西方园林的风格具有深远的影响。

中世纪时，社会动荡，人们多居住于城堡。为了满足生活需要，园林主要以实用性为主，栽植果树、蔬菜、药草和香料植物。后期随着游乐型园林的出现，树木、花卉逐渐取代了早期的实用性植物的栽培，花卉应用的形式则以低矮的绿篱组成图案式的花坛为主，内部铺设碎石、砂或种植色彩艳丽的草花，称为结园（knot garden）。

文艺复兴时期，园林艺术的发展达到了前所未有的高度，对植物的研究也有了长足的进展。在文艺复兴初期的意大利就产生了用于科研的植物园及温室，对植物的引种取得了突出的成就，如帕多瓦植物园当时就引种了凌霄、雪松、仙客来、迎春花以及多种竹子，即使在全欧洲也是首次。文艺复兴中期的意大利花园中仍然以规则式的绿丛植坛和树坛为植物配置的主要形式，植物总体上是作为建筑材料来对待，经过修剪的植物形成墙垣、栏杆、入口拱门、背景、围墙等；花坛由以前的直线型变成曲线型，图案更为复杂和精致，做成各种徽章及文字的形式；植物雕塑应用更多，点缀于角隅和道路交叉点上，造型也更为复杂，具有明显的巴洛克艺术风格。总之，在花园的主要景区植物成为园林中的符号，这种应用方式使得花园的维护非常费工。文艺复兴时期的法国园林，表现的是高度的秩序和庄重典雅的贵族气势，因此花卉的布局形式以大手笔的规则式布局为主，模仿衣服上刺绣花边的模纹花坛是这一时期花卉配置的新形式。复杂精致且规模宏大的模纹花坛，由常绿植物修剪出纹样，以花卉或彩色石砾和沙子衬底，与周围修剪整齐的绿篱、树墙、林荫道以及外围的丛林形成园林中主要的植物景观。虽然植物雕塑也有应用，但摆脱了原来的烦琐和堆砌而具有简洁明快和庄重典雅的效果。这一时期的英国园林虽然也受法国和意大利园林的影响，但由于英国多阴雨天，因此在植物应用上，人们不满足于绿色草地和植物雕塑及花坛中的沙砾，而追求绚丽多彩的花卉。尤其从维多利亚时代始，花园中开始布置大量的花坛，配置大量色彩艳丽的观赏花卉，如郁金香、雏菊、勿忘草、桂竹香等。英国的花园中也常使用攀缘植物形成拱廊或篱垣，植物造型也在很长时间内作为造园的主要元素，其植物材料主要用紫杉，也有黄杨、水蜡等。

从17世纪开始，欧洲开始大量引进国外的花卉。随着植物学及花卉育种技术的迅速发展，西方园林中花卉的品种极大地丰富，植物景观也越来越多样化，尤其是自19世纪以来，花卉的应用成为园林景观的重要内容，并且出现了专门欣赏花卉为主的花园以及各类花卉的专类园。

关于西方历史上园林中花卉应用的更多内容，参考本书相关章节。

1.3.2 中国园林花卉应用简述

中国花卉装饰及应用历史悠远。春秋时代已有关于野生花草树木形态、生态与应用的记载。秦时大兴土木建造宫苑，广种花、果、树木。当时引种的就有木兰、女贞、杨梅、梅、柿、黄栌、柑橘、枇杷等。

西汉时的昆明池，在水边就栽植柳树。张衡《西京赋》记载"乃有昆明灵沼，黑水玄阯。周以金堤，树以柳杞……"。《三辅黄图》记载琳池"……池中植分枝荷，一茎四叶，状如骈盖……"，表明当时栽植荷花的景观。上林苑地域辽阔，地形复杂，"林麓泽薮连亘"，不仅天然植被极为丰富，而且人工栽植大量的树木，见于文献记载的有松、柏、桐、梓、杨、柳、榆、槐、檀、楸、柞、竹等用材林，桃、李、杏、枣、栗、梨、柑橘等果木林以及桑、漆等经济林，这些林木也同时发挥其观赏作用而成为观赏树木。上林苑内的许多建筑物是根据其周围的种植情况而得名的，如长杨宫、五柞宫、葡萄宫、棠梨宫、青梧观、细柳观、椒唐观、柘观等。此外，园内还有好几处面积甚大的竹林，谓之"竹圃"。《西京杂记》卷一提到武帝初修上林苑时，群臣远方进贡的"名果异树"就逾3000种。由此可见，上林苑既有郁郁苍苍的天然植被，又有人工栽培的树木、花草以及水生植物，无异于一座特大的植物园。张衡《东京赋》这样描写东汉时洛阳城内宫苑的景色"濯龙芳林，九谷八溪。芙蓉覆水，秋兰被涯……"，表明陆地和水体的花卉应用。

魏晋南北朝时，魏国的华林苑内栽植大量果树，多有名贵品种，如'春李'、'西王母'枣、'羊角'枣、'勾鼻'桃、'安'石榴等。晋朝陶渊明描述自己庄园的诗《归田园居》曰"……方宅十余亩，草屋八九间。榆柳荫后檐，桃李罗堂前……"。庭院种植菊花、松柏，暇时把酒赏花，聆听松涛之天籁，"采菊东篱下，悠然见南山"，表明当时在私家园林中为观赏而栽植花卉。魏晋南北朝时寺观园林发达。《洛阳伽蓝记》中"宝光寺在西阳门外御道北。……园中有一海，号'咸池'，葭菼被岸，菱荷覆水，青松翠竹，罗生其旁……""景明寺……房檐之外，皆是山池。松竹兰芷，垂列阶墀。含风团露，流香吐馥。……寺有三池，葭蒲菱藕，水物生焉……"；永明寺"……庭列修竹，檐拂高松。奇花异草，骈阗阶砌"，等等。足见当时洛阳寺观栽植花木之盛，并不亚于私家园林。

隋唐时，观赏植物栽培的园艺技术有了很大进步，培育出许多珍贵品种，如牡丹、琼花等，也能引种驯化、移栽异地花木。李德裕在《平泉山居草木记》中记录园内珍贵的观赏植物七八十种，其中大部分是从外地移栽的。树木供作观赏的品种，常见于文人的诗文吟咏的有杏、梅、松、柏、竹、柳、杨、梧桐、桑、椒、棕、榕、檀、槐、漆、枫、桂、槠等。唐代无论宫廷和民间都盛行赏花、品花的风习。姚氏《西溪丛话》把30种花卉与30种客人相匹配，如牡丹为贵客，兰花为幽客，梅花为清客，桃花为妖客等，其精华与糟粕暂且不论，但已足见花卉文化之丰富。唐时皇家园林大内御苑大明宫除宏伟的山水外，植物应用亦多，中央太液池中建蓬莱山，山上遍植花木，尤以桃花最盛。兴庆宫的龙池中植荷花、菱角、鸡头米及藻类等水生植物；龙池之北的土山上建沉香亭，周围遍种红、紫、淡红、纯白诸色牡丹花，为兴庆宫的牡丹观赏区，可谓之牡丹专类园。李白的《清平调》三章"云想衣裳花想容，春风拂槛露华浓；若非群玉山头见，会向瑶台月下逢。""一枝红艳露凝香，云雨巫山枉断肠；借问汉宫谁得似，可怜飞燕倚新妆。""名花倾国两相欢，常得君王带笑看；解释春风无限恨，沉香亭北倚阑干。"即描述唐玄宗偕杨贵妃在沉香亭赏牡丹之景，传诵千古。

当时宫城和皇城内已经广种松、柏、桃、柳、梧桐等树木，文人对此多有咏赞，如"宫松叶叶墙头出，渠柳条条水面齐""阴阴清禁里，苍翠满春松""千条弱柳垂青锁""春风桃李花开日，秋雨梧桐落叶时"等。唐代的城市私园中，花卉的配置也是非常丰富的，从诗文描述可见一斑，如"园果尝难遍，池莲摘未稀"（杜审言《和韦承庆过义阳公主山池五首》之四）；"石自蓬山得，泉经太液来；柳丝遮绿浪，花粉落青苔……"（司空曙《题玉真观公主山池院》）；"……篱东花掩映，窗北竹婵娟……"（李颀《题少府监李丞山池》）等。唐时文人的别墅园中从布局到花卉种植都追求朴素无华、富于村野意味的情调，如白居易描写自己的履道坊宅园，"十亩之宅，五亩之园；有水一池，有竹千竿"（《池上篇》）；"门前有流水，墙上多高树。竹迳绕荷池，萦回百余步"（《闲居自题》）；另有"门对青山近，汀牵绿草长；寒深包晚橘，风紧落垂杨"（周瑀《潘司马别业》）。还有王维的辋川别业中众多的花卉景点，都可以想见当时树木花草的配置所追求的与自然的协调。白居易非常重视花卉的配置，如他在《吾庐》中这样写道"新昌小院松当户，履道幽居竹绕池""绕廊紫藤架，夹砌红药栏"。在他的诗文中提到的树木和花卉就有梧桐、柏、樱桃、紫藤、桐、柳、竹、枣、桂、松、杜梨、橘、水柽、凌霄、丹桂、荔枝、杏、杉、桑、桃、李、槐、梨、枇杷、石榴、石楠、牡丹、莲花、白莲花、菊花、萱草、杜鹃花、木莲、白槿花、紫薇花、木兰花、蔷薇、芍药等数十种之多，而且他还赋予花卉以拟人化的内涵，这表现在他对竹子的情有独钟上（参考本书3.2节）。

隋唐为中国历史上佛教臻于鼎盛的时期，当时常见的佛前供花的形式表明中国古代水养插花已经有了一定的基础。这时期，还出现了一部插花专著——罗虬的《花九锡》，记述了插花的9项原则，更表明了插花艺术和技术的发展。

宋时艮岳中园林花卉的景观更为丰富，其中以植物为主题的就达数十处。《艮岳记》登录的花卉品种就有"枇杷、橙、柚、椰、桔、荔枝之木，金蛾、玉羞、虎耳、凤尾、素馨、渠那、茉莉、含笑之草"等种类。花卉或孤植、丛植，或混合布置，更有成片栽植，漫山遍野，沿溪傍陇，连绵不断，甚至有种在栏槛下面、石隙缝里，几乎到处都被花木淹没，足见当时园林中植物景观之繁盛。

唐、宋时代，也是中国花卉著述频频问世的时代。如宋代欧阳修《洛阳牡丹记》，周师厚《洛阳花木记》，刘蒙《刘氏菊谱》，范成大《范村梅谱》，王贵学《兰谱》等。书中不但记载丰富的园艺技艺，还多有赏花情趣、礼仪习俗及传说逸事的记述。这个时期，花文化有了进一步的发展。如《范村梅谱》中的"梅以韵胜，以格高，故以横斜疏瘦与老枝怪奇者为贵"。周敦颐《爱莲说》中的"菊，花之隐逸者也；牡丹，花之富贵者也；莲，花之君子者也"，道出了高尚的赏花情趣和花卉审美的文化含义。这些都对中国园林中花卉的应用和欣赏具有重要的影响。

自明代而后，花卉的商品化生产渐趋旺盛，花卉观赏及应用深入民间。文震亨的《长物志》对室内花卉装饰的形式、布局以及艺术性均有精辟论述。袁宏道所著《瓶史》问世,标志中国插花已形成自己特有的理论。明、清两代,在北京、承德、沈阳等地建立了一些皇家园林,在北京、苏州、无锡等城市出现了一批私家园林。皇家园林中多植松、柏、槐、栾,缀以玉兰、海棠、牡丹、芍药等;私家园林追求诗情画意,多植垂柳、玉兰、梅花、桃花、芍药、月季、荷花、紫薇、菊花、桂花、蜡梅、山茶、南天竹、竹类等植物。面积较小之园林,花卉配置少而精,而面积大者,不乏种类丰富、规模宏大之植物景观。如清朝畅春园内大部分园林景观以植物为主调,园中种植玉兰、蜡梅、牡丹、碧桃、丁香、黄刺玫、葡萄、桃花,甚至梅花,园中繁花似锦,不仅有北方的乡土花树,还有移自江南、塞北的名种;不仅有观赏植物,而且有多种果蔬。私家园林梁园则是大量栽培牡丹、芍药的专类园。清华园在植物配置方面主要以花卉大片种植的方式,且以牡丹和竹最负盛名。《春明梦余录》中记载当时植物配置的状况为"乔木千计,竹万计,花亿万计,阴莫或不接",足见当时园林中花卉应用已成规模。

近代中国社会动荡,园林建设和花卉的应用都只存在于极为有限的范围内。自中华人民共和国成立以后,尤其是改革开放40年来,随着国家经济和城市建设的迅速发展,园林事业也得到蓬勃的发展,园林花卉的应用日趋增多。不仅品种更为丰富,花卉的应用方式也越来越多。借鉴西方园林中花卉配置的形式如花坛、花带等,与我国传统造园理论相结合,全国各地的园林中都展现出五彩缤纷、形式多样的花卉景观。尤其是1999年世界园艺博览会成功地在我国昆明举办后,我国花卉工作者得以广泛了解和借鉴世界各国各民族的花卉布置艺术,极大地推动了我国园林花卉应用的艺术设计及工程技术的全面发展。如今每年都有许多全国性和地方性的花卉博览会、花卉展览,不仅展示新型的花卉品种及相关产业的成果,而且展示花卉栽培和应用的各种新的形式,尤其是为了迎接2008年北京奥运会,在政府和社会各界的努力下,引种、筛选和培育了大量的优良花卉品种,并连续3年在北京的紫竹院公园等地举办奥运用花品种及其应用设计的展示,为北京奥运期间优美的城市景观奠定了坚实的基础。可以说奥运这一历史事件不仅对社会发展的其他方面产生了巨大的影响,也对我国花卉产业的发展和园林花卉应用起到了巨大的推动作用。

1.4 "园林花卉应用设计"课程要求

1.4.1 本课程教学目的

使学生了解花卉在园林绿化美化中的重要作用及当代园林花卉应用的主要方式。在充分了解园林花卉不同类型和种类的生物学特性、生态习性及观赏特点的基础上,掌握园林花卉应用设计的基础理论和基本方法。

1.4.2 课程要求掌握的内容

①熟悉和掌握园林花卉设计素材——各类花卉的特性,包括生物学特性、生态习性及观赏特性,如株形、株高、冠幅、花期、花色、开花持续时间等。

②掌握花卉应用设计的基本理论。

③掌握各类花卉应用方式的设计原则和设计方法。

④掌握园林花卉种植施工和养护管理的基本要求。

⑤完成课程论文、实地测绘及设计作业。

1.4.3 学习方法

"园林花卉应用设计"是一门理论与实际紧密联系的课程。因此,勤于观察、不断积累是非常重要的。要注意避免只重表现技巧,不重植物材料;只重花名,不重生态习性的倾向。

园林花卉的应用设计是园林设计的重要组

成部分。因此只有博览群书,掌握园林花卉设计的科学基础及艺术规律,借鉴古今中外优秀的园林设计思想,充分利用当代科学和技术的成就(如新的品种和新的栽培方式,新的应用形式及现代工艺、材料、设施及现代工程技术等),结合时代的审美特征,才能设计出具有时代特征的花卉景观。

思考题

1. 简述花卉的概念及园林花卉应用设计的内容。
2. 简述花卉在园林绿化建设中的作用。
3. 如何学习"园林花卉应用设计"课程?

推荐阅读书目

中国花经. 陈俊愉,程绪珂. 上海文化出版社,1990.

中国花卉品种分类学. 陈俊愉. 中国林业出版社,2001.

An Illustrated History of Gardening. Huxley A. Paddington Press Ltd. 1920.

中国古典园林史. 2版. 周维权. 清华大学出版社,1999.

园林美学. 3版. 朱迎迎,李静. 中国林业出版社,2008.

园冶注释. 陈植. 中国建筑工业出版社,1979.

中国园林艺术概观. 宗白华,等. 江苏人民出版社,1987.

第2章 园林花卉分类

[**本章提要**] 园林花卉种类繁多，因而有各种不同的分类方法。考虑到园林花卉应用设计上的方便，本章从花卉生长习性及有关形态特征、花卉在园林上的用途两个方面对其进行归类。

园林花卉种类繁多，形态和习性各异，因而具有各自不同的园林用途。为了便于研究，有必要按照一定的标准将千姿百态的花卉划分为不同的类型。不同时期、不同国家和地区，甚至不同学者有不同的分类方法。本着对花卉基本生长习性及园林用途的了解，本书介绍两种分类方案。其中按园林用途分类的各类花卉在各论相关章节中有更详尽的叙述。

2.1 按生长习性及形态特征分类

2.1.1 一、二年生花卉

一、二年生花卉是指个体发育在一年内或跨年度完成的草本花卉。又分为一年生花卉和二年生花卉。

(1) 一年生花卉(annuals)

一年生花卉是指生命周期在一个生长季完成的草本花卉。通常春季播种，夏秋开花结实，然后枯死，故也称为春播花卉。如凤仙花(*Impatiens balsamina*)、鸡冠花(*Celosia cristata*)、孔雀草(*Tagetes patula*)等。典型的一年生花卉多数原产于热带或亚热带，喜高温，不耐寒，遇霜即死亡。

(2) 二年生花卉(biennials)

二年生花卉是指生命周期跨年度才能完成的草本花卉。通常秋季播种，翌年春季开花结实。如羽衣甘蓝(*Brassica oleracea* var. *acephala*)、桂竹香(*Cheiranthus cheiri*)、须苞石竹(*Dianthus barbatus*)等，大多原产于温带，喜凉爽，有一定耐寒性，但忌炎热，遇高温死亡或生长不良。

有些多年生草本花卉如雏菊(*Bellis perennis*)、石竹(*Dianthus chinensis*)等常作一、二年生栽培。

2.1.2 多年生花卉

个体寿命在3年或3年以上的草本花卉。根据其地下器官的形态可以分为宿根花卉和球根花卉两类。

(1) 宿根花卉(perennials)

宿根花卉指地下部分形态正常，不发生变态肥大的多年生花卉。根据其开花结果后整个植株或是仅地下部分能否安全越冬可分为常绿宿根花卉和落叶宿根花卉。常绿宿根花卉如温暖地区应用的兰花（*Cymbidium* spp.）、吉祥草（*Reineckia carnea*）、君子兰（*Clivia miniata*）等；落叶宿根花卉如温带地区应用的萱草（*Hemerocallis fulva*）、玉簪（*Hosta plantaginea*）、荷包牡丹（*Dicentra spectabilis*）等。

(2) 球根花卉（bulbs）

球根花卉指地下部分具有膨大的变态根或茎，以其贮藏养分度过休眠期的多年生花卉。根据地下变态的器官及其形态可将球根花卉分为鳞茎类（bulbs）、球茎类（corms）、块茎类（tubers）、根茎类（tuberous root）及块根类（rhizomes）。

根据其生态习性还可分为春植球根花卉和秋植球根花卉。春植球根花卉在寒冷地区常春天栽植，夏秋开花，冬季休眠，如大丽花（*Dahlia pinnata*）、唐菖蒲（*Gladiolus hybridus*）；秋植球根花卉则秋季栽植，翌年春季开花，夏季休眠，如郁金香、风信子（*Hyacinthus orientalis*）。有些球根花卉在条件适合地区可周年生长，如马蹄莲（*Zantedeschia aethiopica*）、文殊兰（*Crinum asiaticum*）等。

2.1.3 木本花卉

木本花卉（tree and shrubs）指茎木质化的园林植物。据其是否具有主干及主干形态分为乔木、灌木、藤木。

2.2 按园林用途分类

2.2.1 花坛花卉

花坛花卉（bedding flowers）指园林中可以用来布置各类花坛的花卉。多数为一、二年生花卉及球根花卉，如一串红（*Salvia splendens*）、三色堇（*Viola tricolor*）、郁金香、风信子等。低矮、观赏性强、耐修剪的灌木也可用于布置花坛。

2.2.2 花境花卉

花境花卉（border flowers）指园林中可以用来布置花境的花卉。多数为宿根花卉，如飞燕草（*Consolida ajacis*）、萱草、鸢尾类（*Iris* spp.）等，也可用中小型灌木或灌木与宿根花卉混合布置花境。

2.2.3 水生和湿生花卉

水生和湿生花卉（water and bog flowers）指用于美化园林水体及布置水景园的水边、岸边及潮湿地带的花卉。如荷花、睡莲（*Nymphaea* spp. & cvs.）、千屈菜（*Lythrum salicaria*）及各种水生和沼生的鸢尾等。

2.2.4 岩生花卉

岩生花卉（rock flowers）指用于布置岩石园的花卉。通常比较低矮，生长缓慢，对环境的适应性强，包括各种高山花卉以及人工培育的低矮的花卉品种，如白头翁（*Pulsatilla chinensis*）、报春花类（*Primula* spp.）等。

2.2.5 藤蔓类花卉

藤蔓类花卉（climbers and creepers）指主要用于篱垣、棚架及垂直绿化的花卉，包括草质藤本及藤木类花卉，如牵牛（*Pharbitis hederacea*）、茑萝（*Quamoclit pennata*）、紫藤（*Wisteria sinensis*）、凌霄（*Campsis grandiflora*）等。

2.2.6 草坪植物

草坪植物（lawn grasses）指用于建植草坪的植物，如野牛草（*Buchloe dactyloides*）、结缕草（*Zoysia japonica*）、狗牙根（*Cynodon dactylon*）等。

2.2.7 地被植物

地被植物（ground covers）指用于覆盖园林地面的植物，如酢浆草（*Oxalis corymbosa*）、葱兰（*Zephyranthes candida*）等。

2.2.8 室内花卉

室内花卉（indoor plants）指用于装饰和美化室内环境的植物，如杜鹃花类（*Rhododendron* spp.）、仙客来（*Cyclamen persicum*）、一品红

(*Euphorbia pulcherrima*)等。根据其观赏器官可以分为观花类、观叶类、观果类以及观茎干类等。这类花卉既可应用于室内花园，也可盆栽装饰各种室内空间，后者也常称为盆栽花卉(potted plants)。

2.2.9 切花花卉

切花花卉(cut flowers)指剪切花、枝、叶或果用以插花及花艺设计的花卉总称，如现代月季(*Rosa* cvs.)、菊花(*Chrysanthemum morifolium*)、唐菖蒲等切花花卉，银芽柳(*Salix leucopithecia*)等切枝花卉，以及蕨类、玉簪等切叶花卉(cut-leaf plants)。

2.2.10 专类花卉

专类花卉(specialized flowers)是指具有相似的观赏特性、植物学上同科或同属，园艺学上同一栽培品种群，或者具有相似的生态习性，需要相似的栽培生境，且具有较高的观赏价值，常常组合在一起集中展示的花卉，如仙人掌和多浆类植物(cacti & succulents)、蕨类植物(ferns)、食虫植物(carnivorous plants; insectivorous plants)、凤梨类花卉(bromeliads)、兰科花卉(orchids)和棕榈类植物(palms)等。

思考题

1. 园林花卉按生长习性及形态特征如何分类？举例说明。
2. 园林花卉按用途是如何分类的？举例说明。

推荐阅读书目

中国花经. 陈俊愉，程绪珂. 上海文化出版社，1990.

中国花卉品种分类学. 陈俊愉. 中国林业出版社，2001.

园林花卉学. 3版. 刘燕. 中国林业出版社，2016.

第3章 花卉应用设计基本原理

[本章提要] 花卉应用设计是人为地运用植物材料创造美的过程,因此花卉应用景观必须符合人们的审美观点。但花卉作为活体材料,应用时还应考虑其个体的生物学特性、环境的影响及群落特征等方面的因素。本章就此两方面叙述了花卉应用设计时必须遵循的科学性原理及在形式美、色彩美、意境美的创造过程中应遵循的基本原则,同时介绍花卉设计的构图形式。

3.1 科学性原理

园林花卉应用设计的直接对象和创作元素是具有鲜活生命力的植物材料。而植物材料除了具有美学要素(即对应花卉应用设计至关重要的观赏特征),同时还具有生物学的特征,即生命的特征。如果花卉不能正常、健康地生长和发育,也就很难表现出种或品种所特有的观赏性和美学价值,再好的设计方案也是徒劳的。因此,在花卉应用设计中要遵循科学性的原理,即在充分了解植物生物学特性的基础上,满足植物对环境的要求是首先应该考虑的。

3.1.1 花卉的生物学特性

在园林花卉的应用设计中,准确掌握花卉的生物学特性极为重要。首先,从花卉的系统发育和个体寿命来说,花卉有不同的类型,如草本的一、二年生花卉和多年生花卉,还有各种木本花卉,它们因类型不同而习性各异。不同类型、不同种类的花卉因形态不同而形成不同的观赏特征;因生命周期和年生长发育周期不同而表现出不同生命阶段及一年中不同季节的观赏特点;因种类不同而叶、花、果期各异,才使得园林中不仅花开次第,而且四季景观各具特色。因此,只有准确掌握各类花卉的生长发育规律,才能在园林花卉配置时,使不同的种类各得其所,充分发挥各自的优势,创造出优美的植物景观。

3.1.2 花卉与环境的关系

花卉在生长发育过程中,除了受自身遗传因子的影响外,还与环境条件有着密切的关系,无论是花卉的分布,还是生长发育,甚至外貌景观都受到环境因素的制约。因此,在花卉应用设计中,遵循花卉与环境相互关系的规律即生态学的原理,是最基本的原则。植物与环境的关系表现在个体水平、种群水平、群落水平以及整个生态系统等不同的层面上。一种植物的个体在其生长发育过程的每个环节都有对特定环境的需要。缺乏适宜的环境条件,无论是个体还是群体都无法获得良好的生长,更谈不上花卉设计所要求的景观、生态、社会以及经济等诸方面的效益。

不同的花卉对环境有不同的要求，它们在长期的系统发育中，对环境条件的变化也产生各种不同的反应和多种多样的适应性，形成了花卉的生态习性。因此，在花卉应用设计中，要考虑两个方面：适地适花，适花适地。首先要充分了解生态环境的特点，如各个生态因子的状况及其变化规律，包括环境的温度、光照、水分、土壤、大气等，掌握环境各因子对花卉生长发育不同阶段的影响；在此基础上，根据具体的生态环境选择适合的花卉种类。下面简述环境各因子对花卉生长发育的作用及花卉适应于各个环境因子而形成的生态类型。

(1) 温度

温度是影响植物生长的最重要的生态因子之一。温度在地球上具有规律性和周期性的变化，如随着海拔和纬度升高而降低；温带地区随着一年四季的变化及昼夜的变化温度也随之变化。这种变化首先影响植物在地球上的分布，使得不同地理区域分布不同的种类从而形成特定的植物生态景观，如热带的雨林、季雨林景观，亚热带的常绿阔叶林、常绿硬叶林景观，温带的夏绿阔叶林、针叶林景观，寒带的苔原等。这些不同的地理区域也分布着不同的花卉，如热带、亚热带的蝴蝶兰（*Phalaenopsis amabilis*）、石斛兰（*Dendrobium nobile*）等气生兰和仙人掌类花卉，温带的百合类花卉（*Lilium* spp.），高海拔地区的雪莲（*Saussurea involucrata*）、报春花属（*Primula*）及绿绒蒿属（*Meconopsis*）等。在四季分明的地区，自然界温度的周期性变化还造成植物景观的季相变化。

温度直接影响花卉的生长发育。适应于不同的温度条件导致花卉的耐寒力不同，如原产于寒带和温带的多数宿根花卉如萱草、加拿大一枝黄花（*Solidago canadensis*）等耐寒性强，可忍受较低的冰冻温度，在北方可露地越冬；原产于热带和亚热带的多数花卉如蝴蝶兰、变叶木（*Codiaeum variegatum* var. *pictum*）等均为不耐寒性花卉，不能忍受冰冻温度；原产于暖温带的大多数半耐寒性花卉能忍受一定程度的低温，但不能忍受长期严酷的冬季，也不耐炎热的夏季，如金盏菊（*Calendula officinalis*）、紫罗兰（*Matthiola incaca*）等。

除了花卉不同种类对温度要求不同外，同一种类在生长发育的不同阶段对温度要求也有差异。许多花卉在生长发育周期中要求变温，如多数分布于温带地区的花卉在生长发育过程中要求有一段时间的低温休眠，有的在从营养生长向生殖生长转化过程中要求低温春化作用。园林花卉应用设计中应根据当地的气候条件和花卉生长的立地条件选择适当的种类，避免极端温度对花卉生长发育造成伤害，并保证花卉的正常生长发育。

(2) 光照

光是植物进行光合作用的能量来源，因而是植物生长发育的必需条件。光照状况也具有规律性和节律性的变化，如光照强度随纬度增加而减弱，随海拔升高而增强，在特定区域还受到坡向、朝向等影响。日照长度则随四季而发生周期性变化。光质即光谱的组成，也随着海拔的升高或群落中位置的不同而发生变化，如不同的群落中，由于群落的结构和层次不同，以及上层植物因叶的厚薄、构造、颜色的深浅以及叶表面性质的不同而导致的对光的吸收、反射和透射的差异，从而造成群落内部光照强度和光质的差异。光因子在光强、日照时间长短及光质方面的这些变化，极大地影响着花卉的分布和个体的生长发育。

适应于光照强度的不同，花卉具有喜光、耐阴及耐半阴之别，喜光花卉必须生长在全光照条件下，如多数的露地一、二年生花卉；耐阴花卉要求在适度庇荫的条件下方能生长良好，如原产于热带雨林下的蕨类植物、兰科植物及天南星科植物等；耐半阴花卉对光照的适应幅度较宽，如萱草、耧斗菜（*Aquilegia vulgaris*）等宿根花卉。对特定花卉而言，光照强度过弱或过强（如超过植物光合作用的光补偿点和饱和点）都会导致光合作用不能正常进行而影响花卉正常生长发育。适应于光周期的变化，花卉有长日照花卉、短日照花卉及中性花卉等类型。长日照花卉要求在较长的光照条件下才能成花，而在较短的日照条件下不开花或延迟开花，如三色堇、瓜叶菊（Senecio cruentus）等。短日照花卉的成花要求较短的光照条件，在长日照条件下不能开花或延迟开花，如菊花、一品红等。中性花卉对光照长度的适应范围较宽，较短或较长的光照条件下均能开花，如扶桑（Hibiscus rosa-sinensis）、香石竹（Dianthus caryophyllus）等。不同的光谱成分不仅对花卉生长发育的作用不同，而且会直接影响花卉的形态特征，如紫外线可以抑制植株的高生长，并促进花青素的形成，因而高山花卉一般低矮且色彩艳丽，热带花卉也大多花色浓艳。

（3）水分

水分是植物体的重要组成部分，也是植物光合作用的原料之一。水有汽、雾、露、雪、冰雹、雨等各种形态，它们在特定的地域也发生着周年性或昼夜性等规律性的变化，从而影响着植物的生态景观。首先，降水的分布直接影响植物的分布。不同植被类型就是由热量和水分因子共同作用的结果，如在热带，终年雨量充沛而均匀的地区分布着热带雨林，在周期性干湿交替的地区则分布着季雨林，夏雨的干旱地区则形成稀树草原这一独特的热带旱生性草本群落；在温带，温暖湿润的海洋性气候下分布着夏绿阔叶林，而干旱的条件下则分布着夏绿旱生性草本群落的草原。虽然水分是花卉生长发育所不可缺少的因子，但花卉对水分的需求差异很大，不仅表现在不同种类上，而且表现在同一种类不同的生长发育阶段。影响花卉生长的水分环境是由土壤水分状况和空气湿度共同作用的结果，如原产于热带雨林中的层间植物就主要依赖于空气中大量的水汽而生存；分布于沿海或湿润林下的植物种类到内陆干旱地区难以正常生长发育，空气湿度是限制因子之一。在园林环境中可以通过人工灌溉来调整土壤的水分状况，满足花卉的要求，然而空气湿度主要受自然气候的影响，不易调控，对花卉的选择有时限制更大。

适应于不同的水分状况，花卉形成不同的生态类型，如旱生、中生、湿生和水生花卉。旱生花卉能忍受较长时间的空气或土壤干燥。为了在干旱的环境中生存，这类花卉在外部形态和内部结构上都产生许多适应性变化，如仙人掌类花卉。湿生花卉在生长期间要求大量的土壤水分和较高的空气湿度，不能忍受干旱。典型的水生花卉则需在水中才能正常生长发育。中生花卉要求适度湿润的环境，分布最为广泛，但极端的干旱及水涝都会对其造成伤害。不同花卉类型中，凡根系分布深，分枝多的种类，从干燥土壤和深层土壤中吸水能力强，具有较强的抗旱性，宿根花卉多数种类具有如此特性。一、二年生花卉与球根花卉根系分布较浅，耐干旱和水涝的能力都较差。

（4）土壤

土壤不仅起着固定花卉的作用，而且是花卉进行生命活动的重要场所。土壤对花卉生长发育的影响，主要是由土壤的物理化学性质和营养状况所决定。因不同的质地有砂土、壤土、黏土等不同的土壤类型，不同的土壤类型又有着不同的水气状况，对花卉的生长发育有重要的影响。土壤的酸碱度是土壤重要的化学性质，也是对花卉生长发育影响极大的因素。不同的花卉种类对土壤酸碱度有不同的适应性和要求。大部分的园林花卉在微酸性至中性的条件下可以正常生长，但有的花卉要求较强的酸性土，如兰科花卉、凤梨科花卉和八仙花（Hydrangea macrophylla）等；有些植物则要求中性偏碱性的土壤，如石竹属的一些花卉。土壤的营养状况包括土壤有机质和矿质营养元素，直接影响花卉的生长发育。

城市土壤因践踏和碾压等机械作用以及建筑垃圾的混杂导致土壤紧实、黏重，透气性差，pH值较高，营养状况差，极大地影响花卉的正常生长发育。

（5）大气

空气的主要组分氧气和二氧化碳都是植物生存必不可缺的生态因子和物质基础。然而大气因子中限制园林花卉生长发育的因素主要是大气污染和风。大气污染的种类很多，对植物危害较大的主要有二氧化硫、硫化氢、氟化氢、氯气、臭氧、二氧化氮、煤粉尘等。但也有一些花卉种类对特定的污染有较强的抗性，如抗二氧化硫的花卉有金鱼草（Antirrhinum majus）、蜀葵、美人蕉（Canna generalis）、金盏菊、紫茉莉（Mirabilis jalapa）、鸡冠花、玉簪、大丽花、凤仙花、石竹、唐菖蒲、菊花、茶花、扶桑、月季、石榴（Punica granatum）、龟背竹（Monstera deliciosa）、鱼尾葵（Caryota ochlandra）等；抗氟化氢的有大丽花、一串红、倒挂金钟（Fuchsia hybrida）、山茶（Camellia japonica）、天竺葵（Pelargonium hortorum）、紫茉莉、万寿菊、半支莲（Portulaca grandiflora）、葱兰、美人蕉、矮牵牛（Petunia hybrida）、菊花等。因此，在进行园林花卉应用设计时，尤其是在污染严重的城市或厂矿区，应分析污染源及污染程度，进而选择抗性强的花卉种类。

有一些地区，风是经常性的和强有力的因子。轻微的风，不论对气体交换或植物生理活动及开花授粉都有益处，但强风往往会造成伤害，不仅对新植花木造成枝干摇曳而伤害根系，还会引起落花落果和蒸腾过速。寒冷地区冬季强风造成植物蒸腾加剧是边缘植物难以越冬的限制性因子。在热带和亚热带，台风对花卉生长影响更大。风促使植物蒸腾加剧，在风向较稳定和风力强劲的地方，乔木迎风面的树叶和枝条逐渐萎蔫死亡，形成旗状树冠。在园林花卉应用设计中，应考虑风因子，在台风盛行地方不宜大量栽植根系浅、树冠大的植物种类。

综上所述，可以看出各个生态因子对花卉分布、生长发育以及景观外貌的生态作用都不容忽视。值得注意的是虽然在特定条件下对特定物种而言，影响植物生存的生态因子有主次之分，但必须考虑生态因子的综合作用。在园林花卉应用设计中，不仅要考虑种植区域的自然气候和土壤状况，立地条件的微气候环境也极为重要，同时还需根据人工养护的力度，选择最适宜的花卉种类。

3.1.3 植物群落的基本特征

园林绿地建设是在城市高度人工化的环境中建造城市植被，而花卉配置无疑是人工植物群落的创造。园林绿地中许多人工群落的结构和层次都比较简单，如行道树、植篱、大面积平面种植的花坛、草坪、地被等景观，这类绿地在服务于人类的各项活动和游憩方面具有重要的作用。然而为了使园林绿化获得更大的绿量从而体现出更好的生态效益，适当地段采用植物复层混交的群落式配置非常重要。建立人工植物群落，必须充分了解和遵循自然界植物群落的构成特征及演替特征。自然界植物群落的组成和结构是园林绿化中师法自然的基础。

在一定地段的自然环境条件下，由一定的植物成分形成的有规律的组合即为植物群落。植物群落有一定的种类组成和结构特征，并在植物之间以及植物和环境之间构成一定的相互关系。植物群落的结构特征包含种类的组成，群落的外貌或外形，植物的密度、色相或季相以及群落的成层现象。每一个植物群落都是由一定的种类组成，植物种类决定了植物群落的其他特征。

群落的外貌由构成植物种类的生活型如乔木、灌木、藤本或草本植物等所决定。植物种类在群落中密度不同，形成群落不同的郁闭度或覆盖度。同时，由于种类的不同，各种植物群落具有的色彩形相即色相不同，如蓝绿色的针叶林，浅绿色的柳树林。园林绿化中大量选用常年异色叶植物，其目的就是创造不同的群落色相。随着季节变更而发生的物候变化还使群落表现出不同的季相，尤其在四季分明的温带地区，季相是植物景观中非常重要的内容，也是人工植物群落中常常刻意营造的景观效果。如北京园林中，春季花团锦簇，不仅有连翘（Forsythia suspensa）、榆叶梅（Prunus triloba）、山桃（Prunus davidiana）、桃（Prunus persica）、玉兰（Magnolia denudata）等花木竞相开放，而且有大量的草本花卉争奇斗艳；夏季树叶茂盛，绿色葱葱是主要的景色，此时若要点缀颜色，萱草、玉簪、金光菊、天人菊、蜀葵等草花是主要角色；秋季银杏（Ginkgo biloba）、栎类（Quercus spp.）、槭树类（Acer spp.）、火炬树（Rhus typhina）、白蜡（Fraxinus chinensis）等呈现黄、橙、褐各色，层林尽染，此外还有硕果累累，菊花飘香；冬季大部分树叶凋落，枝干耸立，则另有一番景致。

群落由于植物种类不同而形成一定的垂直结构层次，如乔木层、灌木层、草本植物层或地被植物层等。群落的层次不同，结构外貌就不同，形成的景观效果不同，所发挥的生态效益也不同。自然界有各种层次的群落，寒温带的针叶林群落通常比较简单，如落叶松纯林，通常只有乔木层和地被层；温带的落叶阔叶林通常有乔木、灌木及草本3层；而在热带雨林中，群落结构可多至7~8层，甚至还有攀缘植物和附生植物形成的层间层。因此在雨量充沛的热带地区的园林中，可以借鉴热带雨林的群落特征，运用藤本类、附生类、耐阴的蕨类植物等，创造出丰富的人工植物景观。

需要注意的是，当地的自然植物群落对人工植物群落的配置具有重要的借鉴意义，自然群落中许多乡土植物也是当地园林中的主要植物。但是对自然群落不能照搬，尤其是许多分布在高海拔的植物需经过一定的引种驯化才可以应用于平地的园林。因此在人工植物群落配置中，既要考虑每一种花卉的生态习性，坚持生物多样性的原则，同时也要遵循植物群落的基本特征，如合理的种类组成、优势种的确定、合理的密度和垂直结构的层次等，尤其要考虑群落中各植物随着时间将会发生的变化，如此才能在设计时预见植物群落的发展过程，从而设计出景观效果最佳时期尽可能长的人工群落，也才能达到最佳的环境效益。

3.2 艺术性原理

3.2.1 园林花卉配置的形式美原理

园林美是园林的思想内容通过艺术的造园手法用一定的造园要素表现出来的符合时代和社会审美要求的园林的外部表现形式，它包括自然美、社会美和艺术美3种形态。由于园林构成材料的多样性及审美活动中主客观交融的复杂性，园林美也表现出其复杂性，然而园林美的规律与美的规律是直接统一的。形式美是艺术美的基础，是所有艺术门类共同遵循的规律，园林艺术也不例外。形式美是通过点、线条、图形、体形、光影、色彩和朦胧虚幻等形态表现出来的。园林花卉丰富多彩的观赏特征本身就包含着丰富的形式美的要素，在遵循科学性原理的前提下，按照形式美的规律在平面和空间进行合理的配置，形成点、线、面、体等各种形式不同的花卉景观，正是花卉应用设计的基本内容。因此，在园林花卉设计中，各要素之间及同一要素个体之间的布局和设置同样遵循形式美的法则。

（1）和谐的统一性

统一是指由性质相同或类似的要素并置在一起，造成一种一致的或具有一致趋势的感觉。所谓变化是指由性质相异的要素在一起所造成的显著对比的感觉。变化与统一是对立的统一体。优秀的园林必定是造园的各种要素（地形、植物、山水、建筑等）组合成有机统一的整体结构，形成一个理想的环境空间，体现出一定的社会内容，反映出造园艺术家当时所处的社会审美意识和观念，达到内容与形式的和谐统一。这一和谐统一的审美特征表现在外在形式上则包含3个层次：构成园林形式的材料要素自身的和谐统一，要素与要素之间关系的和谐统一及要素所组合成的整体空间布局的统一。

具体到园林花卉的应用设计，首先是要将花卉或园林植物这一造园要素置于整体园林环境中，根据其内容而采取和谐的表达形式。如在欧洲文艺复兴时期建造的园林，反映当时人们尊重世界和个人的力量、尊重理性和以人为中心的哲学思想，与这一内容相协调的园林形式即规则式园林，其建筑布局和环境均呈规则整齐的几何图形，花卉的布置因而以规则式的花坛、树坛以及列植的形式与之协调。中国传统的自然式园林崇尚"天人合一",以反映与自然和谐共存的哲学思想为宗旨,因地制宜成为其基本的造园手法,与其相协调的外在形式即"宜亭斯亭,宜榭斯榭",高处建台,低处挖池,组成情与境相统一的自然式园林。花卉的配置,则"编篱种菊""锄岭栽梅""寻幽移竹,对景莳花"(《园冶》);"坡间之树扶疏,石上之枝偃蹇。短树参差,忌排一片;密林蓊翳,尤喜交柯""修篁掩映于幽涧,长松依薄于崇崖"(《画筌》,笪重光),着力再现自然之景致可见一斑。

在植物配置的总体形式与内容和谐统一以及花卉与其他造园要素如建筑、山石、水体等相互之间和谐统一的前提下,具体到某一局部的花卉设计可以通过变化甚至对比来追求景观的生动和感染力,如色彩的变化、株型和姿态的变化、体量的变化、质感的变化等。但是这些变化不应冲淡园林形式的整体风格,在统一中求变化,且要在变化中求统一,做到整体统一,局部变化,局部变化服从整体。

(2) 比例的协调性

比例是部分对部分、部分对全体在尺度间的数据化的比照。比例是人们在实践活动中,通过对自然事物的总结抽象出来的能满足视觉要求的具有协调性的物与物的大小关系,因而具有美的观赏效果。著名的毕达哥拉斯学派提出的黄金分割率被人们视为最美的比例。和谐完美的比例也存在于自然界的各个方面。然而构成协调性的美的比例其本质不是具体数据,而是人类在实践活动中产生的感情意识、感觉经验所形成的一种对照关系。因此,园林中美的比例应是组成园林协调性美的内涵之一。园林存在于一定的空间,园林中各造园要素也以创造出不同的空间为目的,这个空间的大小要适合人类的感觉尺度,各造园要素之间以及各要素的部分和整体之间都应具备比例的协调性。中国古代画论中"丈山尺树,寸马分人"是绘画的美的比例,园林也与此同理。如颐和园的万寿山、昆明湖及以佛香阁为主体的建筑群之间的比例及与园林整体空间的比例是非常协调的;同样在仅有数亩的苏州小型园林网师园中,也

通过建筑布局及其与水之间关系的处理创造出协调的比例而没有拥塞的感觉,达到"地只数亩,而有迂回不尽之致;居虽近廛,而有云水相忘之乐"的艺术效果。在园林花卉的配置上,植物与其他造园要素之间以及植物不同种类之间也充满了比例关系。大型的园林空间必须用高大或足量的植物来达到与环境及其他景观元素的比例协调,而小型的园林空间,就必须选择体量较小的植物以及适宜的用量与之匹配。

(3) 均衡的稳定性与动感

均衡是指事物的各部分在左右、前后、上下等两方面的布局上其形状、质量、距离、价值等诸要素的总和处于对应相等的状态。均衡分对称均衡和不对称均衡。对称均衡表现为具有如中轴线或中心点形成的一个中心和对应物形成特定空间的一定区域。它体现出生物体自身结构的一种符合规律性的存在形式,具有稳重、庄严的感觉。园林中,对称均衡是指建筑、地貌、植物等群体的两方面在布局上同轴对应相等。规则式园林在整体布局上均采用均衡对称的原则,如欧洲的规则式园林不仅表现在建筑、喷泉、雕塑等对称均衡,而且树木的种植位置和造型、花坛的布局及图案等也均以对称均衡的形式布置。中国的寺庙园林和纪念性园林也常常采用对称均衡的布局,尤其是道路两边植物的对称式配置,既给人以整齐划一、井然有序的秩序美,也创造出安定、庄严、肃穆的环境气氛,然而有时会觉得单调、呆板,缺乏动感。自然风景丰富多彩,绚丽多姿,很难看到对称均衡,然而却处处充满了视觉的均衡。这种两边不对称却又处于平衡状态者称为不对称均衡。不对称均衡是自然界普遍的、基本的存在形式。东方园林,尤其是中国传统园林艺术即遵循"虽由人作,宛自天开"的原则而进行不对称均衡的布局。园林中因地制宜,峰回路转,步移景异,高下各宜,虚实相生,绝无严格之对称,又处处充满均衡稳定,且生动活泼,妙趣横生,达到极高的艺术境界。在花卉配置上,宜树则树,宜草则草。"大树小树,一偃一仰",各自呼应,不可相犯,"三株、五株、九

株、十株，令其反正阴阳，各自面目，参差高下，生动有致……松柏、古槐、古桧……如三五株，其势如英雄起舞，俯仰蹲立，蹁跹排宕"，此为局部范围内树木个体之间的不对称均衡的配置。也有植物与其他要素的不对称配置，如奥旷之山古松偃仰，白粉壁前修篁弄影，峭壁奇峰藤萝掩映，溪边桥畔翠柳摇曳，阶前畦旁草卉点缀，"因其质之高下，随其花之时候，配其色之深浅，多方巧搭……"（《花镜》），皆成妙境，天然混成。

(4) 节奏与韵律

韵律节奏是各物体在时间和空间中按一定的方式组合排列，形成一定的间隔并有规律地重复。因此韵律节奏具有流动性，是一种运动中的秩序。韵律按其形式可分为连续韵律、渐变韵律、起伏韵律、交错韵律等。其中，连续韵律是一种物质有规律地重复出现的现象；渐变韵律则不仅重复出现，而且渐次变化；起伏韵律指在空间高度上有规律地起伏变化；而交错韵律则指两种物质依次有规律地交替出现。节奏则有快速、慢速及明快、沉稳之分。园林中的韵律和节奏是由园林要素自身的形状、色彩、质感等以及植物、建筑、山石、水等要素的连续、重复的运用，并在连续、重复中按照一定的规律安排适当的间隔、停顿所表现出来的。在一个和谐完美的园林中处处存在着韵律节奏。道路两旁，同一树种等距离栽植的行道树，其树干的重复出现产生的垂直方向的韵律节奏和树冠勾勒出的轮廓线连续起伏的变化产生的水平方向上的韵律节奏，可视为连续韵律节奏，表现为整齐一律的韵律和单一的节奏，是园林花卉配置中较为简单的形式，景观效果不够丰富。以不同种类等距离种植，或不同种类不等距离但有一定规律的重复组合，如树形和高矮不同的组合会产生起伏韵律和交错韵律的景观效果。花坛或花带中不同色相或色调的渐变组合和重复出现会产生渐变韵律。这些配置形式产生的丰富而含蓄的韵律节奏，正是包含于植物景观的形式美的内容，必然会使人产生愉悦的审美感觉。需要注意的是，在园林植物配置中，韵律节奏不能有过多的变化。变化过多必然杂乱，这又遵从于统一的协调性和变化之间的辩证关系。

3.2.2　园林花卉配置的色彩原理

园林艺术是一种综合的艺术形式，充满了形象、色彩、声响、气味等美学特征，然而不容置疑的是，眼睛感受的视觉形象是最为重要的审美特征。眼睛最敏感的是色彩。虽然园林中最基本的色调是绿色，但园林环境中丰富的色彩变化一直是人类不懈的追求。也正因如此，才有花卉新品种的层出不穷。因此，在园林花卉应用设计中，色彩设计至关重要。有时园林花卉的设计几乎就是色彩的设计，如花坛和花境。

3.2.2.1　色彩学的基本知识

(1) 色彩的来源

物体由于内部质的不同，受光线照射后，产生光的分解现象。一部分光线被吸收，其余的被反射或透射出来，成为人们所见的物体色彩。在黑夜，没有光线照射，人们看不见物体的形状，也就看不见物体的色彩。所以，光是一切色彩的来源。

(2) 有彩色和无彩色

人靠自身的眼能看到的色彩非常丰富，这些种类繁多的色彩可以分为两类：白、灰、黑等不含色素的"无彩色"和红、黄、绿、蓝等"有彩色"。

(3) 色彩的三要素

①色相　有彩色的相貌、名称。在诸多的色相中，红、橙、黄、绿、蓝、紫是具有基本色感的色相（见彩图1）。

三原色　指相互作适当比例的混合，可以得出全部色彩，而自身不能由别的色混合而得的3种色。色光的三原色是红、绿、蓝紫，色料的三原色是红、黄、蓝（见彩图2a）。

间色和复色　间色又称第二次色，由两个原色相混而成。色料的间色为红+黄=橙，黄+蓝=绿，蓝+红=紫。原色和其间色即6种最基本色相。复色又称再间色，即第三次色，由两间色相加而成。由于在任何一种复色中，都含有三原色成分，所以在色彩配置时，当色相间对比过强时可加以复色起到缓冲调和的作用（见彩图2b）。

补色　两种颜色混合而成黑色时，这两种颜色互为补色。如红和绿，黄和紫。十二色相环中，相对的两色互为补色。补色的明暗、冷暖对比最为强烈，在花卉配置时，一对互补色并置可创造醒目、跳跃的效果，可用补色关系来突出主体，但应对比适度，否则会造成强烈刺激和不协调的效果。

②明度　也称光度、辉度，指色的明暗程度。无彩色黑、灰、白有明度，有彩色也有明度，如白色、黄色明度高，黑色、紫色明度低。利用不同明度的色彩搭配，可以创造出造型艺术作品的立体感（见彩图3a）。

③彩度　也称纯度或饱和度，指含彩量的饱和程度。黑、白、灰属无彩色系，其彩度为零。如果在黑、白、灰中加上彩色，彩度便增加，在纯彩色中加上黑、白、灰，彩度便会降低。如大红中加入白色成为粉红，与大红相比其彩度较低。花卉配置时如果利用某一种颜色的不同彩度进行搭配，就可形成统一、协调的效果（见彩图3b）。

3.2.2.2　色彩与心理

(1) 色感的倾向

人眼看见各种色彩，常常会发生感觉上的习惯反应。如看到火的橙色就有热的感觉，看到冰的青色就有冷的感觉。因而颜色也就因人的感觉而有了冷暖色之分。在十二色相环中，由红紫到黄绿都是暖色，以橙为最暖，从青绿到青紫都是冷色，以青为最冷。紫色和绿色都是由暖色和冷色混合而成，称为温色。色彩的冷暖是相对的，如同一种色彩若含红、橙、黄较偏暖，而含青、青绿、青紫则偏冷。温色与暖色相比偏冷，而与冷色相比则偏暖。

人对色彩的冷暖感觉在花卉配置中具有非常重要的作用，我们常常选用具有不同色感的植物材料来布置不同用途和不同气氛的场合，如喜庆场合常常用暖色调的花卉来表达愉快及热烈的气氛，而有些场合宜选用冷色调的花卉来创造安静和雅致乃至肃穆的氛围。

(2) 色彩的错觉

同样大小的物体，由于颜色对人眼所造成的错觉，会感觉深色的物体面积小，而浅色的物体面积大，这是因为白色有扩散的感觉，而黑色有收缩的感觉。同样，红、橙、黄一类的暖色有扩散的感觉，青色一类的冷色有收缩的感觉。我们还会感觉到暖色及亮色有前抢感，而冷色及暗色有隐退感。不同明度的颜色中，亮色轻，暗色重；相同明度下，艳色重，浊色轻。亮色、高彩度色、暖色明快活泼；暗色、低彩度色及冷色忧郁。亮色、暖色、彩度高的色华丽；而暗色、冷色、彩度低的色朴素。这些方面表现出的色彩的错觉在园林花卉的配置中都会有运用。

(3) 色彩的象征意义

人们在长期的生产实践中，赋予了某些具象联想物的色彩以约定俗成的象征意义，如绿色代表了草原、森林，象征着生命和活力；橙色代表了火和成熟，象征着热烈和丰收等。同时，由于世界上不同的国家和地区，民族、宗教信仰和风俗习惯等的不同，对色彩的感情反应也可能不一样。正确理解色彩的象征意义，运用色彩来表达景观的意境和情调，烘托设计的主题思想，在花卉应用设计中非常重要。

花卉常见色彩的表情及用色习俗：

①红色　艳丽、热烈、富贵。多用于表现喜庆欢乐的场面。不同冷暖和浓淡的红色，如玫瑰红、粉红等可表现娇艳、柔美、轻盈等不同的美感。自然界中，红色系的花卉品种非常多，红色花也是各国人民喜爱的颜色，如欧美圣诞节的花卉装饰、中国春节等各种喜庆节日的花卉装饰均以红色为主。

②橙色　火焰的主调，表现光辉、温暖、欢乐、热烈的情绪。也代表了秋季的灿烂，表达丰收的主题多以橙色为主调。橙色的花卉品

种也较多。

③黄色 太阳的颜色。是光明与希望的象征。黄色在中国封建社会是神圣与权威的象征，佛教也常用黄色表示超脱世俗。希腊和罗马人也都喜爱黄色。金黄色表现辉煌、华丽，淡黄色表现轻快、柔和，如春天黄绿的嫩叶和鹅黄的花使人感觉春光明媚。

④绿色 自然和生命的颜色。代表生机、希望、和平。植物的绿色是园林中最基本的颜色，是布置其他造园要素的背景和底色，而且因不同的种类具有极为丰富的变化，如墨绿、浓绿、碧绿、翠绿、粉绿、黄绿等。

⑤蓝色 天空和大海的颜色。代表宁静、悠远、凉爽、朴素、柔和的情绪。自然的花色有浅蓝、蓝紫等色，尤其是高山地区有较多蓝色花卉，但总体上与红、黄、白等花色相比，蓝色品种相对较少。蓝色最适宜夏季及炎热地区花卉装饰，给人以凉爽感。

⑥紫色 深紫色表现宁静、沉闷，浅紫色娇艳、柔嫩。紫色在光线较暗处具有消失感。

⑦白色 最亮的颜色。代表洁净、素雅、凉爽、安静、高尚，可与任何深浅的颜色来搭配，或明快，或醒目。园林花卉配置中，白色花用途极为广泛。自然界开白色花的植物最多，几乎占花卉总数的1/3。夏季的园林中，以白色花和绿色、蓝色等搭配，可以创造恬静、清凉及柔和的气氛。

⑧灰色 代表朴素、温和、沉静、雅致。自然界的花色少有灰色，但有些观叶花卉呈灰绿或灰白色，易与其他色彩搭配，在花坛、花境中常常作为花卉色彩搭配的调和色。

3.2.2.3 花卉应用中色彩的设计

(1)统一配色

①单色配置 指使用一种色相的不同明暗、浓淡深浅的变化来配色，如红色系中的深红、大红及粉红主次分明地组织在一个作品中，最易起到和谐、统一的效果，有时按照一定方向和次序来组合同一色相的明暗变化，也会形成优美的韵律和层次变化。

②近似色配置 在色相环中，距离越近的色相颜色越相近。近似色配置即运用相邻的几种颜色来配置，如红、橙、黄相配，或黄、黄绿、绿相配。近似色的色相差应该在3~4档之内。这种配色方法颜色之间既有过渡，又有联系，既柔和统一，又有着适度的变化，不显呆板。同样要注意的是近似色配色也要有主色调和配色之分，各种颜色不能平均分配。

③色调配置 即色相虽有差异，但以统一的亮度来调和，也能组成柔美和谐的情调，如浅粉、乳白、淡黄的组合，虽然色相不同，但在白与亮灰的色调上相统一，就不会显得变化太大。

总之，统一配色就是要求在整体色彩设计时，追求统一、协调的效果，而不是变化突兀，对比强烈。这种配色可创造多种艺术效果，或华丽，或浪漫，或宁静，或温馨等。与此相对应的配色即对比配色。

(2)对比配色

①色相对比 在色相环上，距离越远的颜色对比越强烈，相差180°的颜色互为补色，对比最为强烈，如红—绿、黄—紫、橙—蓝等。花卉配置时，为了突出某一主体，在其周围适当配以对比色，会起到显著的效果。

②色调对比 主要指色彩亮度上的明暗对比，相互衬托。

对比配色重在表现变化、生动、活泼、丰富的效果。强烈的对比能表现各个色彩的特征，鲜艳夺目，给人以强烈、鲜明的印象，但也会产生刺激、冲突的效果。因此对比配色中，各种颜色不能等量出现，而应主次分明，在变化中求得统一，是为关键。

(3)层次配色

色相或色调按照一定的次序和方向进行变化，叫层次配色。这种配色效果整体统一，并且有一种节律和方向性。色相层次配色可以按色相环变化的顺序，也可以根据创作要求来组织；色调层次配色主要是按照明度和彩度的变化来配色。层次配色时色彩的变化既可以沿花坛、花境等长轴方向渐次变化，也可以由中心向外围变化，根据具体配置方式而定。

（4）多色配置

这是指多种色相的颜色配置在一起。这是一种较难处理的配色方法，把握不好往往会导致色彩杂乱无章，处理得当往往显得灿烂而华丽。花卉配置时应注意各种色彩的面积不能等量分布，要有主次以求得丰富中的统一。另外，也要注意在色调上力求统一。

需要注意的是花卉的色彩设计不仅仅指花卉不同种类之间颜色的搭配，而且包括背景、环境、时间以及其他造园要素在内的整体的色彩设计。如在一个狭小、封闭的空间，花卉的配置应以明度较高的浅色为基调，否则空间会显得沉闷，而且在光照晦暗的环境，深色花卉有隐没感。背景的色彩也是花卉色彩设计必须考虑的，通常要求与背景有一定的对比度，以突出花卉主体。当花卉作为衬托时，对比度要适当。

鲜活的花卉是园林中最能代表自然脉动的元素，因此花卉设计最具时令性。园林中季相的变化主要通过色彩设计而取得。春天的鹅黄嫩绿，表明了大地复苏，开始焕发勃勃生机；以橙色为主的近似色的配置最能表现秋季的成熟和丰盈；而各种浓墨淡彩的绿，正是夏季园林中最动人之处。相反，在室内的花卉应用设计中也可以反季节而行，为室内创造出舒适、惬意的气氛。如炎热的夏季，可以用白色及冷色系的花加以搭配，显得安静而雅致；隆冬时节，则尽可以使用暖色调的花卉，创造一个暖意融融、温馨浪漫的世界，元旦、春节期间则可以尽情挥洒红色来烘托节日的喜庆气氛。

3.2.3 园林花卉配置的意境美

中国园林在美学上的最大特点是重视意境的创造。意境的渊源十分久远。王国维在《人间词话》中说："境非独谓景物也，喜怒哀乐亦人心中之一境界，故能写真景物、真感情者，谓之有境界，否则谓之无境界。"可见意境是在外形美的基础上的一种崇高的情感，是情与景的结晶体，即只有情景交融，才能产生意境。园林意境是通过园林的形象所反映的情意使游赏者触景生情产生情景交融的一种艺术境界，它与中国的文学、绘画有密切的关系。园林意境的思想可以溯源至东晋到唐宋年间，随着当时的崇尚自然的文艺思潮而出现了山水诗、山水画和山水游记，继而影响园林创作的指导思想，园林转向以自然山水为主体，园林设计者寄情于山水，使得园林这样一个自然的空间境域的内涵超出了构成造园要素的建筑、山石、水体和植物之实体及其构成的境域事物，给感受者以余味和遐想的余地，因而产生了园林意境。如东晋简文帝入华林园，对随行的人说："会心处不必在远，翳然林木，便自有濠濮间想也。"可以说已领略到园林意境了。

在园林意境的创造中，作为造园最重要的材料要素之一，花卉的选择和配置起着十分重要的作用。园林意境的时空变化，很多都源自于花卉的物候或生命节律的变化。陶渊明用"采菊东篱下，悠然见南山"体现恬淡的意境。被誉为"诗中有画，画中有诗"的王维的辋川别业，充满了诗情画意。如其中的"竹里馆"是大片竹林环绕着的一座幽静的建筑物，王维诗："独坐幽篁里，弹琴复长啸；深林人不知，明月来相照。"辛夷坞是以辛夷的大片种植而成冈坞的地带，辛夷形似荷花，王维诗曰："木末芙蓉花，山中发红萼；涧户寂无人，纷纷开且落。"白居易在《吾庐》中这样写道："新昌小院松当户，履道幽居竹绕池。莫道两都空有宅，林泉风月是家资。"再如"门对青山近，汀牵绿草长；寒深抱晚橘，风紧落垂杨。"（周瑀：《潘司马别业》）"篱东花掩映，窗北竹婵娟。"（李颀《题少府监李丞山池》）"春风桃李花开日，秋雨梧桐落叶时"等淋漓尽致地描写了园林花卉在其生命进程和物候更迭中的美学特征如何应用到园林中，来创造一种充满生机的、特异的艺术感染力。牡丹的"千片赤英霞烂烂，百枝绛点灯煌煌。照地初开锦绣段，当风不解兰麝囊……宿露轻盈泛紫艳，朝阳照耀生红光。红紫二色间深浅，向背万态随低昂"，梅花的"疏影横斜水清浅，暗香浮动月黄昏"，竹子的"日出有清荫，月照有清影,风吹有清声,雨来有清韵,露凝有清光,雪停有清趣",怀风音而送声的松树之"稍耸震寒声"与"凝音助瑶瑟",以及"留得残荷听雨声""雨打芭蕉淅沥沥"等,又是何等淋漓尽致地表达了园林花卉的色、形、姿、香、韵及声的美学特征所产生的意境。

除了对园林花卉的自然生物学特征方面的美学因素的深刻感悟和创造性地应用,中国园林艺术实践中还赋予花卉以深刻的文化内涵,形成中国特有的丰富的花文化而享誉于世,其中花卉的拟人化是突出特点。且以白居易在《养竹记》中阐述的竹子形象的"比德"的寓意及其审美特色示例,"竹似贤,何哉?竹本固,固以树德;君子见其本,则思善建不拔者。竹性直,直以立身;君子见其性,则思中立不倚者。竹心空,空以体道;君子见其心,则思应用虚受者。竹节贞,贞以立志;君子见其节,则思砥砺名行,夷险一致者。夫如是,故君子人多树之为庭实焉。"由此可见白居易为何在众多的园林植物中对竹子情有独钟。他在自己的花园中不仅营造"竹径绕荷池,萦回百余步",而且"开窗不糊纸,种竹不依行。意取北檐下,窗与竹相当。绕屋声渐渐,逼人色苍苍。烟通杳霭气,月透玲珑光",创造出了以窗为画框的画意之景,而且寄情于竹,情之切切,才可能有"水能性淡为吾友,竹解心虚即我师",且"窗前故栽竹,与君为主人"。由此也可以对中国花文化中"梅兰竹菊四君子""岁寒三友松竹梅""出污泥而不染""一声梧叶一声秋,一点芭蕉一点愁"等诸如此类的描述花卉的精神属性的文化内涵略知一二。

在对花卉生物学特征的了解和人为赋予的精神属性的深刻认识的基础上,最终通过花卉之间以及花卉与其他造园要素的适当配置才可能创造出富有意境的园林空间。中国传统园林中植物配置有一整套理论,且大多因循诗意画境,因种而异,位置有方。如《花镜》中之植物配置:"花之喜阳者,引东旭而纳西辉;花之喜阴者,植北囿而领南薰……小桥溪畔,横参翠柳,斜映霞明……榴之红、葵之灿,宜粉壁绿窗,夜月晓风。"梅宜明窗疏篱,芙蓉喜湿润之地。"海棠韵娇,宜雕墙峻宇;紫荆荣而久,宜竹篱花坞;梧、竹致清,宜深院孤亭;木樨香胜,宜崇台广厦。"峭壁奇峰,藤萝掩映。"荷之鲜妍,宜水阁南轩;菊之操介,宜茅舍清斋;蔷薇障锦,宜云屏高架。"花木"贵精不在多",多以孤植和丛植为主,孤植者色、香、姿俱佳,两株相伴,俯仰相应,多株丛植,各有向背,主次分明。在古典园林中,花卉与建筑、山石、水面配置也各有章法,如与建筑配,《园冶》有云"花间隐榭,水际安亭""围墙隐约于萝间,架屋蜿蜒于木末",另有"门前松径深,屋后杉色奇""院广栖梧""槐荫当庭",点出了园林花木与建筑空间的关系。另外,与山石相配,则遵循"山藉树而为衣,树藉山而为骨。树不可繁,要见山之秀丽;山不可乱,须显树之光辉"。花卉与水体配置由来已久。园林中以水生植物命名的景点数不胜数,如曲水荷香、采菱渡、萍香泮、香远益清、澄波叠翠、芝径云堤、芳渚临流、曲院风荷、花港观鱼等,体现了水生植物造景的特有意境。

不是所有的园林和园林中所有的花卉配置都必须讲究意境。但是传统文化的精髓是永远不会过时的。"传统文化是一个包含着过去、现在和未来整个时间维度上的开放系统"(陈薇、王建国,1987),因此它既具有连续性,又具有时代特征。在当今时代为了改善人类日益恶化的生存环境,在崇尚植物造景和绿化的环境生态效益的时代潮流中,如何古为今用,创造出具有时代特征的设计理念是值得我们探讨的。

3.3 园林花卉种植设计构图形式

园林环境是一个空间环境。在这个空间中,植物、建筑、山石、水体等各要素既存在着平面位置上的相互关系,也存在着立体空间中的高低和层次结构关系,各要素的不同形体组合还在立面上形成形式各异的天际线或立面轮廓线。不仅不同要素通过平面和立面构图形成的园林整体景观如此，同一要素的不同组分或个体之间也具有同样的关系。园林植物的整体构图服从于园林整体环境的艺术风格、功能性要求和布局原则，遵循形式美的基本规律，并且充分运用植物这一设计元素的特征通过一定的构图形式来完成或辅助完成特定园林空间所需表达的主题。

3.3.1 平面构图

花卉配置的平面构图有规则式、自然式和半自然式（或混合式）等。规则式构图的主要内容有对称式对植和列植、树坛、花坛、花台、花带、植篱、规则式的草坪等；自然式构图主要包括园林植物的孤植、不对称式对植、丛植、群植、自然式林带、自然风景林、垂直绿化等；半自然式构图有花境等花卉应用形式以及由规则式和自然式构图结合而形成的混合式植物景观。在花卉的平面设计中，既有单种单株（孤植）、单种多株（对植或列植、花坛、花带、花台、植篱、垂直绿化等）的设计，也有多种多株，或者乔、灌、草综合配置的设计；对于草本花卉为主的花坛、花带，既有外部形式的设计，还有内部图案纹样的设计，种间、种内关系错综复杂，是园林花卉种植设计的重要内容。

3.3.2 立面构图

虽然平面上花卉组合的图案美、花卉不同种类平面位置之间的关系是花卉设计的主要内容，然而由于植物具有空间形体的特质，同种或不同种个体的平面组合必然也会在空间形成特有的形态特征，反映在观赏者的视觉中，则表现为立面的构成形式。首先，不论是木本还是草本花卉，都具有不同的株形，也就是植物材料的空间形体，这些不同的形体是创造园林美的重要元素，如乔木铅笔柏（*Sabina virginiana*）峭立高耸，'馒头'柳（*Salix matsudana* 'Umbraculifera'）浑圆规整，合欢（*Albizia julibrissin*）潇洒飘逸等；花灌木中木槿（*Hibiscus syriacus*）和紫荆（*Cercis chinensis*）直立紧促，砂地柏（*Sabina vulgaris*）和'鹿角'桧（*Sabina chinensis* 'Pfitzeriana'）偃卧而遒劲，连翘和迎春（*Jasminum nudiflorum*）枝条柔韧拱曲或下垂；草花中有低矮圆润之香雪球，有亭亭玉立之飞燕草，有花序下垂之老枪谷（*Amaranthus caudatus*），有花序直立之火炬花（*Kniphofia uvaria*），有轻如烟霭之丝石竹（*Gypsophila elegans*），有粗犷厚重之大丽花，姿态万千、变化多端，给人以不同的审美体验。因此，遵循形式美的规律，将不同植物空间形体和姿态元素进行设计，通过或柔缓平和，或对比强烈，或简单或多变的天际线或立面构图来烘托不同的景观效果。利用植物不同形体进行立面构图是园林艺术中表现均衡和动势、统一和变化以及韵律和节奏等形式美的重要手段。

3.3.3 空间造型

花卉的空间造型主要指园林植物景观设计和花艺栽培中通过对植物施以人工修剪、绑扎等技术对其进行造型创造出的植物雕塑和艺栽，或通过人工制作的构件作为骨架模型，在其外面栽植花卉从而形成立体植物景观。植物雕塑通常做成各种几何体造型、动物造型或各种抽象的立体造型，高大的圆柏（*Sabina chinensis*）甚至可以做成建筑造型。叶子花（*Bougainvillea glabra*）、紫薇（*Lagerstroemia indica*）、扶桑等多做成花瓶、花篮、花门等。用于艺栽的主要有菊花，通常通过嫁接并进行绑扎、支撑等技术，栽培成塔菊、大立菊、悬崖菊及盆景艺菊等形式。以具有一定图案或结构的立体骨架为基础的立体造型花坛则以动物造型、建筑、花篮、浮雕等各种立体景观为设计内容。另外，园林绿地中也常点缀各种花球、花塔、花柱等立体造型的花卉景观。

在花卉的应用设计中，平面、立面及三维空间的构图有时以一种为主，有时则综合运用，如传统的花坛设计是以平面构图为主，当代的花坛则将平面构图与空间造型结合，甚至与植物群落的配置相结合，营造平面、立面及空间结合的三维景观。

思考题

1. 影响花卉生长发育及外貌景观的环境因子有哪些？在应用设计时如何考虑这些方面的影响？
2. 自然植物群落对花卉应用设计有哪些借鉴意义？设计时应注意什么？
3. 如何理解形式美的规律在园林花卉设计中的应用？
4. 园林花卉种植设计的构图形式有哪些？

推荐阅读书目

园林美学. 3版. 朱迎迎，李静. 中国林业出版社，2008.

园冶注释. 陈植. 中国建筑工业出版社，1979.

中国园林艺术概观. 宗白华，等. 江苏人民出版社，1987.

城镇绿化规划与设计. 马军山，董丽. 东南大学出版社，2002.

第4章 园林花卉种植施工与养护管理

[**本章提要**] 园林花卉的种植施工是花卉应用的重要步骤，科学、合理的种植施工是创造良好花卉景观的保证，而景观的最佳表现及维持很大程度上取决于后期的养护管理工作。本章从施工组织准备、定点放线及栽植等方面介绍了花卉应用的一般种植施工技术及露地花卉在水肥、修剪、除草、越夏、防寒等方面的基本养护管理措施。

园林花卉的种植施工（planting of garden plants）是指按照园林花卉应用设计种植施工图的要求将各类园林花卉按施工规范进行定植的实施过程，分为施工组织准备、定点放线及园林植物栽植等过程。本章内容以园林花卉应用中一般种植施工为主，有特殊要求的请参阅各论中的相关章节。

4.1 园林花卉种植施工

4.1.1 园林花卉种植施工的原则

大部分的草本园林花卉与园林树木相比，在种植上差异极大。木本花卉一般均在圃地育苗，成苗后栽植于园林中。草本花卉除了圃地育苗之外，还有许多种类常直接播种或栽植于设计地段，如易于自播繁衍的一、二年生花卉、球根花卉及分株栽植的宿根花卉等。草本花卉又因为其根系弱，对环境的适应性差，所以在种植施工中应严格遵循相关规则。

①严格按照设计要求。施工人员应了解熟悉设计意图，理解和读懂设计图纸，并严格按照图纸要求施工。

②了解花卉材料的生物学特性和生态习性，现场环境条件及其对花卉造成的各种可能的不利影响。

③确定适宜的种植季节。每一种花卉都有其生长发育规律，对于播种或栽植均有季节性要求。在最适宜的季节种植才可以保证植物恢复生长最快，生长发育最佳，也才能达到最佳的景观效果。同时，适时栽培还可以降低相应的施工及养护管理的成本。大部分的木本和草本花卉通常于圃地育苗。对木本花卉而言，需待苗木达一定规格后方可出圃用于绿化。大部分的草本花卉如宿根花卉和一、二年生花卉也需要在植株具一定大小，甚至挂蕾时再栽植于园林绿地。草本花卉时令性较强，通常一年生花卉于春季育苗，夏秋季节栽植于园林；二年生花卉则常于秋季育苗，春季栽植。由于其花期调控较容易，生长期又短，许多种类可以根据设计用花的时间而确定育苗时间，按照景观需求适时栽植。球根花卉通常因为不定根数量较少、不耐移植而直接栽植于园林绿地，种植季节也需根据球根花卉的生态习性和当地的气

候特点而定,如喜温的唐菖蒲、大丽花等在温带地区常于春季栽植,而喜冷凉的郁金香、风信子常秋季栽植,也因此将这两类球根花卉分别称为春植球根花卉与秋植球根花卉。宿根类花卉在暖地全年皆可栽植,北方寒冷地区常于春季栽植。当然移栽或分株还应考虑避开花芽分化及开花时间。通常秋季开花的种类可春季栽植,春季开花的种类秋季栽植,春夏之间开花的种类可在夏末花后栽植。

对于在园林中一些管理较为粗放的地段直接播种具自播繁衍能力的草本花卉或不耐移植的直根性花卉,均需根据花卉的习性,考虑当地的气候及种植地的小气候条件,确定适宜的播种期,如暖地可进行秋播,四季分明,但冬季非极端寒冷的地区在春、秋分别直播一年生花卉和二年生花卉。

木本花卉通常于春季、雨季和秋季进行种植施工,但因种类不同最佳栽植的时期也不尽相同。

④严格执行施工操作规程,安全、正确施工。

4.1.2 园林花卉种植施工的准备工作

①解读设计图纸,了解设计意图。施工前,应了解设计意图、设计方案和施工要求,要熟悉施工中的各部门配合情况,还要掌握工程预算、定点的依据以及其他有关问题。

②核实苗木品种、规格、数量及来源等。

③勘察现场,了解水源、土壤状况及作业路线等。

④施工前的配合协调工作的安排,包括与有关施工单位配合协作。如管、线(水管、电线)配合较复杂,施工障碍较多,则应由设计部门和施工部门配合研究解决问题,另外还包括如劳动力、材料、机械及工期的协调等,并在此基础上制订出切合实际的方案和计划。

4.1.3 施工现场的准备及整地

(1)清理障碍物

对施工场地上,凡是一切对施工不利的障碍物如堆放的杂物、违章建筑、砖瓦石块等要清除干净。对于现场的树木,视具体情况适当处理。一般在设计时即应考虑其去留。

(2)整地和土壤改良

整地过程可与清理障碍物相结合进行。按照设计图纸的要求将绿化地段与其他用地界限区别开来,整理出预定的地形并且做出适当的排水坡度。如有土方工程,应先挖后垫。洼地填土或去掉大量渣土堆积物后回填土堆时,需要注意对新填土壤分层次夯实,并适量增加填土量。否则下雨后自行下沉会形成低洼坑地。

很多城市绿化用地都含有大量建筑垃圾或土壤状况极端恶劣,这种情况均需对土壤进行改良。改良土壤需以设计所用植物材料对土壤的需求为依据。过酸的土壤需添加生石灰及骨粉等,过碱的土壤需混合腐殖质含量丰富的基质进行改良。土壤条件极端恶劣的则需换土,称为客土。客土的厚度根据不同花卉根系分布的深浅而定。对于根系分布较深的木本花卉,为了减少客土量,可以挖掘较大的树坑,在其中填放优质基质后栽植植株。宿根花卉根系分布也较深,而且一次栽植,多年生长,要施足基肥,整地深度需达40cm。一、二年生花卉生长周期短,根系分布较浅,在排水良好的砂质壤土、壤土或黏质壤土上均可生长,但以富含有机质的壤土为宜。整地深度为20~30cm,要求表土肥沃并疏松。球根花卉大部分不耐积水,也要求排水良好的土壤和地形。

(3)水源设置

大量进行种植施工,水源是必备条件,必要时还要安上电源能抽水灌溉,这些准备工作不可忽视。

4.1.4 定点放线

根据设计图纸在绿化种植施工的范围内确定树木花卉种植区域和种植点称为定点放线。面积较大的绿地设计内容复杂,要用较为精确的测量手段,测出四周范围、道路、绿地内的建筑设施位置后,再定栽植点的位置。

一般设计图纸上有关种植设计有两种类型:一种是在图上标明每个种植点的具体方位,如行道树、孤植、对植、列植等；另一种是只标明种植范围，而不标明单株具体位置，主要包括树丛、树群以及花丛、花带、花坛、花群等草本花卉的种植设计，由施工者根据苗木规格而确定。园林绿化种植施工定点放线的具体方法有以下几种。

①利用测量仪器　进行定点、放线。

②网格法　用皮尺、测绳等在地面上按照设计图的相应比例等距离画好正方格（如10m×10m，15m×15m，20m×20m等），方格可用白灰画线，也可定桩挂绳。这些方格线称为纵横坐标线。这样可以正确地在地面上定区域和定点定位，并撒上白灰标记。

③交会法　此法适用于面积较小的地段。具体做法是：找出设计图上与施工现场上两个完全符合的基点（如建筑物、电线杆等），量准植树点位与该两基点的相互距离，分别从各点用皮尺在地面上画弧交出种植点位或种植区域（如花坛）的中心，撒上白灰或钉木桩，做好标记。

园林中草本花卉通常很少单株孤植，而是成花丛、花群、花带或花坛、花境等形式配置。在定点放线时，第一步是确定出种植范围，对于花坛还需要根据详细的设计图纸画出配置图案，然后再确定定植点，种植密度或株行距的确定原则是根据冠幅的大小，使达到成龄植株的冠幅能互相衔接又不拥挤。

4.1.5　挖坑及作床

无论是种花还是栽树，均需挖坑。这项工作，看似简单，但其质量好坏，将直接影响植株的成活和生长，因此必须严格掌握。木本花卉根系分布深，栽植的种植穴较大，需要在栽植前甚至起苗前预先挖掘。坑径一般较规定的苗木根幅或土球直径大20～30cm。挖坑时以定点标记为圆心，按规定的尺寸，先在地面上用白灰或用锹画圆，然后沿圆垂直向下挖掘，挖到规定的深度，上下口要垂直一致，切勿挖成上大下小或上小下大。挖出的坑土的上下层要分开堆放。回填时，上层表土因含有机质多应先回填至坑下层养根，而底层生土可以填回至坑上层。如栽植植篱，则挖槽，以定植点的位置为中心，按照设计的绿篱宽度画出槽的两边线，两边线之间为挖槽的范围。种植穴（槽）挖好后，如果整地时未施基肥，可在穴底施肥。

对于草本花卉而言，根系分布较浅，所以经过整地后，一般在定植时开穴。穴的深浅应较待种苗的根系或泥团较大较深。花坛栽植花卉常常要做种植床。根据设计图纸在放线范围内做出种植床，球根花卉需要生长在排水良好的环境，土壤条件较差或低洼地段则在种植床栽植基质下层铺设砾石等排水层。花坛的种植床边缘，通常以砖、石、木条或混凝土等砌筑。

挖坑（槽）时，如发现有管道、电缆等地下设施或文物等遗迹，应立即停止操作，向有关部门报告，研究解决。

4.1.6　起苗、包装、运输及假植

园林花卉是否生长良好，达到最佳的景观效果，除了苗木的质量要好之外，起苗、包装、运输及栽植过程也都是重要的环节。起苗时，除了要保证植株和根系完整，还要包装好，运输好。

（1）选苗和起苗

①选苗和号苗　为了保证苗木成活，提高绿化效果，必须对所用苗木进行严格挑选，即选苗。将选好的苗以挂牌、拴绳或涂色油等方法标记称为号苗。选苗时应比设计要求稍多几株，以作备用。

②挖苗前的土壤准备　如果土质过干，应提前灌水，如土壤积水，应予排水，特别是挖带土球的大苗。

③挖苗时切忌伤根，一般需带护根土　根据种类不同，分为裸根栽植或带土球栽植。起苗的根幅或土球大小必须遵守相应的标准。草本花卉，尤其是一、二年生草花，尽可能具备完整根系。盆栽育苗的则直接磕盆带土坨栽植。

（2）包装、运输及假植

苗木的运输和假植对植株成活率有很大影响。一般提倡就近起运苗木，随起、随运、随

栽效果最佳。如果远距离起运则苗木的包装、运输及假植都非常重要。苗木包装分以下几种情况。

①常绿植物除女贞等个别例外，一般必须带土球。为了保证装卸及栽植时土球不散，需在外面用草绳或外加草苫捆包好。

②正常季节施工落叶树一般裸根栽植。裸根栽植虽不带土球，但装车后必须在根部盖上苫布或湿草袋，以防树根被风吹干而降低成活率。

③绿篱苗一般0.8~1.0m。带土球或不带土球，裸根苗应蘸上泥浆，以保护根系不会在运输过程中干枯。

④园林绿化用一、二年生花卉常以当地苗为主，较少长途运输。可直接将圃地盆苗运至施工现场脱盆栽植。宿根花卉可裸根起苗和运输，但应以草苫或苫布覆盖，保持湿度。

长途运输时途中应停车在苗木根部浇水或喷水。苗木运输到现场不能及时定植的，要立即假植于事先开好的沟内，将根部用潮土盖严，必要时浇水以保护根系。

4.1.7 栽植

栽植包括将圃地培育的大苗、盆栽苗、经过贮藏的球根以及宿根花卉、木本花卉等按照设计图纸种植于绿地中的过程，与育苗过程中的移植相区别，也称为定植。如上所述，无论是木本花卉还是草本花卉，栽植的坑穴均较根系或土球和泥团大。栽植时将苗茎基提近土面，扶正入穴。将穴周围土壤铲入穴内约2/3时，抖动苗株使土粒和根系密接，然后在根系外围压紧土壤，最后用松土填平土穴使其与地面平而略凹。

宿根花卉和木本花卉定植时要结合进行根部修剪，伤根、烂根和枯根都要剪去。木本花卉大苗定植后还要根据当地的风力等设立支柱，防止倾倒。

4.1.8 灌溉

绿化种植施工在栽植苗木后需立即浇水。木本花卉定植后通常必须连续灌溉3次，之后视情况适时灌水。第1次连续3d灌水后，要及时封堰，以免蒸发和土表开裂透风。定植后第1次灌水称头水，其目的是通过灌水使树根与土壤紧密结合。故头水后应检查是否在栽植时未踩实土壤而导致土层塌陷及树身倒歪。若有须及时扶正植株并修补塌陷之处。约3d后第2次灌水，再2~3d后进行第3次灌水，且灌足灌透，之后封堰。当然浇水的间隔不是固定的，应根据当时当地的气候状况而定。

草本花卉种植后须在次日重复浇水。球根花卉种植初期一般不需浇水，如果过于干旱，则浇1次透水。

4.2 园林花卉养护管理

园林中的山石、建筑或雕塑，建造完成意味着只要给予基本的维护就可以成为永久性的景物，而富有生命力的花卉则不然。按照设计意图将各种类型的花卉进行搭配栽植于园林中，对于园林绿化而言，就好似"万里长征走完了第一步"。要想使园林绿地在此后的数年、数十年甚至更长的时间内给人类带来预期的生态效益和景观效果，基本的日常养护管理工作才是最重要的。只有在不间断的、精心的养护下，花草才能得以繁盛，花木才能得以长大，人们才可以欣赏到四时景色之不同，也才可以目睹生命个体在成长的过程中，给人带来的生命的律动之美。因此，只有漂亮的设计，而没有扎实的养护管理水平，一切设计意图都是徒然的。

露地园林中配置的花卉主要指一、二年生花卉及在当地自然条件下冬季不需特殊的保护措施就能够完成花卉正常生长发育过程的宿根花卉、球根花卉及花木类。这类花卉适应当地的气候，因此对环境的抗性比较强。其中一、二年生花卉由于生长期短，受区域气候的限制较小，许多种类各地普遍应用；多年生的宿根花卉和球根花卉根据各地气候不同，种类有不同程度的差异，但是园林绿化中基本的养护管理环节是相类似的。草坪及室内花卉的养护管理参见各论中相关章节。

4.2.1 灌溉及排水

与树木相比，园林花卉普遍根系分布较浅，不耐干旱，尤其是一、二年生花卉。因此，栽植后的灌溉就成为日常养护管理中重要的工作内容。园林花卉的灌溉方式分为漫灌、喷灌和滴灌。干旱缺水地区在种植之前最好设置滴灌设施，采用滴灌方式灌溉，不仅节约水分，而且可以减少工作量，提高工作效率。灌溉用水以清洁的河水、湖水、塘水为好，井水和自来水经储存一两天后方可使用。园林中有水体时可结合水景，将井水或自来水储存于水池中，供日常灌溉。灌溉时间因季节及花卉种类而异。旱季须多灌溉，尤其是高温干旱季节；雨季则减少灌溉。夏季避免在中午高温时灌溉，以早晚为宜；冬季宜中午前后灌溉；春、秋季视天气和气温的高低，选择中午或早晚进行；阴天则全天皆可灌溉。原则是尽可能保持水温与土温相近。一、二年生花卉要求灌溉的次数较宿根花卉为多。宿根花卉根系分布较深，对环境的抗性较强，因此只在气候干旱时灌溉。球根花卉亦不耐长期干旱。

雨季排涝对园林花卉而言，同样非常重要。花卉的根系在生长期，不断地与外界进行物质交换，也在进行呼吸作用，如果长期积水，则土壤缺氧，根系的呼吸作用受阻，久而久之会因窒息导致根系死亡，植株也随之枯黄死亡，尤其是浅根性的一、二年生花卉和球根花卉。因此，栽植时应选择排水良好之地段，土壤应疏松，力求做到雨停即干。地势低洼地段则须做排水层或以花台形式种植。

4.2.2 施肥

任何一种花卉在其生长和发育过程中都需要不断供给营养。城市园林绿化的土壤通常营养状况极差。因此，人工施肥是非常重要的管理措施。

（1）肥料的种类

肥料通常分为速效肥和长效肥（迟效肥）。园林绿化中常用的长效肥多系厩肥、堆肥、饼肥等有机肥以及骨粉、草木灰等。速效肥主要指人工合成的化学肥，如硫酸铵、尿素、过磷酸钙等单一元素的化肥及多元素的复合肥。通常迟效肥或有机肥用作基肥，速效肥用作追肥。

（2）施肥的方式

为了花卉生长良好，取得最佳的环境和景观效益，除了在整地和栽植时根据不同类型花卉的需求施足基肥外，还应在栽植后适当追肥。追肥的肥料可以是固态的，也可以是液态的。追施液肥常在土壤干旱时结合浇水一起进行。除了根部追肥外，园林花卉还可以采用根外追肥的方法，即对花卉枝、叶喷施营养液，也称叶面喷肥。当花卉急需养分供给或土壤过湿时，可采用根外追肥。营养液中，养分的含量极微，很易被枝、叶吸收。此法见效快，肥料利用率高。常用于根外追肥的肥料是将尿素、过磷酸钙、硫酸亚铁、硫酸钾等，配成 0.1% ~ 0.2% 的水溶液喷施。喷施液肥应于无风或微风的清晨、傍晚或阴天进行，尽可能将叶的正反面都喷到。根外追肥与根部施肥相结合，才能获得理想的效果。

（3）施肥的时间

花卉的不同生长发育阶段对肥料需求的种类和量都有所不同。应根据各个种类的需求科学施肥。一般花卉在幼苗期吸收量少，在中期茎叶大量生长至开花前吸收量呈明显上升，一直到开花后才逐渐减少。一、二年生花卉生长期短，栽植于绿地中开花后即结束其寿命，一般园林花卉也不宜采收种子。因此，枯后即不再施肥。宿根花卉却一次栽植，多年生长，暖地可四季常青，需要周年按照生长发育的节律适时施肥；温带地区的宿根花卉大部分在春夏季快速生长开花，秋后地上部分枯萎，进入休眠，翌春又萌发。通常在春季新芽抽出时追肥，花前、花后可再追肥一次。秋季叶枯时可在四周施以腐熟厩肥或堆肥。球根花卉在开花后期营养向下运输，储存于球根内从而形成新球和子球。因此，园林中无论是自然式配置的不必每年采收种球的球根花卉，还是需要在花后采收以便人工储存度过休眠期的球根花卉，花后的水肥管理都非常重要。磷肥对球根的充实及开花极为重要，因此，可用骨粉配合作基肥。有机肥则必须充分腐熟，否则导致球根腐烂。

准确施肥还决定于气候以及管理的水平。总体上园林花卉施肥要把握"薄肥勤施"的原则。

4.2.3 修剪与整形

通过修剪和整形可以使花卉植株枝叶生长均衡，协调丰满，花繁果盛，有良好的观赏效果。园林中大部分一、二年生花卉的整形和修剪过程是在圃地育苗过程中完成的，如对一串红摘心促发侧枝而培育丰满的株型，定植于绿地中只需及时摘除开过的残花，修剪生长过快过长的枝条，以便保持观赏期最佳的株型和花坛的图案和纹样。园林中的宿根花卉则需在旺盛生长季节将枝条上不需要的侧芽于基部摘除，以免分散营养，也对过多的侧蕾或过早发生之花蕾进行剥除，以便集中养分供养枝顶的主花从而得到优美的株型及硕大的花朵，如菊花和芍药。对藤蔓类花卉在生长发育过程中需随着植株生长而设立支架、格栅等以供攀缘或进行人工牵引。球根花卉中只有少数种类如大丽花，在园林应用中需进行除芽、剥蕾及修剪整形，但对于用种球繁殖的球根花卉，为了花后集中养分供应球根的充实，可及时剪去残花，避免结实而消耗营养。

木本园林花卉的修剪，是养护管理工作中的重要内容。整形修剪遵循适应树木的自然树形和分枝习性，以及适应栽培环境的原则，根据不同的种和园林配置的目的以及植物自然生长的节律决定修剪的方式、时间及强度。

4.2.4 中耕与除草

中耕是在花卉生长期间，疏松其根基土壤的工作。通过中耕可切断土壤表面的毛细管，减少水分蒸发，可使表土中孔隙增加而增加通气性，并促进土壤中养分分解，有利于根系对水分和养分的利用。对于刚定植或栽植的地段，由于植株还未充分覆盖地表，因而土表易干燥，

应及时中耕，既可以达到上述目的，还可抑制杂草滋生。一般雨后或灌溉后，以及土壤板结时或施肥前也需进行中耕。中耕需注意苗株基部要浅耕，株行距中可略深，切忌伤根。植株长大覆盖地面后可不再中耕。

园林花卉与杂草的竞争力普遍都较小。杂草不仅与花卉竞争养分、水分及阳光等，而且影响景观效果，因此要彻底清除。除草的基本原则是除早、除净。一、二年生类的杂草需在其结实前除清。多年生杂草还需清除其根系。除草的方式包括手工除草、机械耕以及除草剂的使用。除草剂使用得当，省工省时，但必须根据花卉的种类正确选用合适的除草剂，要注意使用的浓度、方法。现在，园林绿化中，常常通过自然环保的地表覆盖物如树皮、石砾、陶砾、松针等覆盖裸露的地面以减少杂草滋生，同时可以降低土壤水分的蒸发，还可营造特殊的景观效果。

4.2.5 病虫害防治

园林花卉在生长发育过程中，时常遭到各种病虫危害，轻者造成生长不良，降低观赏价值，重者植株死亡，严重影响观赏效果。因此采取有效措施，减轻或使花卉免遭各种病虫危害，是园林花卉养护管理工作的重要内容之一。关于园林花卉常见的病虫害防治方法已有专门课程和教材，本书不再赘述。

4.2.6 越夏管理

我国大部分地区夏季高温多雨，是大部分园林花卉生长旺盛的季节。这一时期，不仅花卉对水肥的需求量大，而且也是杂草旺盛生长以及病虫害滋生的季节。因此，日常管理工作非常重要。除此以外，夏季是秋植球根花卉的休眠期，需注意在春末夏初及时采收种球，进行储存。通常秋植球根花卉种球的储存条件为20~25℃，保持环境干燥凉爽，切忌闷热潮湿。

4.2.7 防寒越冬

北方地区冬季寒冷，防寒越冬是园林花卉

管理中重要的工作内容。一年生花卉通常在霜冻之后死亡，清理绿地中的残枝败叶即可。二年生花卉通常于冷床越冬或覆盖越冬。这些主要属于圃地管理工作。一些耐寒性较强的二年生花卉可在种植床中稍加覆盖，翌春便可继续生长。宿根花卉和木本花卉在秋季地上部分枯黄或落叶后，需清理枯枝落叶，然后在基部培土，翌春再清除，如芍药和月季。对于寒冷干旱地区的宿根和木本花卉，入冬前还需浇灌冻水。抗寒性较差的种类，还需搭设风障，甚至采用塑料膜或其他物覆盖保护。

春植球根花卉在气候寒冷地区，需采收种球储存于冷室或冷床越冬。贮藏的温度通常为4~5℃，不可低于0℃或高于10℃。

思考题

1. 园林花卉种植施工的步骤有哪些？各步骤的注意事项是什么？
2. 园林花卉的养护管理包括哪些环节？

推荐阅读书目

绿化种植艺术. 郭锡昌. 辽宁科学技术出版社, 1994.

中国农业百科全书·观赏园艺卷. 中国农业百科全书编辑委员会. 中国农业出版社, 1996.

第5章 花丛应用与设计

[本章提要] 本章就花丛的概念、应用设计时材料的选择及设计原则介绍了花丛这一花卉应用形式。

5.1 花丛概念及特点

花丛(flower clumps)是指根据花卉植株高矮及冠幅大小之不同,将数目不等的植株组合成丛配置阶旁、墙下、路旁、林下、草地、岩隙、水畔的自然式花卉种植形式。花丛重在表现植物开花时华丽的色彩或彩叶植物美丽的叶色。

花丛既是自然式花卉配置最基本的单位,也是花卉应用最广泛的形式。花丛可大可小,小者为丛,集丛成群,大小组合,聚散相宜,位置灵活,极富自然之趣。因此,最宜布置于自然式园林环境,也可点缀于建筑周围或广场一角,对过于生硬的线条和规整的人工环境起到软化和调和的作用。

5.2 花丛对植物材料的选择

花丛的植物材料以适应性强,栽培管理简单,且能露地越冬的宿根和球根花卉为主,既可观花,也可观叶或花叶兼备,如芍药、玉簪、萱草、鸢尾、百合、玉带草(*Arrhenatherum elatius* var. *tuberosum* f. *variegatum*)等。栽培管理简单的一、二年生花卉或野生花卉也可以用作花丛等。

5.3 花丛设计原则

花丛从平面轮廓到立面构图都是自然式的,边缘不用镶边植物,与周围草地、树木等没有明显的界线,常呈现一种错综自然的状态。园林中,根据环境尺度和周围景观,既可以单种植物构成大小不等、聚散有致的花丛,也可以两种或两种以上花卉组合成丛。但花丛内的花卉种类不能太多,要有主有次;各种花卉混合种植,不同种类要高矮有别,疏密有致,富有层次,达到既有变化又有统一。花丛设计应避免两点:一是花丛大小相等,等距排列,显得单调;二是种类太多,配置无序,显得杂乱无章。

思考题

1. 花丛的特点有哪些?
2. 花丛设计应注意哪些方面?

推荐阅读书目

观赏植物景观设计与应用. 赖尔聪. 中国建筑工业出版社,2002.

第6章 花坛应用与设计

[**本章提要**] 花坛是园林花卉应用设计的一种重要形式，其类型丰富多样，适用于各种绿化场合，因而深受人们的喜爱。本章从花坛的历史沿革说起，重点叙述了花坛的概念及特点，花坛的类型，植物材料的选择，花坛的设计要点及施工管理，并以昆明世博园花园大道的连续花坛群和世纪时钟花坛为例，分析其花坛设计的构思和建造技术。本章同时对花台的设计作了简单介绍。

6.1 概述

虽然花坛是园林中最主要的花卉布置方式之一，而且在我国古代就有将一种花卉集中布置在规则式花台中的应用，然而现代城市中通过不同花卉品种组合集中展示花卉群体华丽的色彩美的布置方式主要还是源自西方。西方最初的实用性园圃就是在规则式的种植床中栽植蔬菜和药草，这种规则式的种植床既有利于栽种和除草等管理措施的实施，更为重要的是便于引渠灌溉，之后便逐步演化成为西方规则式的园林，其内部各种植物的种植遵循严格的几何对称式的布局规则，也自然成为后来盛行的花坛渊源。最初花坛的种植床多是长方形或方形，到中世纪以后欧洲出现了流线型的花坛。中世纪时，西方园林中用黄杨等矮生耐寒植物修剪成树篱，按品种将花木分隔开来种植于其中，称为花结园圃。16世纪后，装饰性的图案十分盛行，图案设计也越来越精致和复杂，为使花坛坚固不变形，将树篱改成木框或铅框镶边，或用贝壳和煤块代替，中间空隙填充彩色的沙砾或碎石。这种图案纹样设计极为精致和华丽的节结式花坛是为了从建筑的高层或山顶俯瞰。或许是由于镶边植物需要不断修剪，图案内部需要除草或保持洁净，养护过于费工，加上18世纪末英国风景式园林开始盛行，这种花结式花坛在欧洲逐渐衰落，但与此同时却在美洲流行起来。19世纪地毯状的花圃形式在欧洲又有所恢复，但是与17世纪时的花坛相比，由于这一时期欧洲从世界各地大量引进一、二年生花卉和多年生花卉，且园艺育种取得了极大成就，花卉品种越来越多，使得花坛色彩极大地丰富起来(Hepper, 1982)。

在中国近代，沿海一些城市园林由于受西方文化的渗入逐渐出现了各种花坛的形式，尤其是几何图形的纹样花坛，并有了首部花坛专著，即1933年商务印书馆出版的万有文库丛书中由夏诒彬写作的《花坛》一书。1949年中华人民共和国成立后，随着城市绿化的发展，花坛渐渐成为园林绿化不可缺少的内容，以五色草为主要材料的毛毡花坛也由苏联首先传入东北，后遍及全国各地。20世纪80年代以后，花坛的形式与我国传统造园艺术和技术相结合，有了前所未有的发展和创新，成为园林植物景观的重要组成部分。

6.1.1 花坛概念及特点

6.1.1.1 花坛的概念

花坛(flower bed)的最初含义是在具有几何形轮廓的植床内种植各种不同色彩的花卉，运用花卉的群体效果来体现图案纹样，或观赏盛花时绚丽景观的一种花卉应用形式。它以突出鲜艳的色彩或精美华丽的纹样来体现其装饰效果。《大不列颠简明百科全书》简述其为"组成装饰图形的花圃"；《中国农业百科全书·观赏园艺卷》将花坛定义为"按照设计意图在一定形体范围内栽植观赏植物，以表现群体美的设施"，涵盖的范围更为广泛。

6.1.1.2 花坛的特点

传统意义上的花坛是一种花卉应用的特定形式，具有以下特征：

①花坛通常具有几何形的栽植床，因此属于规则式种植设计，多用于规则式园林构图中。

②花坛主要表现花卉群体组成的图案纹样或华丽的色彩，不表现花卉个体的形态美。

③花坛多以时令性花卉为主体材料，因而需随季节更换，保证最佳的景观效果。气候温暖地区也可用终年具有观赏价值且生长缓慢、耐修剪、可以组成美丽图案纹样的多年生花卉及木本花卉组成花坛。

早期的花坛具有固定地点，几何形种植床边缘用砖或石头镶嵌，形成花坛的周界，种植床以平面地床或沉床为主。随着现代工业及园艺业的发展，盆钵育苗方法及施工技术有了很大的提高，使得许多在花坛意义上的花卉应用的新设想得以实现，为这一古老的花卉应用形式带来了新的生机。当今花坛不仅规模可大可小，而且已突破只在平面种植床或沉床布置图案纹样供近赏或俯视欣赏，出现了在斜面及垂直立面上布置的精美的图案纹样，尤其是三维的立体花坛形式越来越多样，甚至借鉴中国传统造园艺术，以花坛的手法营造山水景观，使得花坛由静态的景观发展到可以多视点、多角度观赏的连续的动态景观，充分体现出花坛这一园林艺术形式随时代发展而表现出的蓬勃的生命力。

6.1.2 花坛的功能

(1)美化环境

尤其能烘托渲染节日的欢乐气氛，弥补园林中季节性景色欠佳的缺憾，丰富城市空间色彩。

(2)标识和宣传

花坛通过与某一构筑物、标徽等的结合，用花卉组合成文字、平面或立体标识、形象等，可以起到标识和宣传的作用。

(3)分隔和屏障

花坛能够作为划分和装饰地面、分隔空间的手段，并起到生物屏障的作用。

(4)组织交通

通过布置交通岛花坛、分车花带等，能够组织和区分路面交通功能，提高驾驶员的注意力，增加人行、车行的美感与安全感。

6.2 花坛类型及设计

6.2.1 花坛的类型

依据表现主题、布置方式及空间形式等不同，花坛有不同的类型。

6.2.1.1 以表现主题不同分类

以花坛表现的主体内容不同进行分类是对花坛最基本的分类方法，也是最常用的分类方法。据此可将花坛分为花丛式花坛(盛花花坛)、模纹式花坛、标题式花坛、装饰物花坛、立体造型花坛、混合式花坛和造景式花坛。

(1)花丛式花坛(盛花花坛)

花丛式花坛主要表现和欣赏观花的草本植物花朵盛开时花卉本身群体的绚丽色彩以及不同

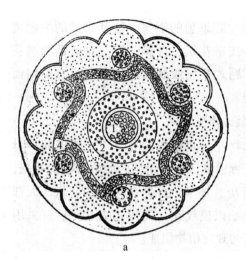 

图 6-1 独立式花丛花坛
a. 独立式花丛花坛 b. 独立式花丛花坛（北京植物园）
1. 海桐 2. 微型月季 3. 结缕草 4. 紫鸭趾草 5. 雏菊

花色种或品种组合搭配所表现出的华丽的图案和优美的外貌。根据平面长和宽的比例不同，可将花丛式花坛分为以下 3 种。

①花丛花坛　花坛平面纵轴和横轴长度之比在 1∶1～1∶3 之间，主要作主景（图 6-1）。

②带状花丛花坛　花坛的宽度即短轴超过 1m，且长、短轴的比例超过 3～4 倍以上时称为带状花丛花坛，或称为花带。带状花丛花坛通常作为配景，布置于带状种植床，如道路两侧、建筑基础、墙基或草坪上，有时也作为连续风景中的独立构图。带状花坛既可由单一品种组成，也可由不同品种组成图案或成段交替种植。根据环境的特点花带可以为规则式矩形栽植床，也可以是流线型，甚至两边不完全平行（图 6-2，见彩图 4）。

③花缘　宽度通常不超过 1m，长轴与短轴之比至少在 4 倍以上的狭长带状花坛，称为花缘。花缘通常不作为主景处理，仅作为草坪、道路、广场之镶边或作基础栽植，通常由单一种或品种构成，内部没有图案纹样。

(2) 模纹式花坛

模纹式花坛主要表现和欣赏由观叶或花叶兼美的植物所组成的精致复杂的图案纹样。植物本身的个体美和群体美都居于次要地位，而由植物所组成的装饰纹样是模纹式花坛的主要表现内容。因内部纹样及所使用的植物材料不同、景观不同可分以下几种。

①毛毡花坛　主要用低矮观叶植物，组成精美复杂的装饰图案，花坛表面修剪平整呈细致的平面或和缓曲面，整个花坛宛如一块华丽的地毯，故称为毛毡花坛（图 6-3，见彩图 5）。不同色彩的五色苋（*Alternanthera bettzickiana*）品种因低矮、枝叶细密、耐修剪而成为毛毡花坛最理想的构成材料。低矮、整齐的其他观叶植物或花小而密、花期长而一致的低矮观花植物也可用于此类花坛。

②彩结花坛　主要用锦熟黄杨（*Buxus sempervirens*）和多年生花卉如紫罗兰、百里香（*Thy-*

图 6-2 北京中关村大街的矮牵牛带状花坛

mus mongolicus)、薰衣草（*Lavandula angustifolia*）等，按一定图案纹样种植起来，模拟绸带编成的彩结式样而来，图案线条粗细相等，由上述植物组成构图轮廓，条纹间可用草坪为底色或用彩色石砂填铺。有时也种植色彩一致、高低一致的时令性草本花卉，装饰效果更强。

③浮雕花坛　与毛毡花坛之区别在于通过修剪或配置高度不同的植物材料，形成表面纹样凸凹分明的浮雕效果。

(3) 标题式花坛

标题式花坛是指用观花或观叶植物组成具有明确的主题思想的图案，按其表达的主题内容可分为文字花坛、肖像花坛、象征性图案花坛等。标题式花坛最好设置在角度适宜的斜面以便于观赏。

(4) 装饰物花坛

装饰物花坛是指以观花、观叶或不同种类的植物配置成具一定实用目的的装饰物的花坛，如做成日历、日晷、时钟等形式的花坛，大部分时钟花坛以模纹花坛的形式表达，也可采用细小致密的观花植物组成。

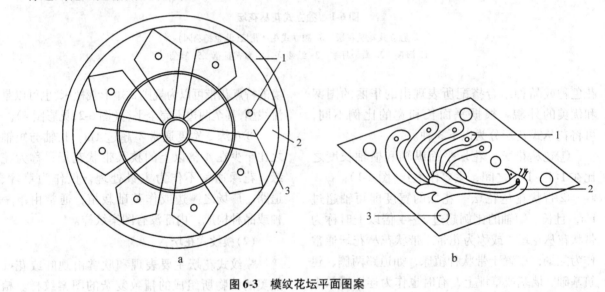

图 6-3　模纹花坛平面图案
a. 规则式图案纹样　b. 动物平面纹样
1. 小叶红　2. 小叶绿　3. 白草

图 6-4　立体造型花坛
a. 1. 绿草　2. 红草　3. 白草　4. 五色苋　5. 四季海棠　b. 1. 红草　2. 绿草　3. 菊花　4. 一串红

(5) 立体造型花坛

即以枝叶细密的植物材料种植于具有一定结构的立体造型骨架上而形成的一种花卉立体装饰。其造型可以是花篮、花瓶、建筑、各种动物造型、各种几何造型或抽象式的立体造型等。所用的植物材料以五色苋、四季海棠等枝叶细密、耐修剪的种类为主（立体造型花坛的详细做法可参考8.1节中的相关内容）（图6-4）。

(6) 混合式花坛

不同类型的花坛如花丛花坛与模纹花坛结合、平面花坛与立体造型花坛的结合，以及花坛与水景、雕塑等结合而形成的混合花坛景观（图6-5）。

(7) 造景式花坛

造景式花坛指借鉴园林营造山水、建筑等景观的手法，将花丛花坛、模纹花坛、立体花坛及花丛、花境、立体绿化等相结合，布置出模拟自然山水或人文景点的综合花卉景观，如山水长城、江南园林、三峡大坝等景观。这类造景式花坛通常体量较大，宜布置于空间较大的场地，多用于节日庆典、各类园林花卉展览等，如一年一度的天安门广场"国庆"花坛布置就是典型的造景式花坛（图6-6）。

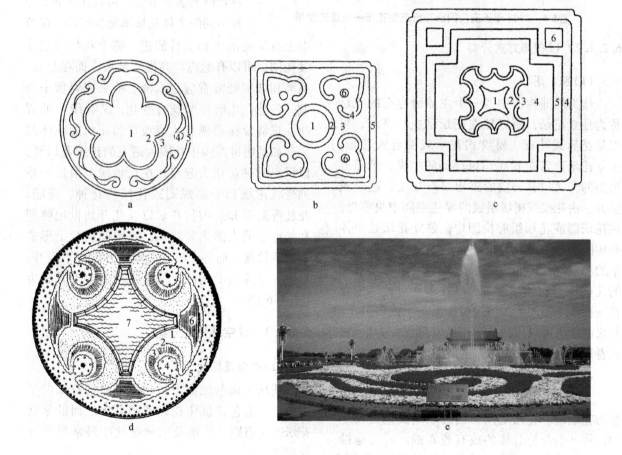

图 6-5 混合式花坛

a~c. 花丛花坛与模纹花坛结合
d. 花丛花坛与水景结合　e. 盛花花坛与水景结合（天安门2007年国庆花坛）
a. 1. 鸡冠花（红色或紫色）　2. 荷兰菊　3. 五色草（绿草）　4. 五色草（花大叶或小叶红）　5. 五色草（黑草）
b. 1. 中心花卉　2. 周边花卉　3~5. 五色草，依次为绿草、花大叶、小叶红　6. 四季海棠或荷兰菊
c. 1. 四季海棠　2~5. 五色草，依次为小叶、花大红、绿草、花大叶　6. 四季海棠或龙舌兰
d. 1. 草坪草　2. 三色堇　3. 中华石竹　4. 雏菊　5. 金鱼草　6. 金盏菊　7. 水池喷泉

图 6-6 2004 年天安门国庆花坛造型花坛——延安宝塔

6.2.1.2 以布局方式分类

(1) 独立花坛

作为局部构图中的一个主体而存在的花坛称为独立花坛，所以独立花坛是主景花坛，可以是花丛式花坛、模纹式花坛或混合式花坛。独立花坛通常布置在建筑广场的中央、街道或道路的交叉口、公园的进出口广场上、建筑正前方、由花架或树墙组成的绿化空间中央等处。在花坛群或花坛组群构图中，独立花坛是主体和构图中心。因此，带状花坛不宜作为静态风景的独立花坛。独立花坛的外形平面总是对称的几何图形，或单面对称，或多面对称。独立花坛面积不能太大，可设置于平地上或斜坡上，花坛的中央可以用修剪造型的常绿树作为中心，或者以雕像、喷泉或立体造型作为中心。

(2) 花坛群

当多个花坛组成不可分割的构图整体时，称为花坛群。花坛之间为铺装场地或铺设以草坪，排列组合是对称的或有规则的。对称地排列在中轴线两侧的称为单面对称的花坛群，多个花坛对称地分布在许多相交轴线的两侧称为多面对称的花坛群。花坛群具有构图中心，通常独立花坛、水池、喷泉、纪念碑、雕塑等都可以作为花坛群的构图中心。花坛群内部的铺装场地及道路可供游人活动及近距离欣赏花坛。大规模的铺装花坛群内部还可以设置座椅以供游人休息。花坛群主要设置于大面积的建筑广场或规则式的绿化广场上，如昆明世博园世纪花园大道连续花坛群、天安门广场的花坛群。

(3) 连续花坛群

许多个独立花坛或带状花坛，呈直线排列成一行，组成一个有节奏规律的不可分割的构图整体时，称为连续花坛群。连续花坛群通常布置于道路两侧或宽阔道路的中央以及纵长的铺装广场，也可布置于草地上。连续花坛群的演进节奏，可以用 2 种或 3 种不同的个体花坛来交替演进，在节奏上有反复演进和交替演进，整个花坛则呈连续构图，可以有起点、高潮、结束，而在起点、高潮和结束处常常应用水池、喷泉或雕像来强调，各独立花坛外形既有变化，又有统一的规律，观赏者移动视点才能观赏到花坛的整体效果。如昆明世博园中花园大道上的连续花坛群，以世纪时钟花坛为起点，在长轴线上通过一系列带状花坛和平面规则式花坛将花钟、花船、花柱等造型和装饰物花坛以及花开新世纪雕塑和结点上的大温室相联系，在空间交替上形成不同的段落，而各个段落沿轴线方向次第展开，形成一个连续的构图，具有强烈的艺术感染力（见图 6-15）。

6.2.1.3 以空间形式分类

(1) 平面花坛

花坛表面与地面平行，主要观赏花坛的平面效果，也包括沉床花坛或稍高出地面的平面花坛，是道路、广场及园林绿地中最常见的花坛形式。

(2) 斜面花坛

花坛设置在斜坡或阶地上，也可以布置在建筑的台阶两旁或台阶上，花坛表面为斜面，是主要的观赏面。因此，斜面花坛本质上与平面花坛无异，均表现平面的图案和纹样。两者也常结合布置成中间是平面纹样，四面是斜面

图 6-7　斜面花坛
a. 北京林业大学校徽纹样斜面花坛　b. 单面观斜面花坛（北京海淀公园）

纹样的台式花坛(图 6-7)。

(3) 高设花坛(花台)

由于功能及景观的需要，园林中也常将花坛的种植床抬高，这类花坛称为高设花坛，也称作花台。详见 6.3 节。

(4) 立体花坛

不同于前两类表现的平面图案和纹样，立体花坛表现三维的立体造型，其表达主题如前文所述。立体花坛最常应用于道路、广场点景，也是各类花卉和园林展览中较为常见的花坛形式。

6.2.1.4 以花卉的栽植方式分类

(1) 地栽花卉花坛

地栽花卉花坛是最常见的园林绿地中具有固定种植床的花坛，可以是沉床式、平床式或高设花坛(花台式)。

(2) 盆栽花卉花坛

盆栽花卉花坛是在铺装场地或草坪上以盆栽花卉布置的临时性或季节性花坛，每年国庆天安门广场的花坛均是用盆栽花卉布置而成的。

(3) 移动式花坛(花钵)

移动式花坛是将同种或不同种类的花卉，按照一定的设计意图种植于各种类型的容器中，布置于园林绿地、道路广场、露台屋顶，甚至室内等处，以装点环境。详见 6.3 节。

花坛还可以有很多分类方法，如以功能不同可分为观赏花坛(包括纹样花坛、饰物花坛及水景花坛等)、主题花坛、标记花坛(包括标志、标牌及标语等)以及基础装饰花坛(包括雕塑、建筑及墙基装饰)；根据花坛所使用的植物材料可以将花坛分为一、二年生花卉花坛，球根花卉花坛，宿根花卉花坛，五色草花坛，常绿灌木花坛以及混合式花坛等。

根据花坛用植物观赏期的长短还可以将花坛分为永久性花坛、半永久性花坛及季节性花坛，如用常绿灌木如黄杨类、福建茶(*Carmona microphylla*)以及萼距花(*Cuphea hyssopifolia*)等组成的花坛为永久性花坛，可以数年维持花坛的图案或造型稳定；而用多年生花卉组成的花坛，或用灌木做成图案纹样，内部填充草本花卉的花坛，需根据所用植物材料的寿命及生长状况，定期更换其中的部分植物，为半永久性花坛；季节性花坛维持的时间最长是一年，通常由一、二年生花卉或球根花卉组成，如北方春季由秋植球根花卉郁金香和风信子组成的花坛，或秋季由一年生花卉鸡冠花、孔雀草等组成的花丛花坛。在温带地区，大部分一年生花卉和春植球根花卉不耐霜冻，冬天来临前即死亡或需挖掘球根保护越冬；二年生花卉及秋植球根花卉则不耐炎热，夏季死亡或休眠。因此，这一地区的花丛花坛主要是季节性花坛。花坛中的植物在花谢前就应移去，用别的即将开花的植物轮换。因此季节性花坛应根据草本植物观赏期长短而拟定轮替计划。盆栽花卉在广场及道路上摆设的临时花坛也属于季节性花坛，只是观赏期更短。

6.2.2 花坛对植物材料的要求

(1) 盛花花坛的主体植物材料

盛花花坛主要由观花的一、二年生花卉和开花繁茂的宿根花卉和球根花卉组成。要求株丛紧密，整齐；开花繁茂，花色鲜明艳丽，花序呈平面开展，开花时见花不见叶，高矮一致；花期长而一致。如一、二年生花卉中的三色堇、雏菊、百日草、万寿菊、金盏菊、翠菊(*Callistephus chinensis*)、金鱼草、紫罗兰、一串红、鸡冠花等，宿根花卉中的小菊类、荷兰菊(*Aster novi-belgii*)等，球根花卉中的郁金香、风信子、美人蕉、大丽花的小花品种等都可以用作花丛花坛的布置。

(2) 模纹式花坛及造型花坛的主体植物材料

由于模纹花坛和立体造型花坛需要长时期维持图案纹样的清晰和稳定，因此，宜选择生长缓慢的多年生植物(草本、木本均可)，且植株低矮，分枝密，发枝强，耐修剪，枝叶细小为宜，最好高度低于10cm，尤其毛毡花坛，以观赏期较长的五色草类等观叶植物最为理想，花期长的四季秋海棠、凤仙类也是很好的选材。株型紧密低矮的雏菊、景天类(*Sedum* spp.)、孔雀草、细叶百日草(*Zinnia linearis*)等也可选用。

(3) 适合作花坛中心的植物材料

多数情况下，独立式花丛花坛常用株型圆润、花叶美丽或姿态美丽规整的植物作为中心，常用的有橡皮树(*Ficus elastica*)、大叶黄杨(*Euonymus japonicus*)、加纳利刺葵(*Phoenix canariensis*)、棕竹(*Rhapis excelsa*)、苏铁(*Cycas revoluta*)、散尾葵(*Chrysalidocarpus lutescens*)等观叶植物或叶子花、含笑(*Michelia figo*)、石榴等观花或观果植物，作为构图中心。

(4) 适合作花坛边缘的植物材料

花坛镶边植物材料与用于花缘的植物材料具有同样的要求，多要求低矮，株丛紧密，开花繁茂或枝叶美丽，稍微匍匐或下垂更佳，尤其是盆栽花卉花坛，下垂的镶边植物可以遮挡容器，保证花坛的整体性和美观，如半支莲、雏菊、三色堇、垂盆草(*Sedum sarmentosum*)、香雪球(*Lobularia maritima*)、雪叶菊等。

6.2.3 花坛的设计

6.2.3.1 花坛设计的原则

(1) 以花为主：考虑生态效益

花卉是构成花坛的主体材料。随着时代的发展，花坛的形式日趋多样，花坛中也越来越多地使用其他非植物材料的构成元素等，但任何时候，具有生命并能发挥生态效益的花卉都是主体。

(2) 功能原则：合理组织空间

花坛除去其观赏和装点环境的功能外，因其位置不同，常常具有组织交通、分隔空间等功能，尤其是交通环岛花坛、道路分车带花坛、出入口广场花坛等，必须考虑车行及人流量，不能造成遮挡视线、影响分流、阻塞交通等问题。

(3) 立意在先：遵循艺术规律

花坛设计和陈设是一项艺术活动，应遵循相关的艺术规律才能设计出美丽的花坛。

(4) 考虑时空：遵循科学原理

花坛设计同样需要考虑地域、气候、立地条件、季节等因素，适地适花，正确选择植物材料及合理的工程技术。

(5) 养护管理：节约性原则

与其他花卉应用形式相比，花坛不仅建设费用高，而且需要较高的维护管理。因此，设计花坛时，应本着节约性的原则，宜繁则繁，该简即简。

6.2.3.2 花坛与环境的关系

花坛常设于需要重点美化的地段。因此，周围环境的构成要素包括建筑、道路、广场、植物等均与花坛有密切的关系。无论是作为主景还是配景，花坛与周围环境之间的关系都存在着协调和对比的关系，包括空间构图上的对比，如水平方向展开的花坛与规则式广场周围的建筑物、装饰物、乔灌木等立面的和立体的

图 6-8　厦门园博园主入口广场的花坛

构图之间的对比；色彩的对比，如周围建筑和铺装与花坛在色相饱和度上的对比以及周围植物以绿为主的单色与花坛的多彩色的对比；质地的对比，如周围建筑物与道路、广场、雕塑以及墙体等硬质景观与花坛的植物材料的质地对比等（图6-8，见彩图6）。但是，花坛设计时，也要考虑与周围环境的协调与统一。作为主景的花坛其外形必然是规则式，其本身的轴线应与构图整体的轴线相一致。花坛或花坛群的平面轮廓应与广场的平面轮廓相一致。花坛的风格和装饰纹样应与周围建筑物的性质、风格、功能等相协调，如动物园入口广场的花坛以动物形象或童话故事中的形象为主体就很相宜，而民族风格的建筑广场的花坛则宜设计成富有民族特色的图案纹样。作为雕塑、纪念碑等基础装饰的配景花坛，花坛的风格应简约大方，不应喧宾夺主。

6.2.3.3　花坛的平面布置

主景花坛外形应是对称的，平面轮廓应与广场相一致。但为了避免单调，在细节上可有一定变化。在人流集散量大的广场及道路交叉口，为保证功能作用，花坛外形可与广场不一致。构图上可与周围建筑风格相协调，如民族风格的建筑前可采用自然式构图或花台等形式，人流量大、喧闹的广场不宜采用轮廓复杂的花坛。作为配景处理的花坛群通常配置在主景主轴的两侧，且至少是一对花坛构成的花坛群，如最常见的出入口两侧对称的一组花坛；如果主景是有轴线的，也可以是分布于主景轴线两侧的一对花坛群；如果主景是多轴对称的，只有主景花坛可以布置于主轴上，配景花坛只能布置在轴线两侧；分布于主景主轴两侧的花坛，其个体本身最好不对称，但与主景主轴另一侧的个体花坛，必须取得对称，这是群体对称，不是个体本身的对称，这样才能使主轴得以强调，也加强了构图不可分割的整体性（图6-9）。

花坛大小一般不超过广场面积的1/5~1/3。平地上图案纹样精细的花坛面积越大，观赏者欣赏到的图案变形越大，因此短轴的长度最好在8~10m之内。图案简单粗放的花坛直径可达15~20m。草坪花坛面积可以更大些。方形或圆形的大型独立花坛，中央图案可以简单些，边缘4m以内图案可以丰富些。如广场很大，可以花坛群的形式展示。交通岔道的转盘花坛是禁止入内的，且从交通安全出发，直径需大于30m。为了使具有精致图案的模纹花坛不致变形，常常将中央隆起，成为向四周倾斜的弧面或斜面，上部以其他花材点缀，精致的纹样布置于侧面。将花坛布置于斜面上时，斜面与地面的成角越大，图案变形越小，与地面完全垂直时，在适当高度内图案可以不变形，但给施工增加了难度。一般多做成60°。一般性的模纹花坛可以布置在斜度小于30°的斜坡上，这样比较容易固定。

6.2.3.4　花坛的立面处理

花坛表现的是平面的图案，由于视角关系离地面不宜太高。一般情况下单体花坛主体高度不宜超过人的视平线，中央部分可以高一些。为了排水和主体突出，避免游人践踏，花坛的种植床应稍高出地面，通常7~10cm，并常以边缘石围护。花坛中央拱起，保持4%~10%的排水坡度。

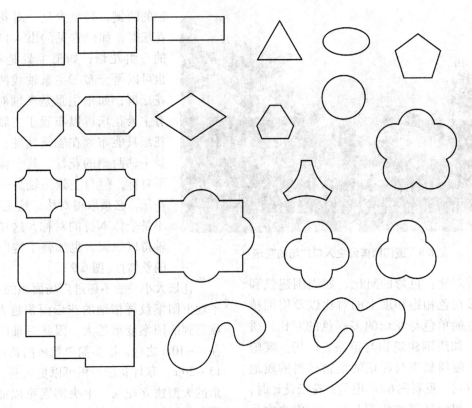

图 6-9 花坛的平面构图形式

种植床边缘石应稍高出花坛植床的土面，其宽度应与花坛的面积有合适的比例，一般为 10～30cm。边缘石可以有各种质地，但其色彩应该与道路和广场的铺装材料相调和，色彩要朴素，造型要简洁。大型花坛的边缘石也可根据需要与游人座椅相结合。

6.2.3.5 花坛的内部图案纹样设计

花丛花坛的图案纹样应该主次分明、简洁美观。忌在花坛中布置复杂的图案和等量分布过多的色彩。模纹花坛纹样应该丰富和精致，但外形轮廓应简单。由五色草类组成的花坛纹样最细不可窄于 5cm，其他花卉组成的纹样最细不少于 10cm，常绿木本灌木组成的纹样最细在 20cm 以上，这样才能保证纹样清晰。

装饰纹样风格应该与周围的建筑或雕塑等风格一致。通常花坛的装饰纹样富有民族风格，如西方花坛常用与西方各民族各时代的建筑艺术相统一的纹样，如希腊式、罗马式、拜占庭式以及文艺复兴式等。从中国建筑的壁画、彩画、浮雕，古代的铜器、陶瓷器、漆器等借鉴而来的云卷类、花瓣类、星角类等都具有我国民族风格的图案纹样，另外也常常使用新型的文字类、套环等。标志类的花坛可以各种标记、文字、徽志作为图案，纪念性花坛还可以人物肖像作为图案，装饰物花坛可以日晷、时钟、日历等内容为纹样，但需精致准确(图 6-10)。

6.2.3.6 花坛其他部分的植物设计

除边缘石外，为了将五彩缤纷的花坛的图案统一起来，常常在花坛的边缘布置镶边植物。镶边植物通常植株低矮，色彩单一，不作复杂构图，常用绿色的观叶植物如垂盆草、天门冬、麦冬类(*Liriope* spp.)或香雪球、荷兰菊等观花植物作单色配置。

花丛花坛还常用高大整齐、体形优美、轮廓清晰的花卉或花木作为中心材料点缀花坛，也形成花坛的构图中心。

图 6-10　花坛的内部图案纹样示范

以支架构造的倾斜花坛还常常由高大的植物来遮挡花坛两侧或背后的结构并提供背景,常用的植物如散尾葵、蕉藕(*Canna edulis*)、南洋杉(*Araucaria cunninghamii*)等。

6.2.3.7　花坛的色彩设计

花坛色调配合适当,即使两三种植物简单搭配,也会使人有明快舒适的感觉;如配合不当,则再美丽的花卉也会显得杂乱或者沉闷。花坛色彩设计除遵循一般色彩搭配规律外,还应注意以下几点:

①同一色调或近似色调的花卉种在一起,易给人以柔和愉快的感觉。如万寿菊、孔雀草都是橙黄色,种在一起,给人以鲜明活泼的印象;荷兰菊、藿香蓟、蓝色的翠菊都是蓝色,种在一起,给人以舒适、安静的感觉。这种配色方法强调整体上色彩的协调,而非明丽醒目的图案纹样。同一色调花卉浓淡的比例对效果也有影响。如大面积的浅蓝色花卉,镶以深蓝色的边,则效果很好,但如浓淡两色面积均等,则会显得呆板。

②对比色相配,成对比色的花卉在同一花坛内不宜数量均等,应有主次,通常以一种色彩作出花坛的纹样,而以其对比色作为色块填充于纹样内,能取得较好的效果。

③白色的花卉除可以衬托其他颜色花卉外,还能起着两种不同色调的调和作用。白色花卉也常用于花坛内勾画出纹样鲜明的轮廓线。

④花坛一般应有一个主调色彩,其他颜色的花卉则起着勾画图案线条轮廓的作用。所以一般选用1~3种主要花卉,其他种则为衬托,使得花坛色彩主次分明。忌在一个花坛或一个花坛群中花色繁多,没有主次,即使立意和构图再好,但因色彩变化太多而显杂乱无章,失去应有的效果。

⑤应根据四周环境设计花坛色调,如在公园、剧院和草地上则应选择暖色的花卉作为主体,使人感觉鲜明活跃,而办公楼、纪念馆、图书馆、医院等处,则应选用淡色的花卉作为花坛的主体材料,使人感到安静幽雅。另外,需考虑花坛背景的颜色,如红色的墙前,不宜布置以红色为主色调的花坛,蓝色、紫色等深色调也不适宜,而应选择黄色、白色等较亮的颜色作为主色调;相反,白色的背景前,宜布置色彩饱和、鲜明艳丽的色彩作为主色,才可形成适当的色彩对比的效果。

6.2.3.8　花坛的设计图

花坛的设计图通常包括以下几部分。

(1) 总平面图

通常根据设置花坛空间的大小及花坛的大小，以 1∶500～1∶1000 图纸画出花坛周围建筑物边界、道路分布、广场平面轮廓及花坛的外形轮廓图。

(2) 花坛平面图

较大的盛花花坛通常以 1∶50 比例，精细模纹花坛以 1∶30～1∶20 比例画出花坛的平面布置图，包括内部纹样的精确设计。

(3) 立面图

单面观、规则式圆形或几个方向图案对称的花坛只需画出主立面图即可。如果为非对称式图案，需有不同立面的设计图。

(4) 说明书

对花坛的环境状况、立地条件、设计意图及相关问题进行说明。

(5) 植物材料统计表

包括花坛所用植物的品种名称、花色、规格（株高及冠幅）以及用量等。在季节性花坛设计中，还需标明花坛在不同季节的轮替花卉。

6.2.4　花坛施工

(1) 种植床土壤准备

为了保证花坛的观赏效果，花坛植物应保持始终生长良好。因此，花坛土壤必须具有良好的理化性质和营养状况。通常在种植花卉前应对花坛土壤进行深翻和施肥改良。根据花坛材料不同要求土壤厚度不同。一、二年生草花及草坪需要至少 20cm 厚，多年生花卉及灌木需 40cm 厚，土壤需排水良好，深翻后施足基肥，并作出适当的排水坡度。

(2) 施工放线

整好苗床以后，可用石灰、锯木屑或干沙按照图纸进行放线，用皮尺、绳子、木桩、木椎、铁锹等勾画出线条，有 1m 以上的木制圆规更好，复杂细致的图案或文字，先用硬纸板镂空，铺在种植床相应的位置上，撒上沙子或石灰等绘制图形。

(3) 砌边

按照花坛外形轮廓和设计确定的边缘材料、质地、高低、宽窄进行花坛砌边。

(4) 栽植

选择阴天或傍晚，花蕾露色时移栽。栽前两天应灌透水一次，以便起苗时带土。苗的色泽、高度、大小一致，栽种时先栽中心部分；若植株高度不一致，则高的深栽，矮的浅栽，保证图案纹样平整；株行距以花株冠幅相接，不露出地面为准。栽后充分灌水一次。

6.2.5　花坛日常管理

为了保持花坛良好的观赏效果，对花坛的日常管理要求非常精细。首先要根据季节、天气安排浇水的频率。在交通频繁尘土较重的地区，每隔 2～3d 还须喷水清洗。枯萎的植株要随时更换，对扰乱图形的枝叶要及时修剪。对于季节性和临时性花坛中的植株一般不再施肥，永久性和半永久性花坛中的植物可在生长季喷施液肥或结合休眠期管理进行固体追肥。

6.2.6　设计实例

6.2.6.1　2008 年天安门国庆花坛群

2008 北京奥运会刚刚落幕，即迎来我国 59 周年华诞，故"2008 年奥运会"和"构建和谐社会"成为 2008 年天安门花坛设计布置的两大主题。其中心为一大型的中央结合喷泉的圆形盛花花坛，东西两侧为带状造景式花坛，南侧为标语花坛，周边有若干小型花丛花坛烘托环境气氛，形成开敞大气、气宇轩昂的花坛群。

(1) 中心花坛

以具有我国传统特色的"宫灯"造型为主景，用一串红作祥云图案、黄色小菊作衬托，粉色四季秋海棠和垂盆草结合喷泉形成了一个圆形四面观的盛花花坛，作为整个广场的构图中心，烘托喜庆、欢乐、祥和的节日气氛（图 6-11）。

(2) 带状花坛

广场的东、西两侧分别以不同的主题内容

第 6 章 花坛应用与设计

图 6-11 2008 年"国庆"期间天安门广场
中心花坛——"普天同庆"

组成带状花坛。东侧花坛的主题是"五洲四海，喜庆奥运盛会"，应用石竹、长春花、矮牵牛、百日草、一串红、鼠尾草（白、蓝）、醉蝶花、五色草、孔雀草、花烟草、羽状鸡冠、夏堇、美女樱、夏菊、非洲凤仙、'金叶'薯、紫酢浆草、雁来红、黑心菊、银叶菊、福禄考、美兰菊、波斯菊、宿根天人菊、千屈菜、紫苏、四季海棠、美人蕉、狼尾草、花叶芦竹、银边芒、苏铁、变叶木、叶子花、接骨木、蒲葵、花叶榕、紫薇、油松以及竹类等植物材料，结合花境、花带、立体造型等形式，营造多层次、多色系的植物组合，力图表现奥运的主题。由北向南景观序列的主题依次为体现"超越、融合、共享"奥运的体育图标组合、"One World, One Dream"的奥运口号、镶嵌有历届奥运举办城市亮点的世界版图，突出"团结、友谊、进步、和谐、参与和梦想"，表达了全世界在奥林匹克精神的感召下，追求人类美好未来的共同愿望（图 6-12，见彩图 7、彩图 8）。

西侧花坛的主题是"改革开放，共谱和谐乐章"，除上述草本花卉外，增加了榕树、袖珍椰子、鹤望兰等室内植物和石榴、杧果、鸡冠刺桐、紫薇等观花观果乔灌木以及观赏谷子、观赏蓖麻、彩叶草、荷花等植物材料。花坛由北向南依次塑造了北京新地标建筑、嫦娥奔月工程、杭州湾大桥等具有代表意义的 2008 年度重大建设成果的立体形象（图 6-13）。同时利用玉米、观赏谷子、麦穗等组成农业丰收，果蔬丰盈的场景，体现了我国改革开放 30 年来取得的巨大成就。从花山上起源的心手相连图案和中国结穿过彩虹门，倾泻下一条花溪并镶嵌有象征 56 个民族的 56 朵花，配以花柱与和平鸽的组合造型，寓意中国人民万众一心、团结奋斗，共同建设社会主义和谐社会，同时也寓意众志成城抗震救灾的决心。整组花坛群线条流畅、层次丰富、色彩明快，给人以活力和积极奋进之感。

图 6-12 2008 年国庆花坛东侧花坛的平、立面图

图 6-13 国庆花坛西侧花坛部分节点
a. 花溪流过彩虹门　b. 杭州湾大桥

图 6-14 2008 年国庆花坛南侧标语花坛

（3）南侧标语花坛

广场南侧对称设置两个标语花坛，内容为"坚定不移地走中国特色社会主义伟大道路，热烈庆祝中华人民共和国成立 59 周年"标牌，以一串红、地被菊、三色堇、天门冬、垂盆草形成简洁大方、色彩鲜艳的图案纹样，烘托标语，点明花坛群的主题（图 6-14）。

6.2.6.2 昆明世博园世纪花园大道连续花坛群

花园大道位于世博园主入口轴线上，被中国馆、人与自然馆、药草园、盆景园、蔬菜瓜果园和水景园所环绕。花园大道由世博园主入口左右线车道界定，面积 7.5 hm²。主轴线起于大门，止于大温室，全长 740 m，前 400 m 段宽 60 m。内容包括"花钟""花海""花船""花溪""花柱""花开新世纪"主题喷泉雕塑和大温室。

设计在花园大道的长轴上萃取、抽象、概括和典型化出具有标志性的形象，确定为"花钟""花海""花船""花溪""花柱"和主题雕塑"花开新世纪"，使之成为世博会主题精神的象征词语。通过这些形象的轴线分布，强化世博会主入口轴线——独享全园最佳景观地段的"绿的轴线"和"花的轴线"的特质。"花钟"传达四时更迭和受四时更迭支配的万物生长衰荣呈现出的循环的特征（详见 6.2 与 6.3 节）；"花船"驶向"花海"，"花海"纳"花溪"之流，"花船"为驶向 21 世纪之船，抑或满载人类征服自然、改造自然的探索，而花之"海洋"是地球生命的摇篮，生命从海洋扩展到陆地之后，海洋同样是地球生命的主要调控。"花柱"则以其体量之巨，试图成为沟通天地、天人合一的物象。

在位置安排上，"花船"与滚水坝相对应，强调了广场地标与精神中心，"花船"与"花海"互相穿插，中心景物为"花船"，取意"大洋与码头"的抽象铺地作退晕处理。"花柱"广场位于"花船"广场与集会广场之间，是

第 6 章 花坛应用与设计

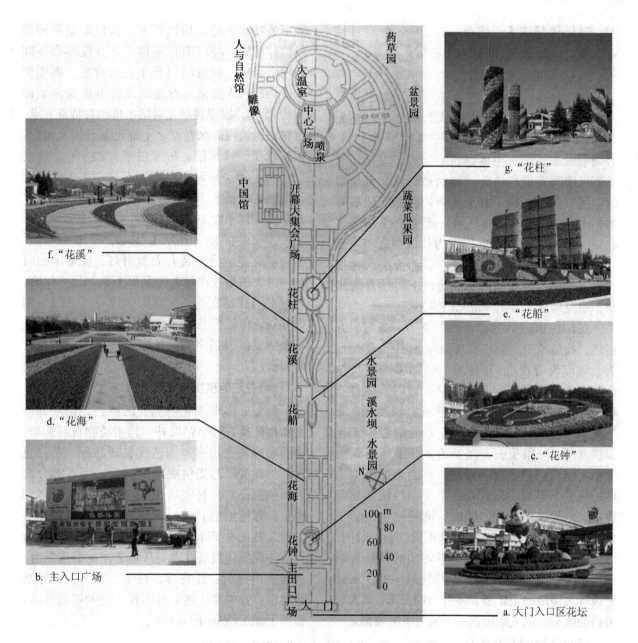

图 6-15 世博园花园大道连续花坛群平面构图

为增强轴线方向透视感而配置的过渡空间。花柱群为中心景物，配景的低平与花柱的高耸形成对比。铺地为中心辐射式。

花坛植物材料由最新的一、二年生优良花卉品种构成，株高统一为 20～30cm，单株花量多而彩度高。主要是三色堇、金鱼草、鸡冠花、矮生硫华菊、温室凤仙、万寿菊、矮牵牛、一串红及花毛茛等的最新品种（图 6-15）。

6.2.6.3 世博园世纪时钟花坛

（1）花坛概述

"世纪时钟"花坛即是前述世博园花园大道连续花坛群的组成部分，又由于所处起始，相对又是入口广场一个完整独立的主景构图。整个花坛绿化面积 1000m² 左右，其中花钟约 300m²。时钟直径 19.99m，寓意 1999 迈向新世纪。时钟体量庞大，蕴声、光、形、色高科技于一体，以鲜花造型构成时钟花坛。

(2) 花坛的立意和设计

"世纪时钟"花坛位置显著，又逢世纪盛会，故在方案构思上从大手笔、大气魄入手。首先从总体环境上考虑，时钟花坛高度不宜太高，否则会影响轴线上主体建筑的形象。而花坛的平面尺度则宜做得大些，与周边开阔、大气魄的空间氛围相协调。由于花钟钟面是前低后高的斜面，前部挡土墙高0.4m，后部挡土墙高达4.5m，故花钟外围地形处理为外低内高、前低后高的坡地，前部满铺草坪，后部按层次种植花灌木，让花钟在绿树鲜花掩映下自然升腾出来，避免局部土方抬高带来的突兀感。

花坛钟面设计力求简洁、有力、醒目、有特色。构思源于上海的英文缩写S（因为此花坛为上海市政府建造）和传统太极图案的有机结合，在中间设环行和S形小路，铺以嵌草青石板，与花坛挡土墙上的青灰色板岩较接近，既是图案化的装饰，又为时钟花坛管理养护工作提供方便。一眼望去，倾斜的钟面上富有张力的图案与蓝天白云遥相呼应，有力地冲击着人们的视觉与思想，充分表达了中国传统文化与现代气息的高度协调。同时，油然而生的历史感又恰如其分地表达了钟的基本概念——时间。时钟指针设计为三针型，不停转动的秒针为花钟增添了动感和欢乐、活泼的气息。时针和分针设计为简洁的披针形，秒针为细长形，2/3处突出为圆形，以上海市花——玉兰图案装饰。

(3) 花坛的结构及动力等设施

①机械部分 时钟采用GPS卫星校时系统。机芯采用无隙啮合齿轮，确保钟面指针表示的是即时时间。时钟是所有指针合用一个动力结构的真正的三针时钟。时钟指针长达6m，指针采用蜂窝状铝合金板为材料制成，自重轻，强度高。

②土建部分 时钟花坛基地地质条件不好，坐落于8~10m深的回填土上，故充分利用花钟圆形的特征，花坛周边挡土墙做成略呈椭圆形的筒体结构，经济而且坚固。下方设有设备间和发电机房，设备间门开于花坛背后，周围树木遮挡，较为隐蔽。设备间及发电机房占地面积约25m²，因屋顶绿化对防水排水有特殊要求，故在三元乙丙防水卷材之上铺设复合排水组合，把滤水层、排水层、防水层结合在一起，厚度仅6.4mm。花坛斜面最低处容易积水。沿挡土墙内侧在种植土下垫30cm厚碎石作为排水层，并在墙基部埋设3根排水管，使排水通畅。

③安装部分 花坛上装有自动喷灌装置。花钟附近建筑物上装有大型射灯，夜幕降临时花钟巨大的指针在灯光的照射下更加熠熠生辉，吸引人们驻足赏花。字点图案边界设置绿色钢板分隔，保证换花时不出误差。挡土墙圆周设几个壁龛放置扬声器，让大钟悠扬的敲击声传向四面八方。

(4) 花坛的植物配置

为充分体现园艺博览会的特色，花坛钟面上除指针及石板小路以外，均用植物材料装饰。钟面的鲜花选用多种园艺优良新品种，每月更换，为观赏园艺提供展示的舞台。字点部分配置深色系花卉，衬底选用浅色系花卉，周边则种植色彩艳丽的花卉，达到醒目的效果。兼顾植物品种的生理特性和色彩搭配、图案造型，充分体现现代栽培技术与环境艺术的高度结合。周边选用植物：桂花球、栀子、紫鹃、常绿混播草坪；其中草坪施工选用较先进的喷播技术，提高了施工质量（图6-16）。

6.2.6.4 国之瑰宝立体造型花坛

此花坛设计旨在表现中国特有珍稀动物大熊猫的生活习性及其温顺、可爱的形象（图6-17~图6-19）。

该花坛整个造型骨架为φ16钢管，部分为5×5角铁，外缘为1.4钢筋走形，其余为φ0.6cm钢筋焊成15×18钢筋网。局部根据造型可疏可密，视受力情况灵活掌握。

第6章 花坛应用与设计

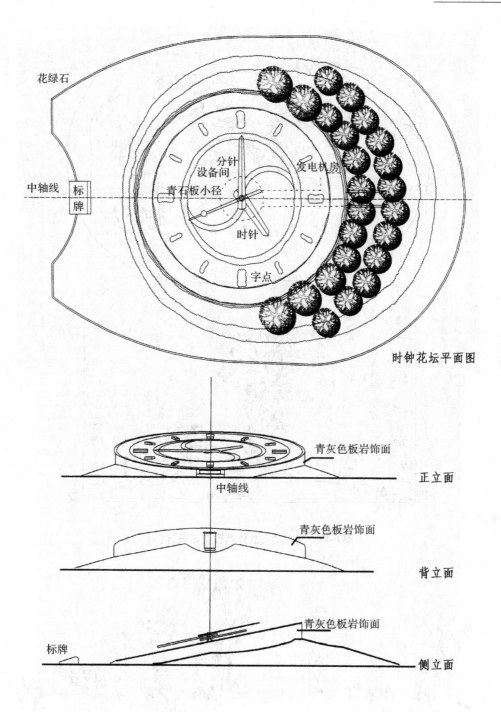

图6-16 世博园时钟花坛设计图

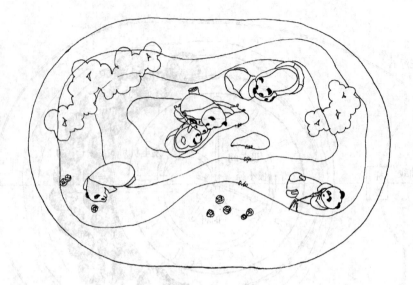

平面图

正立面图

图 6-17　国之瑰宝立体造型花坛设计（1）

一侧立面图　　　　　　　　效果图

图 6-18　国之瑰宝立体造型花坛设计（2）

建成后效果

图 6-19 国之瑰宝立体造型花坛设计(3)

6.3 花台与花钵(移动花坛)设计与应用

6.3.1 花台的应用与设计

(1) 花台的概念

花台(raised flower bed),也称高设花坛,是将花卉种植在高出地面的台座上而形成的花卉景观。花台一般面积较小,台座的高度多在 40~60cm,多设于广场、庭院、阶旁、出入口两边、墙下、窗户下等处。

(2) 花台的类型

花台按形式可分为规则式与自然式两种类型。规则式花台有圆形、椭圆形、梅花形、正方形、长方形、菱形等几何形状,这类花台一般布置在规则式的园林环境中,尤其是由形状和大小不同的几何图形,相互穿插组合,或者高低错落而成的组合式花台最宜用于现代的建筑广场、现代园林中,还常常布置各种雕塑,来强调花台的主题。自然式花台常布置于中国传统的自然式园林中,结合环境与地形,形式较为灵活,如布置在山坡、山脚的花台,其外形根据坡脚的走势和道路的安排等呈现富有变化的曲线,边缘常砌以山石,既有自然之趣,又可起到挡土墙的作用。在中国传统园林中,常在影壁前、庭院中、漏窗前、粉墙下或角隅之处,以山石砌筑自然式花台,通过植物配置,组成一幅生动的立体画面,成为园林中的重要景观甚至点睛之笔。

(3) 花台的植物选择

用于花台的植物没有特殊的限制,要根据花台的形状、大小及所处的环境进行选择。规则式及组合式花台常种植一些花色鲜艳、株高整齐、花期一致的草本花卉,尤其是时令性草花,如鸡冠花、万寿菊、一串红、郁金香、水仙等;也可种植低矮、花期长、开花繁茂及花色鲜艳的灌木,如月季、天竺葵等,具有较强的烘托、渲染环境的作用;常绿观叶植物或彩叶植物如麦冬类、铺地柏、南天竹、金叶女贞等的配置,可维持花台周年具有良好的景观。自然式花台多不规则配置形式,植物种类的选择更为灵活,花灌木和宿根花卉最为常用,如兰花、芍药、玉簪、书带草、麦冬、牡丹、南天竹、迎春、梅花、五针松、红枫、山茶、杜鹃花、竹子等,在配置上既有单种栽植的如牡丹台、芍药台,也有不同的植物种类进行高低错落、疏密有致的搭配,形成一幅美丽的图画式景观。

6.3.2 花钵(移动花坛)的应用与设计

6.3.2.1 花钵的概念

花钵指将同种或不同种类的花卉，按照一定的设计意图种植于各种类型的容器中，布置于园林绿地、道路广场、露台屋顶，甚至室内等处，以装点环境的花卉应用方式。其特点为移动方便、布景灵活，是可移动的花坛，又简称花钵。

6.3.2.2 花钵的类型

(1)按花钵的植物配置方式

按花钵的植物栽植方式可将花钵分为规则式花钵及自然式花钵。

规则式花钵是从早期的盆栽花卉演变而来，在一个富有装饰性的容器中栽植单一种类色彩鲜艳的花卉，形成一件装饰性景物，布置于出入口、路边、广场、露台等处。后逐渐融入花坛(花台)的设计手法，在面积较大的花钵中用一种以上的颜色组成简单的通常为规则式的图案，但仍然以表现草本花卉的色彩或不同色彩组成的平面图案为主要目的，笔者称其为规则式花钵。

由于规则式花钵景观单调、呆板，并且与自然式园林景观不甚协调，近些年来，人们将花艺设计、盆景及园林植物配置的理论和手法应用于容器栽植，根据植物在株型、花果叶色、质地等观赏特征上的丰富变化，将不同种的植物组合配置在一个容器中形成前后掩映、高低错落的自然式群落，称为自然式花钵(也有称为组合栽植)。据其体量大小，可布置于广场、道路、绿地边缘、屋顶露台及室内环境，有时还作为广场等处的焦点景物(见彩图9、彩图10)。

(2)按花钵的应用形式

按花钵在园林中的应用形式可将其分为单体花钵及组合式花钵。

单体花钵即单体种植容器栽植花卉而形成的装饰性景物，无论其植物配置方式是规则式还是自然式，单体花钵均可独立成景，也可以彼此组合或与其装饰的背景环境组合成景。

由于单体花钵的体量所限，难于布置较大的空间，或为了营造丰富多变的植物景观，可将种植容器组合起来，按照整体景观要求设计植物的配置方式，形成一组或图案丰富、或高低错落的可移动式植物景观，称为组合式花钵。其与单体花钵组合成景的区别在于每一个单体都是整体景观的有机组成部分(图6-20、图6-21)。

图6-20 混凝土砌块为容器形成的高低错落的组合式花钵景观

图6-21 花钵的重复组合在广场围合出不同的功能空间

6.3.2.3 花钵的体量

花钵可繁可简，体量可大可小，取决于其装饰点的环境尺度。通常大型花钵（单体或组合式景观）高可达200cm以上，多布置于街道、大型广场等处。小型花钵通常低于50cm，甚至有低于20cm的微型花钵，通常布置窗台、几案等小环境，室内绿化中常称为组合盆栽。大部分的花钵为50～200cm。当然，除了高度，面积也是花钵体量的衡量要素。无论是单体花钵还是组合式花钵，均应与其布置的环境尺度相协调。

6.3.2.4 花钵的容器

欧洲传统园林中应用富有装饰性的石质容器栽植植物点缀环境由来已久，我国传统庭院中也有以陶盆、木桶等栽植花卉，装点花园，盆景所用的容器就更为考究。随着社会的发展及园林风格的演变，同时随着材料工业及制造工艺的发展，当今用于花钵容器的材质、色彩、质地及造型同时越来越丰富，从传统的石材、陶瓷、木材，到塑料、钢化玻璃、混凝土，应有尽有。造型也从传统的盆、钵、桶、箱发展到巧用车、船及各种几何造型。除了专用的花钵容器，设计师还常常巧用人们生产生活中废弃的各种容器式器具，如废弃的料槽、浴盆、轮胎甚至马桶、电脑主机和显示器外壳等，栽植花卉，装点环境，营造趣味横生和别具一格的艺术效果，同时唤醒人们的节约和环保意识（图6-22、图6-23）。

无论何种材质、色彩及造型，容器的选择均应符合与环境协调、简洁质朴、经久耐用、便于移动、组装方便、经济节约的原则，注意到容器固然可因其奇妙的造型和美丽的色彩质感令人赏心悦目，但它永远是植物的配角，不可喧宾夺主。

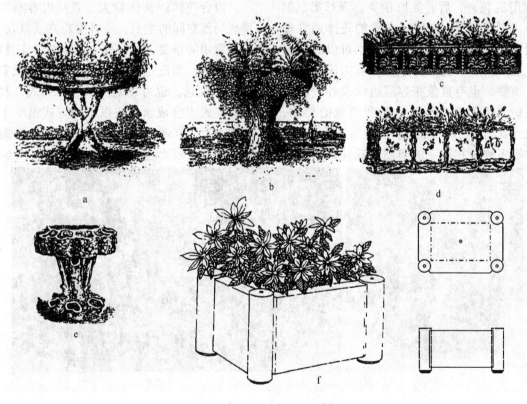

图6-22　各种种植钵造型

a～e. 19世纪西方园林中的观赏性钵植　f. 现代园林中常用种植钵及其结构

图 6-23　花钵的容器
a. 石质单体式花体组合盆栽小景　b. 旧自行车改造的组合式花钵

6.3.2.5　花钵的植物选择

规则式花钵通常展示株高整齐、色彩鲜艳的草本花卉或株型圆润的常绿或花叶美丽的灌木或小乔木，前者如矮牵牛、四季海棠等花丛花坛常用的花卉，后者如圆柏类、云杉类、倒挂金钟、树月季等。自然式布置的花钵通常选择不同株型的植物，根据体量大小可以乔灌草结合，也可以草本花卉为主，既有构成焦点的直立型植物，也有覆盖在容器边缘及外壁的垂蔓性植物，还需选择不同色彩和质地的植物，根据设计意图，组成自然优美的群落景观。

对于多种植物组成的自然式花钵，需要注意植物的生态习性应相似，尤其是对土壤和水分的要求，否则，植物之间难以长期共处，影响景观的稳定性。

6.3.2.6　花钵的组景方式

组合花钵因其体量大、观赏内容丰富常常形成局部空间的主景，是各类花卉展览及街道、广场常用的布置方式。单体花钵大多体量较轻，布置灵活，无论是规则式还是自然式配置，均可独立成景，也可以对称式、陈列式、散点式或群集式组合成景，或以不同方式组织于园林绿地中，与地栽的植物景观有机融合，提高绿地的景观效果或渲染独特的景观氛围（图 6-24）。

图 6-24　花钵的组景方式
a. 组合式花钵形成的观赏草配置小景　b. 时令草花与观赏草配置形成的组合式花钵小景

思考题

1. 理解花坛、盛花花坛、模纹花坛、标题式花坛、装饰物花坛、混合式花坛、独立花坛、花坛群等的含义。
2. 各种类型花坛对植物材料的选择有哪些要求？举例说明。
3. 花坛色彩设计应注意哪些方面？

推荐阅读书目

小型植物造园应用. 杨学成, 林云. 百通集团, 新疆科学技术出版社, 2005.

观赏植物景观设计与应用. 赖尔聪. 中国建筑工业出版社, 2002.

花坛艺术. 朱秀珍. 辽宁科学技术出版社, 2001.

第 7 章
花境应用设计

[**本章提要**] 花境源自欧洲园林,是一种半自然式的花卉种植形式。本章主要介绍了花境的概念、特点及花境的类型;从花境种植床、背景、边缘及主体部分几方面阐述了花境的种植设计。

花境是源自于欧洲的一种花卉种植形式。在早期的欧洲园林中,宿根花卉的布置方式主要以围在草地或建筑的周围成狭窄的花缘式种植。植株按一定的株行距栽植,植株之间的裸地需要经常除草来保持洁净。直到 19 世纪后期,在英国著名园艺学家 William Robinson (1838—1935)的倡导下,自然式的花园受到推崇。这一时期,英国的画家和园艺家 Gertrude Jeckyll(1843—1932),模拟自然界中林地边缘地带多种野生花卉交错生长的状态,运用艺术设计的手法,开始将宿根花卉按照色彩、高度及花期搭配在一起成群种植,开创了景观优美的被称为花境的一种全新的花卉种植形式。Jeckyll 倡导用不同大小、不同形状的不规则式花丛并列或前后错落种植,颜色应该互相渗透从而形成画境效果。在 Gertrude Jeckyll 的时代,花境至少 2.4m 宽,以保证有足够多的植物种类从早春至晚秋花开不断。即使花境较短,也必须保证 2m 的宽度使不同种类的花、叶的颜色和姿态彼此掩映交错。Jeckyll 打破了植物从后到前依次变低的规则式种植,在花境中创造出高低错落、更为自然的效果。这种种植形式因其优美的景观而在欧洲受到普遍欢迎。如今随着历史的发展,花境的形式和内容发生了许多变化,用于花境的植物种类也越来越多,但花境基本的设计思想和形式仍被传承下来。近些年来,随着花卉种类的丰富和布置形式的多样化,花境也越来越受到我国群众的喜爱,成为园林中一类主要的花卉景观。

7.1 花境概念与特点

7.1.1 花境的概念

花境(flower border)是模拟自然界林地边缘地带多种野生花卉交错生长的状态,经过艺术设计,将多年生花卉为主的植物以平面上斑块混交、立面上高低错落的方式种植于带状的园林地段而形成的花卉景观。花境是园林中从规则式构图到自然式构图的一种过渡的半自然式的带状种植形式,以表现植物个体所特有的自然美以及它们之间自然组合的群落美为主题。

7.1.2 花境的特点

①花境的种植床呈带状,种植床两边的边缘线是连续不断的平行直线或是有几何轨迹可

循的曲线，是沿长轴方向演进的动态连续构图，这正是其与自然花丛和带状花坛的不同之处。

②花境种植床的边缘可以有边缘石也可以无，但通常要求有低矮的镶边植物。

③单面观赏的花境需有背景，其背景可以是围墙、绿篱、树墙或栅栏等，背景植物通常呈规则式种植。

④花境内部的植物配置是自然式的斑块混交，立面上高低错落有致。其基本构成单位是花丛，每丛内同种花卉的植株集中栽植，不同种的花丛呈斑块混交。

⑤花境内部植物配置有季相变化，每季均至少有3~4种花为主基调开放，形成鲜明的季相景观。

⑥花境以多年生花卉为主，一次栽植，多年观赏，养护管理较为简单。

7.2 花境类型

7.2.1 依观赏角度分

(1) 单面观赏花境

为传统的应用设计形式，多临近道路设置，并常以建筑、矮墙、树丛、绿篱等为背景，前面为低矮的边缘植物，整体上前低后高，仅供一面观赏（见彩图11）。

(2) 双面观赏花境

多设置在道路、广场和草地的中央，植物种植总体上以中间高两侧低为原则，可供两面观赏。

(3) 对应式花境

在园路轴线的两侧、广场、草坪或建筑周围，呈左右二列式相对应的两个花境。在设计上作为一组景观统一考虑，多用拟对称手法，力求富有韵律变化之美（图7-1）。

7.2.2 依花境所用植物材料分

(1) 草花花境

花境内所用的植物材料全部为草花时称为草花花境，包括一、二年生草花花境、宿根花卉花境、球根花卉花境以及观赏草花境等。其中最为常见的是宿根花卉花境（perrennial border）。在气候寒冷的地区，为了延长花境的观赏期，也常在以多年生花卉为主的花境中补充一些时令性的一、二年生花卉。植物材料选择观赏性较强、花美色艳、绿期较长或叶具有特殊观赏价值的种类。

在进行专类花卉展览时，也常利用同类植物的不同品种布置成花境，以表现该类植物丰富的株型、花色、叶色等观赏特征，如球根类花卉花境、鸢尾类花卉花境等，又称为专类花卉花境。

(2) 灌木花境

花境内所用的植物材料以灌木为主时称为灌木花境。所选用材料以观花、观叶或观果且体量较小的灌木为主，包括各种小型的常绿针叶树（dwarf conifers），如矮紫杉、青杆、白杆、砂地柏等。

(3) 混合式花境

以小型灌木及各类多年生花卉为主配置而成的花境，是园林中最为常见的花境布置形式（图7-2）。

图7-1 以绿篱衬托的美丽的阿利（Arley）庄园花境（引自 Tony Lord, 1994）

图7-2 以灌木和草花形成的混合式花境

7.2.3 依花境颜色分

(1) 单色系花境

单色系花境即整个花境由单一色系的花卉组成,通常种植同一色系但饱和度、明暗度不同的花卉。常见的有白色花境、蓝紫色花境、黄色花境、红色花境等(图7-3a)。

(2) 双色系花境

整个花境以两种色系的花卉为主构成,通常采用呈对比色系的两种颜色的花卉构成,如蓝色和黄色、橙色和紫色等,也可采用蓝色和白色、绿色和白色以及红色和黄色等对比明显的色系甚至相近的两个色系组成,表现各具特色的色彩效果(图7-3b)。

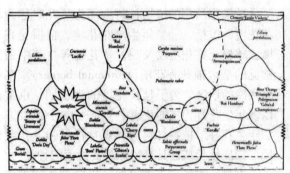
红色花境局部平面图

红色系植物在阳光下展现奇妙的效果

a

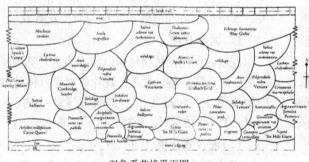
双色系花境平面图

夏末红黄两色显现绚丽的金秋色彩

b

c

图7-3 不同色系的花境(引自 Tony Lord, 1994)

a. 单色系花境 b. 双色系花境 c. 多色系花境

(3) 多色系花境

多色系花境是指由多种颜色的花卉组成的花境，是最常见的花境类型(图7-3c)。

除上述分类方法外，花境还可以根据观赏时间分为单季花境和四季花境。单季花境尤其多见于各种园林花卉展览。如前所述，虽然传统的花境均以多年生植物为主，要求四季(寒冷地区三季)有景，但随着社会的发展，园林中也逐渐出现了以花境的形式来展示季节性的花卉景观，如以郁金香、水仙等为主组成的花境，展示色彩斑斓的春季景观，春季过后则需更换花卉。此外，根据花境布置的环境也可以有阳地花境、阴地花境、旱地花境、滨水花境等之分。

7.3 花境设计

7.3.1 花境的位置

花境可应用于公园、风景区、街心绿地、家庭花园及林荫路旁。它是一种带状布置方式，适合沿周边设置，或充分利用园林绿地中路边、水边等带状地段。由于它是一种半自然式的种植方式，因而极适合布置于园林中建筑、道路、绿篱等人工构筑物与自然环境之间，起到过渡作用。概括起来，花境可应用于如下场合：

(1) 建筑物基础栽植

实际上是花境形式的基础种植。在高度4~5层以下、色彩明快的建筑物前，花境可作为基础种植，软化建筑生硬的线条，缓和建筑立面与地面形成的强烈对比的直角，使建筑与周围的自然风景和园林风景取得协调。这类花境为单面观花境，以建筑立面作为花境背景，花境的色彩应该与墙面色彩取得有对比的统一。另外挡土墙前也可设置类似花境，还可以在墙基种植攀缘植物或上部栽植蔓性植物形成绿色屏障，作为花境的背景。

(2) 道路旁

即在道路的一侧、两侧或中央设置花境。根据园林中整体景观布局，通过设置花境可形成封闭式、半封闭式或开放式道路景观：①在园路的一侧设置花境供游人漫步欣赏花境及另一边的景观。②若在道路尽头有雕塑、喷泉等园林小品，可在道路两边设置一组单面观的对应式花境，花境有背景或行道树。这两列花境必须成一个构图整体，道路的中轴线作为两列花境的轴线，两者的动势集中于中轴线，成为不可分割的对应演进的连续构图。③也可以在道路的中央设置一列两面观赏的花境。花境的中轴线与道路的中轴线重合，道路的两侧可以是简单的行道树或草地。除灌木花境外，花境的高度一般不高于人的视线。也可以将道路中央的双面观花境作为主景，两侧道路的一边再各设置一个单面观花境作为配景，但这两个单面观花境应视为对应演进式花境，构图上要整体考虑(见彩图12)。

(3) 与植篱、游廊、栅栏等相结合

以各种绿色植篱为背景设置花境是欧洲园林中最常见的形式。绿色的背景使花境色彩充分表现，同时花境又能活化单调的绿篱。除此之外，沿游廊花架、栅栏篱笆也是花境的适宜场所。

(4) 草坪

即在宽阔的草坪上、树丛间设置花境。在这种绿地空间适宜设置双面观赏的花境，可丰富景观并组织游览路线(见彩图13)。通常在花境两侧辟出游步道，以便观赏。

(5) 庭园

即在家庭花园或其他类型的小花园(如宿根花卉的专类花园)中设置花境，通常在花园的周边设置花境(见彩图14)。

7.3.2 种植床设计

①花境的种植床形状　多呈带状，两边是平行或近于平行的直线或曲线。单面观花境种植床的后边缘线多采用直线，前边缘线可为直线或自由曲线。两面观赏花境的边缘基本平行，可以是直线，也可以是流畅的自由曲线。

②花境的朝向　对应式花境要求长轴沿南

北方向展开,以使左右两个花境光照均匀,植物生长良好从而实现设计构想。其他花境可自由选择方向,并且根据花境的具体光照条件选择适宜的植物种类。

③花境的大小 取决于环境空间的大小。通常花境的长轴长度不限,但为管理方便及体现植物布置的节奏、韵律感,可以把过长的种植床分为几段,每段长度不超过20m为宜。段与段之间可留1~3m的间歇地段,设置座椅或其他园林小品(图7-4)。

图7-4 花境分段设计

④花境的宽度 从花境自身装饰效果及观赏者视觉要求出发,花境应有适当的宽度。过窄不易体现花卉群落的景观;过宽则不仅管理困难,也会因品种多而显景观凌乱或色块大而景观单调,难以达到最优的花境效果。通常,混合式花境、双面观赏花境较宿根花境及单面观花境宽。各类花境的适宜宽度大致是:单面观混合式花卉花境4~5m;单面观宿根花卉花境2~3m;双面观宿根花卉花境4~6m。在家庭小花园中花境可设置1~1.5m,一般不超过院宽的1/4。较宽的单面观花境的种植床与背景之间可留出70~80cm的小路,以便于管理,又有通风作用,并能防止背景植物根系的侵扰。

⑤种植床形式 依环境土壤条件及装饰要求可设计成平床或高床,应有2%~4%的排水坡度。在土壤排水良好地段或种植于草坪边缘的花境宜用平床,床面后部稍高,前缘与道路或草坪持平。这种花境给人以整洁感。在排水差的土质上,或者阶地挡土墙前的花境,为了与背景协调,可用30~40cm高的高床,边缘用不规则的石块镶边,使花境具有粗犷风格;若石不雅,则可使用蔓性植物加以覆盖。

7.3.3 背景设计

背景通常是单面观花境景观的有机组成部分。花境的背景依设置场所不同而异。较理想的背景是绿色的树墙或较高的绿篱,因为绿色最能衬托花境优美的外貌和丰富的色彩效果。园林中装饰性的围墙也是理想的花境背景。用建筑物的墙基及各种栅栏做背景则以绿色或白色为宜。如果背景的颜色或质地不理想,可在背景前选种高大的绿色观叶植物或攀缘植物,形成绿色屏障,再设置花境。背景是花境的组成部分,可与花境有一定距离,也可不留距离,根据管理的需要在设计时综合考虑。

7.3.4 边缘设计

花境边缘不仅用于限定花境的种植范围,也可对花境内的植物起到避免践踏等保护作用,并便于花境外围的草坪修剪和园路清扫工作。高床边缘可用自然的石块、砖头、碎瓦、木条等垒砌而成。平床多用低矮植物镶边,以15~20cm高为宜。两面观赏的花境两边均需栽植镶边植物,而单面观赏的花境通常在靠近道路的一侧种植镶边花卉。镶边花卉可以是多年生草本花卉,也可以是常绿矮灌木,但镶边植物必须四季常绿或生长期均能保持美观,最好为花叶兼美的植物,如马蔺(*Iris lactea* var. *chinensis*)、酢浆草、葱兰、沿阶草(*Ophiopogon japonicus*)、雪叶菊(*Senecio sinarasia*)、锦熟黄杨等。若花境前面为园路,边缘也可用草坪带镶边,宽度至少30cm以上。若要求花境边缘分明、整齐,还可以在花境边界处40~50cm深的范围内以金属或塑料板隔离,防止边缘植物侵蔓路面或草坪。

7.3.5 花境主体部分种植设计

(1) 植物选择

如上所述,花境因所用植物材料不同而有多种类型,但通常花境宜选择适应性强、耐寒、耐旱,以在当地自然条件下生长强健且栽培管理简单的多年生花卉为主。根据花境的具体位置,还应考虑花卉对光照、土壤及水分等的适应性。例如,花境中可能会因为背景或上层乔木造成局部半阴的环境,这些位置宜选用耐阴植物。

观赏性是花境花卉的重要特征。通常要求植于花境的花卉开花期长或花叶兼美,种类的组合上则应考虑立面与平面构图相结合,株高、株型、花序形态等变化丰富,有水平线条与竖直线条的交错,从而形成高低错落有致的景观。种类构成还需色彩丰富,质地有异,花期具有连续性和季相变化,从而使得整个花境的花卉在生长期次第开放,形成优美的群落景观。

(2) 色彩设计

色彩是花境景观最主要的表达内容。花境的色彩主要由植物的花色来体现,同时植物的叶色,尤其是观叶植物叶色的运用也很重要。

花境设计中可以巧妙地利用色彩设计来创造不同的景观效果。如冷色花境给人清凉放松的感觉,把冷色占优势的植物群放在花境后部,在视觉上有加大花境深度、增加宽度之感;在狭小的环境中用冷色调组成花境,有空间扩大感。利用花色可产生冷、暖的心理感觉,花境的夏季景观应使用冷色调的蓝紫色系花,以给人带来凉意;而早春或秋天用暖色调的红、橙色系花卉组成花境,可给人暖意。在安静休息区设置花境宜多用冷色调花;如果为增加色彩的热烈气氛,则可多使用暖色调的花。

花境色彩设计中主要有4种基本配色方法:单色系设计,类似色设计,补色设计,多色设计。设计中根据花境大小选择色彩数量,避免在较小的花境上使用过多的色彩而产生杂乱感。

花境的色彩设计中还应注意,色彩设计不是独立的,必须与周围的环境色彩相协调,与季节相吻合。在某个特定的时期,开花植物(花色)应散布在整个花境中,而不是集中于一处。也需避免局部配色很好,但整个花境观赏效果差。

较大的花境在色彩设计时,可把选用花卉的花色用水彩涂在某种植位置上,然后取透明纸罩在平面种植图上,标出某季节开花花卉的花色,检查其分布情况及配色效果,可据此修改,直到使花境的花色配置及分布合理为止(图7-5)。

(3) 季相设计

花境的季相变化是其基本特征。理想的花境应四季有景可观,寒冷地区可做到三季有景。花境的季相是通过不同季节的开花的植物种类及其花色来体现的,这一点在设计之初选择花卉种类时即需考虑。花境设计之初,首先应确定各季节的景观效果,如主色调、株型、质感等,然后选择能表达设计意图的花卉种类,同时考虑季节之间的衔接及配景植物,以保证花境中开花植物连续不断,并具有鲜明的季相景观(图7-6)。

(4) 平面设计

构成花境的最基本单位是自然式的花丛。平面设计时,即以花丛为单位,进行自然斑块状的混植,每斑块为一个单种的花丛。通常一个设计单元(如20m)以5~10种以上的种类自然式混交组成。每个花丛的大小,即组成花丛的特定种类的株数的多少取决于花境中该花丛在平面上面积的大小和该种类单株的冠幅等。花境中各花丛大小并非均匀,这与设计欲表达的效果有关,如为主景花材还是配景花材,是主色还是配色等;另外,一般竖向线条的花丛应较水平线条的花丛面积小,才能形成错落对比,花后叶丛景观较差的植物面积宜小些。为使开花植物分布均匀,又不因种类过多造成杂乱,可把主花材植物分为数丛种在花境不同位置,再将配景花卉自然布置。在花后叶丛景观差的植株前方配置其他花卉给予遮掩(图7-7)。

对于过长的花境,可设计一个演进单元进行同式重复演进或2~3个演进单元交替重复演

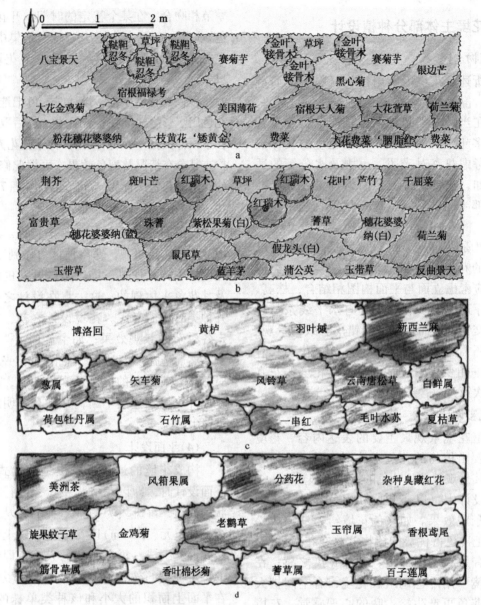

图 7-5　花境色彩设计实例（引自 R. William，1990）
a. 暖色调花境平面图　b. 冷色调花境平面图
c. 近似色设计形成色彩协调的花境　d. 对比色设计形成色彩鲜艳明快的花境

进。但必须注意整个花境要有主调，做到多样统一。

（5）立面设计

花境要有较好的立面观赏效果，应充分体现花卉群落的优美外貌。立面设计应充分利用植物的株型、株高、花序及质地等观赏特性，使植株高低错落、花色层次分明，创造出丰富美观的立面景观。

①植株高度　用于花境的花卉依种类不同，高度变化极大。大型的灌木类及混合花境体量可以较大，但宿根花卉花境一般均不超过人的视线。总体上是单面观的花境前低后高，双面观花境的中央高、两边低，但整个花境中前后应有适当的高低穿插和掩映，才可形成自然丰富的景观效果。

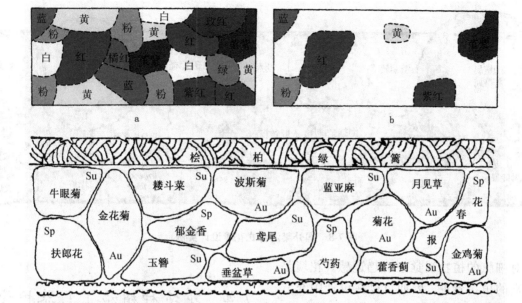

图 7-6 花境的色彩及季相设计(引自余树勋,1998)

a. 花境的色彩及季相设计示意图(a_1. 花境花色分布 a_2. 某季节花色分布)

b. 按季节同期开花的花境色彩设计示例

Sp. 春季开花以鲜艳为主,如扶郎花、郁金香、芍药、报春花、美国石竹、美女樱等

Su. 夏季开花以淡雅为主,如牛眼菊、耧斗菜、鸢尾、风铃草、蓝亚麻、玉簪、百合、藿香蓟等

Au. 秋季开花以金黄、橙为主,如金花菊、菊花、垂盆草、月见草、波斯菊、硫华菊、金鸡菊、蓍草等

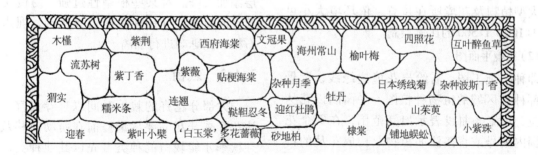

图 7-7 灌木花境实例(北京地区)(引自余树勋,1998)

②株型与花序　是植物个体姿态的重要特征,也是与景观效果相关的重要因子。花卉的枝叶与花/花序构成植株的整体外形,据此可把植物分成水平形、直线形及独特形三大类。水平形植株浑圆,开花较密集,多为单花顶生或各类头状和伞形花序,并形成水平方向的色块,如八宝、蓍草、金光菊等。直线形植株耸直,多为顶生总状花序或穗状花序,形成明显的竖线条,如火炬花、一枝黄花、大花飞燕草、蛇鞭菊(*Liatris spicata*)等。独特形兼有水平及竖向效果,如大花葱(*Allium giganteum*)、石蒜、百合等。花境在立面设计上最好有这3类植物的搭配,才可达到较好的立面景观效果。

③植株的质感　花卉的枝叶花果均有粗糙和细腻之不同的质感,不仅给人以不同的心理感觉,而且具有不同的视觉效果,如粗质地的

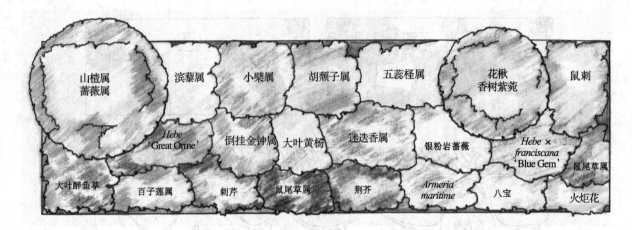

图 7-8　国外某混合式花境设计实例

植物相对细腻的植物视觉上有趋近感。花境是一种近赏的植物景观，因而可以在设计中充分展示植物丰富的质地特征。

7.3.6　设计绘图

花境设计图可用钢笔墨线图，也可用水彩、水粉或彩色铅笔等多种工具绘制。

(1) 总平面图

标出花境周围环境，如建筑物、道路、草坪、大型植物及花境所在位置。依环境大小可选用 1:100~1:500 的比例绘制。

(2) 花境平面图

即种植施工图。需绘出花境边缘线，背景和内部种植区域的植物种植图。平面图以花丛为单位，用流畅曲线表示出其范围，在每个花丛范围内编号或直接注明植物及构成花丛的特定花卉的株数。根据花境大小可选用 1:20~1:50 的比例绘制。另需附表罗列和统计整个花境的植物材料，包括植物名称、规格、花期、花色、种植密度及用量等。特殊的要求可在备注中补充说明（图 7-8）。

(3) 花境立面效果图

可绘制主要季景观，也可分别绘出各季景观。选用 1:100~1:200 比例皆可。

此外，还应提供花境设计说明书，简述作者设计意图及管理要求等，并对图中难以表达的内容作出说明。

7.4　花境种植施工与养护管理

7.4.1　整床及放线

花境景观一经栽植，数年观赏，因此对土壤条件要求较高，土质差的地段需改良或换土。对土壤有特殊要求的植物可在其种植区采用局部换土措施。低洼积水地段须在种植区土壤下层添加石砾。对某些根蘖性过强，易侵扰其他花卉的植物，可在种植区边界挖沟，埋入砖或石板、瓦砾等进行隔离。

7.4.2　栽植

大部分花卉的栽植时间以早春为宜，尤其注意春季开花的要尽量提前在萌动前移栽，必须秋季才能栽植的种类可先以其他种类，如时令性的一、二年生花卉或球根花卉替代。

栽植密度以植株覆盖床面为限。若栽植成苗，则应按设计密度栽好。若栽种小苗，则可适当密些，以后再行疏苗，否则土面暴露过多会导致杂草滋生并增加土壤水分蒸发。

7.4.3　花境的养护管理

花境种植后，随时间推移会出现局部生长过密或稀疏的现象，需及时调整，以保证其景观效果。早春或晚秋可更新植物（如分株或补栽），并把秋末覆盖地面的落叶及经腐熟的堆肥施入土壤。管理中注意灌溉和中耕除草。混合式花境中灌木应及时修剪，保持一定的株型与高度。花期过后及时去除残花败叶等。精心管理的花境，可以保持3~5年的观赏效果，灌木花境可以更长。

7.5 花境设计实例

该花境为北京植物园2008年"五环连五洲"世界国花国树展而设，位于花展欧洲区月季园玉兰花瓣雕塑北面圆柏篱前。场地形状基本规则，周围有较高的圆柏绿篱围合，雕塑东侧列植油松(图7-9a)。该区域展示欧洲盛行的花境十分适宜。该花境的主题不仅要表现花卉组合的自然美景，而且展示该园引种成功的各种新优花卉品种，因此采用混合式花境、多色花境的形式。整体以暖色调为主，象征花卉产业蒸蒸日上，花卉品种推陈出新、层出不穷，烘托展览的热烈气氛(图7-9b)。

花境长30m，宽5m，由草坪作前景，背景圆柏篱高2m。植物材料为小型乔灌木，宿根花卉，球根花卉，一、二年生花卉，观赏草等(表7-1)。花境东侧端点以蓝色开始，西侧端点以白色结束，中间部分以红、黄为主色调。从东向西花境整体色彩变化为蓝—粉白—黄—橘黄—紫—橘红—红—黄—紫—黄—白，中间过渡色彩选择银白色马蹄金、灰绿色迷迭香、青绿色八宝景天。花境选用'金叶'接骨木、'金叶'锦带、'白花'醉鱼草等花灌木作为花境的基本框架，后部较高的植物堆心菊、大花美人蕉、观赏蓖麻、大金光菊、泽兰等，灰绿色植株、暗红色的叶色，红或黄鲜艳的花色与圆柏篱形成鲜明对比。中部适当穿插一些植株松散的较高植物如观赏谷子、'银边'芒，使花境错落有致。前部主要采用一、二年生低矮植物修饰边缘，与草坪自然衔接。运用醒目的紫色作为花境段落的断点，将花境分为3个段落，结合植物株型的差异，竖线条与水平线条、丛状与垫状等营造两个小高潮(图7-10)。

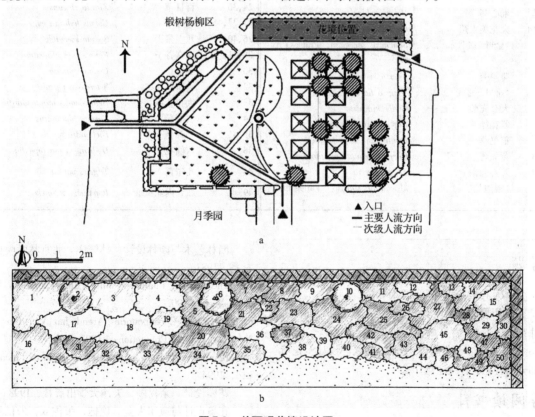

图7-9 单面观花境设计图
a. 单面观花境位置示意图　b. 单面观花境平面图

图 7-10　北京植物园单面观花境实际效果
a. 7月初期效果　b. 9月花后效果

表 7-1　单面观花境植物材料表

编号	植物名称	拉丁名	编号	植物名称	拉丁名
1,43,47	紫松果菊'白色光芒'	Echinacea purpurea 'White Luster'	20,27	紫苏	Perilla frutescens
2	大叶醉鱼草'白花'	Buddleja davidii 'White Profusion'	21,42,50	蓝花鼠尾草	Salvia farinacea
3,11	观赏蓖麻	Ricinus communis	22,46	花烟草	Nicotiana × sanderae
4,9,15	堆心菊	Heleniun bigelovii	23	迷迭香	Rosmarinus officinalis
5,8,14	大花美人蕉	Canna generalis	24,36	百日草	Zinnia elegans
6	'金叶'接骨木	Sambucus racemosa 'Plumosa Aurea'	25,37,45	彩叶草	Coleus hybrida cv.
			26,40	八宝景天	Sedum spectable
			28,31	观赏谷子	Pennisetum glaucum
7	荷兰菊	Aster novi-belgii	30	醉蝶花	Cleome spinosa
10	'金叶'锦带	Weigela florida 'Aurea'	32	鸭跖草	Setcreasea pallida
12	大金光菊	Rudbeckia hirta	33	大花萱草	Hemerocallis middendorffii
13	紫花泽兰	Eupatorium maculatum	34	波斯菊	Cosmos bipinnatus
16	狼尾草	Pennisetum alopecuroides	35,41	马蹄金	Dichondra repens
17,48	黄晶菊	Chrysanthemuml paludosum	38	八仙花	Hydrangea macrophylla
18,39	万寿菊银卡	Tagetes erecta	44	孔雀草	Tagetes patula
19	'银边'芒	Miscanthus sinensis 'Variegatus'	49	新几内亚凤仙	Impatiens × hawkeri

思考题

1. 什么是花境？花境的类型有哪些？
2. 依据不同的位置环境可将花境分为几类？如何进行设计？
3. 如何进行花境种植床、背景、边缘的设计？花境主体部分的种植设计应注意什么？

推荐阅读书目

花卉应用与设计．吴涤新．中国农业出版社，1994.

园林艺术与园林设计．孙筱详．北京林学院城市园林系，1981.

The Garden Planner. Robin Williams. Frances Lincoln Publishers, 1990.

Patio and Conservatories. Arend Jan Van Der Horst. New York: Rebo Productions, 1997.

Best Borders. Tony lord. London: Frances Lincoln limited, 1994.

花园设计．余树勋．天津大学出版社，1998.

花境设计与应用大全．魏钰，张佐双，朱仁元．北京出版社，2006.

第8章 园林花卉立体景观设计

[**本章提要**] 日益紧张的城市用地导致了建筑向更高的空间发展,立体绿化也随之兴起。本章在介绍花卉立体景观的主要类型及用于花卉立体景观的植物材料的基础上,重点阐述了垂直绿化和花卉立体装饰的应用设计及相关知识。

8.1 概述

随着城市化的发展,平地可用于绿化的土地面积越来越少。因此,必须充分利用某些植物的特性及适当的设施,营造立体的绿化,从而增加环境绿量,改善与美化人们居住、工作及生活环境。

8.1.1 园林花卉立体景观的含义

园林花卉立体景观是相对于常规平面花卉景观而言的一种三维花卉景观。花卉立体景观的设计主要是通过适当的载体(如各种形式的容器和组合架)及植物材料,结合环境色彩美学与立体造型艺术,通过合理的植物配置,将园林植物的装饰功能从平面延伸到空间,达到较好的立面或三维立体的绿化装饰效果,是一门集园林、工程、环境艺术、设计等学科为一体的绿化装饰手法。除了人们常见的攀缘类植物的垂直绿化外,人们也正在盆栽容器的基础上开发出不同材质的花钵、卡盆、钵床等装饰载体单元,来展示更多植物材料的观赏特点和美化效果,并以此扩大花卉应用范围及园林绿化面积,也称为花卉立体装饰。当今随着花卉生产的规模化、集约化,花卉立体装饰的应用范围越来越广,成为现代城市不可或缺的一种绿化手段。

8.1.2 常见花卉立体景观的类型

根据景观特点及所用植物材料的不同,将花卉立体景观归纳为以下两类。

(1)垂直绿化(vertical greening)

垂直绿化是指用各种攀缘植物对现代建筑的立面或局部环境进行竖向绿化装饰,或专设篱、棚、架、栏等布置攀缘植物的绿化方式。垂直绿化是增加城市绿量的一个重要手段。

(2)花卉立体装饰

①立体花坛 花坛是一种比较古老的花卉装饰形式,起源于古罗马时期,16世纪开始大量出现于欧洲园林中。早期的花坛多为有固定种植床的平面式花坛,以带有几何形的平面栽植床作为绿化基础。随着时代的变迁,花坛发展迅速,拓展出一面观的斜面花坛、四面观的立体花坛以及各种花坛的组合等,成为现代立体装饰的重要手段之一。

②悬挂花箱、花槽 花箱及花槽同样也有着比较长久的应用历史。有木质、陶质、塑料、

玻璃纤维、金属等多种材质，多为长方体壁挂式，安装在阳台、窗台、建筑物的墙面，也可装点于护栏、隔离栏等处。

③花篮　又分为吊篮、壁篮、立篮等多种形式，以吊篮出现较早，最初流行于北欧。花篮的形状多为半球形、球形，是从各个角度展现花材立体美的一种方式。多用金属、塑料或木材等做成网篮或以玻璃钢、陶土做成花盆式吊篮。是应用范围最广的一种花卉立体装饰形式，广泛应用于门厅、墙壁、街头、广场以及其他空间狭小的地方，多以花卉鲜艳的色彩或观叶植物奇特的悬垂效果成为点缀环境的主要手法之一。

④花钵　或称移动花坛，是传统盆栽花卉的改良，融入了花坛、花台等的设计思想，使花卉与容器融为一体，越来越具有艺术性与空间的雕塑感。是近年来在各类城市中普遍使用的一种花卉装饰手法。花钵的构成材料多样，可分为固定式和移动式两大类。除单层花钵以外，还有复层形式。可通过精心组合与搭配而运用于不同风格的环境中。详见6.3节。

⑤组合立体装饰体　这种形式包括花球、花柱、花树、花塔等造型组合体。从严格意义上来说，这些组合形式属于立体花坛，但它们是最近发展起来的一种集材料工艺与环境艺术为一体的新型装饰手法，故单独列出介绍。组合装饰多以钵床、卡盆等为基本组合单位，进行外观造型效果的设计与栽植组合，并结合先进的灌溉系统，装饰手法灵活方便，具有新颖别致的观赏效果，是最能体现设计者的创造力与想象力的一种花卉设计的形式。

8.1.3　花卉立体景观设计的主要植物类型

自然界植物的生长习性及枝条的伸展方式多种多样，大多数植物能自行直立向上延伸，但另有一些植物，自身不能完全直立，需攀附他物上升，或匍匐卧地蔓延，或垂吊向下生长。这些不能直立生长的植物有藤本、攀缘、匍匐、蔓生、平卧等类型。结合其生长习性、绿化观赏特征及在园林中的用途，可以将其分为三大类群：攀缘植物类、匍匐植物类、垂吊植物类。另外，花卉的立体装饰还用到一些直立性的花卉种类。

(1) 攀缘植物

通常称为藤蔓植物。这一群植物的共同特点是茎细长、不能直立，但均具有借自身的作用或特殊结构攀附他物向上伸展的攀缘习性。当无他物可攀附时，则匍匐或垂吊生长。这类植物主要用于垂直绿化。根据攀缘植物的形态及攀附习性又可分为以下几类。

①缠绕类　茎细长，主枝或新枝幼时能沿一定粗度的支持物左旋或右旋缠绕而上。常见的有紫藤属（*Wisteria*）、崖豆藤属（*Millettia*）、木通属（*Akebia*）、五味子属（*Schisandra*）、铁线莲属（*Clematis*）、忍冬属（*Lonicera*）、猕猴桃属（*Actinidia*）、牵牛属（*Pharbitis*）、月光花属（*Calonyction*）、茑萝属（*Quamoclit*）等。缠绕类植物的攀缘能力都很强。此类植物适合篱式、棚式等垂直绿化应用。

②卷须类　植物茎、叶或其他器官变态成卷须，卷络于支柱物或格栅而上升。其中大多数种类具有茎卷须，如葫芦科、葡萄属（*Vitis*）、蛇葡萄属（*Ampelopsis*）、羊蹄甲属（*Bauhinia*）的种类。有的为叶卷须，如炮仗花（*Pyrostegia ignea*）和香豌豆（*Lathyrus odoratus*）。有的部分小叶变为卷须，菝葜属（*Smilax*）的叶鞘先端变成卷须，而百合科的嘉兰（*Gloriosa superba*）则由叶片先端延长成一细长卷须，用以攀缘他物。珊瑚藤（*Antigonon leptopus*）则由花序轴延伸成卷须。尽管卷须的类别、形式多样，但这类植物的攀缘能力都较强，适合篱、棚、架等立体绿化。

③蔓生类　此类植物为蔓生悬垂植物，无特殊的攀缘器官，仅靠细柔而蔓生的枝条攀缘，有的种类枝条具有棘刺，在攀缘中起一定作用，个别种类的枝条先端偶尔缠绕。主要有蔷薇属（*Rosa*）、悬钩子属（*Rubus*）、叶子花属（*Bougainvillea*）、胡颓子属（*Elaeagnus*）的种类。相对而言，此类植物的攀缘能力最弱。一般适宜格式、拱门式的设计应用。

④吸附类　依靠吸附作用而攀缘。这类植物

具有气生根或吸盘，均可分泌黏胶样物质将植物体黏附于他物之上。爬山虎属（*Parthenocissus*）和崖爬藤属（*Tetrastigma*）的卷须先端特化成吸盘；常春藤属（*Hedera*）、络石属（*Trachelospermum*）、凌霄属（*Campsis*）、榕属（*Ficus*）、球兰属（*Hoya*）及天南星科的许多种类则具有气生根。此类植物大多攀缘能力强，尤其适于墙面的垂直绿化。

⑤依附类　植物茎长而较细软，但既不能缠绕，也无其他攀缘结构，初直立，但能借本身的分枝或叶柄依靠他物而上升很高，如南蛇藤属（*Celastrus*）、酸藤子属（*Embelia*）的种类及千里光（*Senecio scandens*）等。

（2）匍匐植物

匍匐植物不具有攀缘植物的缠绕能力或攀缘器官。茎细长柔弱，缺乏向上攀附能力，通常只匍匐平卧地面或向下垂吊，如蔓长春花（*Vinca major*）、盾叶天竺葵（*Pelargonium peltatum*）、旱金莲（*Tropaeolum major*）、紫竹梅（*Setereasea purpurea*）等。这类植物是悬吊应用的优良选材。

（3）垂吊植物

该类植物既不攀缘，也不匍匐生长，植株或因附生而向下悬垂，或因枝条生出后而向下倒伸或俯垂，有的则因叶片柔软而下垂。常见的垂吊植物如鹿角蕨（*Platycerium bifurcatum*）、昙花（*Epiphyllum oxypetalum*）、迎春、夜香树（*Cestrum nocturum*）、中华里白（*Diplopterygium chinensis*）、盾状天竺葵、垂吊天竺葵、垂吊矮牵牛（*Petunia* spp.）、'龙翅'海棠（*Begonia* 'Dragon Wing'）等。这类植物主要用于岩壁绿化或悬垂装饰等。

以上3类植物是垂直绿化或立体绿化的基础材料，对山坡、堡坎、墙面、屋顶、篱垣、棚架、柱状体、林下绿化及室内装饰等具有不可替代的作用。但根据这几类植物习性的不同，它们在园林中的主要用途也有所差异。其中攀缘类植物主要用于建筑或立交桥等构筑物墙面、篱垣棚架等的垂直绿化；垂蔓性植物的蔓生性能比较好，枝条长且常柔软下垂，一般可栽植在容器边缘，能很快地覆盖容器的侧面，形成极好的绿化装饰效果。在实际应用中，此类植物最适合于配置在吊篮、立篮、花槽、大型花钵等立体花卉装饰的边缘，既能有效地遮挡容器，更能充分地展示植物材料的美化效果。

（4）直立式植物

适合立体花卉装饰的直立性花卉种类丰富，应用也极为广泛。这类花卉的植株向上直立生长，高度20~60cm，其中株型低矮、花朵密集、花期较长的种类可以用于以卡盆为组合单元的立体装饰造型，突出群体的美化效果；株型较高的种类，可以用于大型花钵、花槽、吊篮、旋转立篮、壁挂篮，成为栽植组合的中心材料和色彩焦点。常用的直立性花卉有四季秋海棠、长寿花（*Kalanchoe blossfeldiana*）、新几内亚凤仙（*Impatiens hawkeri*）、丽格海棠（*Begonia elatior*）及鸡冠花等。

除直立性的草本花卉外，有些木本植物适合造型后直立生长，常用于墙面的垂直绿化。适合直立式造型的乔灌木种类有：香榧（*Torreya gransis*）、银杏、蜡梅、红花油茶（*Camellia chekiangoleosa*）、火棘（*Pyracantha* spp.）、卫矛（*Euonymus* spp.）、垂丝海棠（*Malus halliana*）、贴梗海棠（*Chaenomeles speciosa*）、榆叶梅、厚皮香（*Ternstroemia gymnanthera*）、老鸦柿（*Diospyros rhombifolia*）、紫薇、杨梅（*Myrica rubra*）、含笑、紫荆、木绣球（*Hydrangea dumicola*）、绣球（*Hydrangea* spp.）、罗汉松（*Podocarpus macrophyllus*）、枫香（*Liquidambar formosans*）、石榴、蚊母（*Distylium racemosum*）、平枝栒子（*Cotoneaster horizontalis*）、西府海棠（*Malus micromalus*）、日本木瓜（*Chaenomeles japonica*）、鸡爪槭（*Acer palmatum*）、卫矛（*Euonymus alatus*）、木槿、瓶兰（*Diospyros armata*）、山茱萸（*Cornus officinalis*）、春鹃（*Rhododendron chunienii*）、乐昌含笑（*Michelia chapensis*）、桂花（*Osmanthus fragrans*）、锦带花（*Weigela florida*）、日本珊瑚（*Viburnum awabuki*）等。

8.2 垂直绿化

8.2.1 概念与意义

垂直绿化是相对于平地绿化而言的，属于立体绿化的范畴。主要利用攀缘性、蔓性及藤本植物对各类建筑及构筑物的立面、篱、垣、棚架、柱、树干或其他设施进行绿化装饰，形成垂直面的绿化、美化。

设置篱笆、棚架或其他设施进行垂直绿化，可以丰富园林景观并为游人提供遮阴、休息的场所；对各种墙垣的绿化不仅具有美观作用，还可起到固土、防止水土流失的作用；对建筑墙面进行垂直绿化，可以降低辐射热，减少眩光，增加空气湿度和滞尘隔噪。垂直绿化还具有占地少、见效快、覆盖率高，使环境更加整洁美观，生动活泼的优点，因此是有效增加绿化面积，改善城市生态环境及景观质量的重要措施。

8.2.2 垂直绿化的类型及设计

根据垂直绿化中建筑及支撑物的类型，可将垂直绿化分为以下5类。

8.2.2.1 墙面的垂直绿化

墙面的垂直绿化泛指建筑或其他人工构筑物的墙面(如各类围墙、建筑外墙、高架桥墩或柱、桥涵侧面、假山石、裸岩、墙垣等)进行绿化的种植形式。墙面绿化需考虑墙面的高度、朝向、质地等，选择适宜的植物种类和种植形式。通常有以下3种形式。

(1) 直接攀附式

这是指利用吸附性攀缘植物直接攀附墙面形成垂直绿化，是最为常见且经济、实用的垂直绿化方法。不同植物吸附能力不同，墙面的质地不同，植物的吸附性也不同，应用时需了解墙面的特点与植物吸附性的关系。墙面越粗糙越有利于植物攀附。在清水墙、水泥砂浆、水刷石、水泥打毛、马赛克、条石、块石、假山石等表面，多数吸附攀缘植物均能攀附。但具有黏性吸盘的爬山虎及具有气生根的薜荔、

图 8-1　五叶爬山虎秋色（沈阳植物园）

图 8-2　墙面布置格栅以绑缚支持攀缘月季
（北京植物园月季园科普馆）

常春藤等吸附能力更强，有的甚至能吸附于玻璃幕墙表面(图 8-1)。

(2) 墙面安装条状或格状支架供植物攀附

有的建筑墙体表面较为光滑或其他原因不便于直接攀附植物的，可在墙面安装各种直立的、横向的或格栅状的支架供植物攀附，使许多卷攀型、钩刺型、缠绕型植物都可借支架绿化墙面。支架的安装要考虑有利于植物的缠绕、卷攀、钩刺攀附及人工缚扎牵引和以后的养护管理。

另外，墙面有时也借助于钩钉、U 形钉、胶带等人工辅助的方式牵引无吸附能力的植物的茎蔓直接附壁，但不宜大面积使用(图 8-2)。

(3) 悬垂式

在低矮的墙垣顶部或墙面设种植槽，选择蔓性强的攀缘、匍匐及垂吊型植物，如常春藤、忍冬、木香、蔓长春花、云南黄馨、紫竹梅等，

使其枝叶从上部披垂或悬垂而下，也可以在墙的一侧种植攀缘植物而使其越墙悬垂于墙的另一侧从而使墙体两面及墙顶均得到绿化(图8-3)。

(4) 嵌合式

园林中一些装饰性墙面，如墙垣或挡土墙等可以在构筑墙体时在墙面预设种植穴，填充栽培基质，栽植一些悬垂或蔓生的植物，称为嵌合式垂直绿化。这种方式应选择耐旱性较强的植物种类，或者需有相应的灌溉设施等。

(5) 直立式

将一些枝条易于造型的观赏乔灌木紧靠墙面栽植，通过固定、修剪、整形等方法，使之沿墙面生长的一种绿化形式，又称为植物的墙面贴植。适用的种类见本章8.1节。

8.2.2.2 篱、垣、栅栏的垂直绿化

篱、垣与栅栏都具有围墙或屏障功能，但结构上又是具有开放性与通透性的构筑物。篱、垣及栅栏的类型多样，如镂空结构的有传统的竹篱笆、木栅栏或砖和混砌的镂空矮墙，也有现代的钢筋、钢管、铸铁等质地的铁栅栏和铁丝网搭制成的铁篱；也有塑性钢筋混凝土制作的水泥栅栏及其仿木、仿竹形式的栅栏。使植物攀缘、披垂或凭靠篱垣栅栏形成绿墙、花墙、绿篱、绿栏等，既是篱、垣、栅栏的垂直绿化，也是简单易行的一种绿化和美化方式。应用于篱、垣和栅栏的植物种类主要为攀缘类及垂吊类中的一些垂吊型种类，常见的如藤本月季、蔷薇类、木香、叶子花、云南黄馨、爬山虎、牵牛、茑萝、铁线莲类等以及丝瓜(*Luffa cylindrica*)等观赏瓜类。

8.2.2.3 棚架及绿亭的垂直绿化

棚架是园林中最常见、结构造型最丰富的构筑物之一。有的棚架本身就是园林中的景点，经过各种花卉装点，常常形成别具特色的景观效果。棚架不仅具有观赏作用，并兼具遮阴、游览及休息的功能，园林中通常称为花架。花架根据造型可分为以下几类。

(1) 廊式花架

廊式花架是指以两排支柱支撑梁架，梁上横向架设椽条，承重植物，或以拱形支撑结构形成廊式花架。沿廊边可设条凳，廊外设栽植池，植物沿廊柱攀缘至廊顶，达到庇荫和观赏的效果(图8-4)。

图8-3　悬崖菊与山荞麦组成的悬垂式垂直绿化

图8-4　廊式花架

(2) 单排柱式花架

在一排支柱上面设横梁，横梁上装等距离的单臂或双臂片状椽条，形成单面或双面悬挑的花架。架下设座凳及栽植池，植物由柱基攀缘上升至柱顶。

(3) 独柱式花架

即用单柱支撑，顶上辐射状悬置椽条，形成如伞、如亭、或圆、或方等形状的花架(见彩图15)。

绿亭可视为花架的一种特殊形式。通常在亭阁形状的支架四周种植生长旺盛、枝叶茂密的攀缘类植物，形成绿亭。

另外，还有多角亭式及各种不规则式花架。

园林设计中要根据具体的环境及对花架的功能要求选择适当的造型和材料，使花架和植物材料有机地融为一体，既起到隔景、遮阴、供游人休憩游赏的作用，自身又成为园林中的景观。建造花架的材料要根据攀缘植物材料的不同而异，用于草质藤本植物的要选用造型轻巧的构件，如钢管或铝合金材料；用于木质藤本及挂果稠密的植物则要选用强度大而坚实的材料，以钢筋混凝土构件为主。对于卷攀型、吸附性植物，棚架要多设些间隔适当、便于吸附、卷缠的格栅，对于缠绕型、棘刺型则应考虑适宜的缠绕、支撑结构并在初期对植物加以人工辅助和牵引。

配置于花架的植物通常选择生长旺盛、枝叶茂密、开花观果的攀缘和藤本植物，如木香、紫藤、藤本月季、凌霄、金银花、山荞麦、葡萄、木通、使君子、叶子花、常春油麻藤、炮仗花、络石、猕猴桃、葫芦、牵牛等。配置时应从景观要求出发，并结合花架情况选择能适应当地气候且栽培管理简便的花卉。

8.2.2.4 拱门的垂直绿化

用观赏植物造型而成门形装饰或将植物攀附于各种形式的出入口进行装饰的花卉应用形式。主要可分为以下3类。

(1) 造型花门

造型花门即用观赏花木经盘扎造型制作而成的花门，植物材料通常选用枝条柔软、易编扎造型的种类，如紫薇、叶子花、女贞(*Ligustrum lucidum*)、桂花等。方法是从植物幼苗期即开始对枝条进行编扎，造成瓶状、柱状或动物形状等，到一定高度后再将两株造型植物的上部编扎到一起，形成门的形状。

(2) 架式花门

这是指用钢筋设计成拱形门，在基部种植藤本植物如藤本月季、蔷薇、凌霄、紫藤、叶子花等，使其沿钢筋格架攀缘而上形成花门(见彩图16)。

(3) 其他形式的花门

在各种出入口的两侧基部种植攀缘植物，通过人工牵引使其攀附于门的周围进行装饰而形成的花门。对一些没有吸盘、难以攀缘的植物可以在墙上设格子架令植物缠绕或将植物绑缚其上。

花门既具有门的分隔和连接景区的作用，还具有导向作用，造型别致的花门本身就是一个景点；位置设置巧妙时，花门还具有框景的作用，是园林中可游、可赏的一个内容。

8.2.2.5 杆柱式垂直绿化

这是指将植物材料攀缘于杆、柱状物体上，形成绿柱或花柱的垂直绿化形式。园林中杆柱式垂直绿化可与园林中灯柱、廊柱、路标以及其他杆柱式的构筑物或装饰物相结合，也可以利用园林中的枯树干或高大乔木的树干布置攀缘植物进行垂直绿化，特意为垂直绿化构建的杆、柱设施多用木及金属构件建造而成。木质材料在土壤中易腐烂，可在地基处用混凝土加固、保护。这种绿化形式适宜选择缠绕类或吸附类攀缘植物，如爬山虎、常春藤、凌霄、常春油麻藤和麒麟尾等。

8.2.3 垂直绿化植物的种植与维护

(1) 根据种植环境选择适宜的种类

与其他绿化相比，垂直绿化往往面临着空间狭小、生态环境差等不利因素。如上海某高架路的内环线有相当多的立柱,其平均光照只有502~1652lx。而研究发现,五叶地锦具有良好的光照适应性,种植在上述环境年最大生长量可达6~7m。

(2) 合理混植

混植可以增强美化的效果。如应用五叶地锦和山荞麦等抗性强的先锋种类与生长缓慢的常绿植物共同种植,可以达到迅速绿化的目的,待目标植物布满垂直绿化面之后,便可淘汰先锋种类。为了营造四季有景的垂直绿化效果,将常绿与落叶植物有机结合,可获相得益彰之效。

(3) 人工牵引固定

攀缘植物中只有吸附类可以沿墙面攀缘而上,其他几类则需人工设立棚架或支柱供其攀缘上升,有的还需一定的人工辅助才能向上生长,否则会下拱或蔓地而长。采用人工牵引固定措施,同时可以引导植物枝条的生长分布。如若任其生长,往往还出现基部叶片稀疏、横向分枝少的缺点。对观花观果类植物,应尽量朝横向牵引,或水平式盘曲向上,这样可以使枝叶密生,花量及着果数目增加,达到最佳观赏效果。

当墙面或支架等过于光滑而影响植物攀缘时,可采用支架、丝网、格栅或木块贴接等方法提供条件,以便牵引。所谓支架牵引,就是用竹竿、铅丝等斜支到墙壁等物体上,植物通过支架向上牵引。在杆柱式形式中,常用丝网牵引,即用金属网将杆柱表面包裹起来,为植物提供固定条件。在墙面固定木条或金属做成的格栅,也可以供缠绕类和吸附类的植物攀缘。木块贴接是指在墙面或构件光滑的情况下,将钉上铁钉的小木块按一定距离,用黏合剂贴于墙面,铁钉之间用铅丝相连,以便植物攀缘生长。对攀缘性较强的种类在初栽之后,可用胶带临时帮助固定于墙上。在墙垣、坡面等处,还可采用U形卡钉来牵引和固定。

对台地的挡土墙可将蔓性植物种于高处,使其向下蔓垂。

(4) 加强管理与维护

由于垂直绿化地段大多生态条件恶劣,加之位于人口密集区,因此,要求植物要迅速成型,达到应有的绿化观赏效果。为达到这一目的,除了在植物种类上选择抗性强、速生等特点的植物,或者采用大苗定植技术外,精心管理不可缺少。

①加强土肥水管理　对种植点的土肥水管理必须高度重视,为快速生长提供条件。

②正确应用修剪调节技术　如在移植时,宜多采用摘叶保枝方法代替截枝蔓的做法,有助于植株成活后的快速成型。

③采用保护性栽培措施　在垂直绿化中,人为干扰常常成为阻碍植物正常生长乃至成活的重要问题,为此必须根据实际情况,对新栽植物加以保护,如设立隔离网、护栏等保护措施,待植物成型有一定抵御能力后再行拆除。

总之,园林绿化中,应根据绿化的环境选择适宜的种类,采取适当的栽植方式或设置合理的支撑设施,并做到正确的日常养护管理,才能保证垂直绿化预期的生态效益和美化效果。

8.3 花卉立体装饰

花卉立体装饰源自盆栽花卉,是人们在对盆栽花卉的应用中发展和完善起来的新兴装饰手法。花卉立体装饰在欧洲应用较早,一些传统形式,如吊篮在英国已有100多年的历史,而阳台、窗台及栏杆上的槽式立体花卉种植也在很早之前就已成为美化城市的重要手段。现今随着技术的发展,花卉立体装饰在形式与内容上都已有了长足的进步。

8.3.1 花卉立体装饰的特点

(1) 充分利用各种空间,应用范围广

在同等面积下,立体装饰要比平面二维绿化的绿量大,不仅进一步增强了绿化效果,并能在平面绿化难以达到良好效果或无法进行平面绿化的地段发挥作用,增强空间的色彩美感,丰富视觉效果。

(2) 充分体现设计的灵活性

花卉立体装饰多以各种形式的载体构成其基本骨架，如各种种植钵、卡盆、钢架、金属网架等，然后配以花材完成特定的景观塑造。这种形式摆脱了土地的限制，以可移动、拆装的容器为基本载体，更能体现出设计者的主观能动性，在置景方式与地点上具有更大的自由度。

(3) 充分展示植物材料各方面的绿化美感

立体装饰突破了传统的植物平面栽植概念。将植物的美感予以空间立体化，既能突出植物自身各个部分的自然美感，强调花材展示的观赏效果，又能以植物群体的空间美化效果形成更具观赏价值、更富有艺术冲击力、更具美感的组合立体绿化方式。

(4) 有效地柔化、绿化建筑物，塑造更人性化的生活空间

立体装饰能充分绿化、美化及柔化刚性建筑物内外部或桥梁的立面，减弱建筑物带给人们的压迫感和冷漠感。

(5) 能在较短时间内形成景观，符合现代化城市发展的需求和效率

很多立体装饰能快速组装成形并便于移动，尤其适用于节日和重大活动期间，在广场、街道、会场快速进行花卉装饰，烘托热烈气氛。

8.3.2 花卉立体装饰的设计

8.3.2.1 花卉立体装饰的设计原则

(1) 因地、因时、因材制宜原则

环境条件与气候条件是植物生长的限制因子，所以在进行花卉立体装饰时应首先考虑植物的适应性以及环境特点。不同的地区、不同季节有各自独特的生态条件，适合不同植物材料的生长，即使同一地区在小环境要素之间也有差别。如地面铺装的形式与色彩、已有的绿化形式与规模、地形的高低变化以及所在地点所应具有的功能等。所以要根据各自的特点去选择适当的花卉立体装饰形式以及适宜的植物材料，做到将配置的艺术性、功能的综合性、生态的科学性、经济的合理性、风格的地方性等完美地结合起来。切不可盲目抄袭、生搬硬套。

(2) 经济、美观、适用原则

花卉立体装饰有很多的应用形式，有体量较大的主题花坛，也有小巧玲珑的花钵和吊篮。但应该指出的是，大部分的花卉立体装饰形式只是对现有绿化手法的一种补充与点题，并不能代替常规绿化。所以在运用时，应结合环境的空间特点充分发挥其本身所特有的画龙点睛的功效，突出其丰富多变的艺术特征，而不是求大、求全。

(3) 远近期结合原则

植物材料是有生命的材料，不同的生理阶段具有不同的形态及生命特征，也使观赏效果产生一定的变化和差异。在进行花卉立体装饰时一般都需考虑景观的稳定性及持续性。所以应充分考虑远近期效果的结合，做到近处着手，远处着眼。

(4) 个性、特色、多样性原则

不同于一般的绿化方式，花卉立体装饰更加强调人与环境的和谐，地方文化韵味及艺术创意的独到性，也更强调造型效果、整体效果的个性特征。而且随着花卉优良品种的引进及培育，花卉立体装饰在多样性上也得到了极大地丰富，同时也对设计者提出更高的要求。所以运用花卉立体装饰，不仅强调植物的展示与环境的美化，更多的是一种个性与地方特色的表现。

8.3.2.2 花卉立体装饰的植物材料选择原则

(1) 按花卉立体装饰应用地点选择花卉

应根据特定地区的温度、湿度条件、光照强度及日照时间等来选择生物学特性较为适合的植物材料，以达到完美的装饰效果。如广场、面积较大的绿地等具有较开阔的空间的环境中，应考虑选用喜光并具一定抗旱性的植物；在街道隔离带、护栏等处还要考虑植物的抗污染能力；在居室内、庭院林下则应考虑其耐阴性。

(2) 按花卉立体装饰展示形式选择花卉

花卉立体装饰的形式多种多样，所要达到的装饰效果受花材的影响很大。如以卡盆等为单位组成的大型花柱、模纹立体花坛、标牌式立面装饰，都强调既要突出细部的结构，又要展示整体的设计效果，选用花材就要选择株型矮小、分枝繁多、枝叶茂密、花径小而花量较大，且开花时间长的种类。这样即使部分花材开始凋落，整体效果却仍能维持一段时间；而对于大型花钵，如果钵型独特优雅，可选用直立型花材；对于须加掩盖的花钵，则在边缘种植垂蔓性的花材；花球、吊篮也多用垂吊型花材来达到遮盖容器、突出整体效果。

(3) 按色彩设计选择花卉

花卉立体装饰是充分表现视觉色彩艺术的一类装饰手法。不同色相、明度及纯度的色彩，形成了极其丰富的色彩效果。在立体装饰的各种形式中，通常都会选用多种植物，花材的色彩效果直接影响着立体装饰的最终美化效果，所以花色的搭配十分重要。另外，花卉色彩还应根据环境特点、背景色调及所选用容器的色彩进行细致搭配。立体花卉装饰色彩的设计主要采用单色系、近色系、对比色或补色及冷色与暖色的配色方法。

8.3.2.3 现代花卉立体装饰类型及植物选择

(1) 吊篮和壁挂篮

① 吊篮和壁挂篮的选择　吊篮和壁挂篮从材质、色彩、规格及为植物所提供的生长环境都比较类似。二者的区别在于：吊篮主要为半球体、圆柱体或多边体，由于可悬空吊挂，所以要求各个侧面都必须美观；壁挂篮为球体的1/4或为多边体，一侧平直，可以固定到墙壁或其他竖直面上，与平整面相对的弧面向外成为观赏面，要求比较美观。吊篮和壁挂篮的规格、形状、色彩都极其丰富(图8-5)。

② 植物材料的选择　吊篮侧面宜配置匍匐或垂吊式植物，如盾叶天竺葵、蔓性矮牵牛、半边莲、常春藤等，易于形成球形效果；中间栽植直立式植物，如直立矮牵牛、长寿花、凤仙花、丽格海棠等突出色彩主题。根据植物的种类和生长习性，25cm 吊篮可配置 4~6 株，20cm 吊篮可配置 2~3 株，而 15cm 吊篮只能栽植 1~2 株株型较小的植物。

(2) 立体花球

① 立体花球的主要类型和规格　目前，花

图 8-5　吊篮和壁挂篮绿化景观
a. 不同形状、颜色和材质的吊篮和壁挂篮
b. 各类吊篮、壁挂篮及种植槽形成的美丽花廊

球的种类主要有球形花球和球柱形花球两种。球形花球一般由 8 片同样大小的球瓣组成球形外壳，外壳上有不同数量的孔穴，栽花的卡盆通过卡盆上的弹性结构固定到球形外壳上，构成完整的球状花卉展示体。花球可以悬挂，也可立在地面，或与其他立体装饰形式结合使用；半边花球还可以固定在墙面上形成壁挂装饰。

球柱形花球是由 1 片圆形底盘和 3 片弧形侧壁组成，侧壁上有固定卡盆的孔穴，配置植物与吊篮相同；顶部中央可以栽植直立式植物，边缘栽植垂吊型植物(图8-6)。

② 植物材料的选择　花球的卡盆中配置的植物应该具备低矮(15~25cm)、花头多且紧凑、花期长的特性。单朵花花冠不必太大，但每株植物上花的数量要多，以便整体效果能维持较长时间。四季秋海棠是首选的植物材料，其花期

长，能适应不同的生长环境。其他较适宜的花卉还有小菊、凤仙花、长寿花、彩叶草（*Coleus blumei*）、三色堇、羽衣甘蓝等。球柱形花球边缘所需的匍匐或垂吊植物同样可以选用盾叶天竺葵、蔓性矮牵牛、半边莲（*Lobelia chinensis*）及常春藤等。

(3) 立篮（图8-7）

① 立篮的种类和规格　立篮通常用金属材料制作，由基部的支撑架和顶部的球状花篮两部分组成。大型立篮顶部的花篮一般分为3层，中间一层直径较大，上下直径小，栽植花卉后，易于形成花球效果。立篮的高度可以调节，顶部的花篮既可以是固定的，也可以是旋转的。可旋转的立篮能够满足不同侧面植株对阳光的需求。将几个不同高度、不同直径的立篮，配置合理的花卉组合在一起，可以形成很好的群体效果。

② 植物材料的选择　立篮的顶部应栽植直立

a　　　　　　b　　　　　　c　　　　　　d

图 8-6　球形立体花饰的花球外壳及卡盆
a～c. 花球外壳　d. 卡盆

a　　　　　b₁　　　b　　b₂　　　　　c

图 8-7　旋转立篮的花卉装饰
a. 立篮结构　b. 立篮栽植过程（b₁. 顶部花篮中垫上海绵，并用铁丝从下部固定
b₂. 加入混合好的生长基质，最好拌入缓释性颗粒肥）　c. 立篮花卉装饰成品

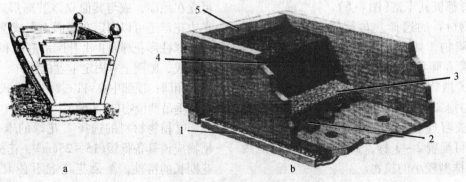

图 8-8　槽式种植容器
a. 19世纪西方园林中可开关式槽式容器　b. 现代园林中常用槽式栽培容器及栽植方法
1. 集水盘　2. 基部的排水孔需用瓦片盖住　3. 石砾排水层
4. 栽培基质　5. 栽植植株后应留出空间以便浇水

式植物，如百日草、矮牵牛、万寿菊、四季海棠等色彩鲜艳、对环境适应性强的品种；边缘栽植垂蔓性植物，能将容器遮挡起来；采用大型3层立篮时，应选用枝条长的植株，使不同层的植物能枝叶交叠，形成花球效果。

（4）花槽

①花槽的种类及规格　花槽多用塑料、玻璃钢和金属等不同材质做成。以长方形为多，长度有60cm、80cm等，可以适合于不同宽度的窗台和阳台的要求（图8-8）。

②植物材料的选择　花槽主景面应栽植下垂的植物，如盾叶天竺葵、蔓性矮牵牛、半边莲、鸭跖草（*Tradescantia albiflora*）、常春藤等；中央栽植直立式植物如百日草、矮牵牛、万寿菊、四季海棠等，形成完整的景观效果。

（5）以钵床、卡盆为基本单元的组合立体花坛

在较大的环境空间中，以钵床、卡盆为基本单元可组合成任意形状的花坛，如花柱、花墙、花桥、花拱门、巨型花球等。利用基本组合单元——卡盆，可以在立体造型上以不同色彩的花卉拼构出非常细致的图形，连接方式简便易行。组合花坛适用范围非常广，既可用于大型广场、公园和大型的庆典场合，也可用于宾馆饭店及家居庭院。

立体组合花坛对植物材料的选择同花球。

（6）大型花钵

①花钵的种类及规格　大型花钵主要采用玻璃钢材质，强度高，外表可以为白色光滑弧面，也可以是仿铜面、仿大理石面；形状、规格丰富多彩，因需求而异。主要用于公园、广场、街道的美化装饰，丰富常规花坛的造型。

②植物材料的选择　花钵中栽植直立式植物，如直立矮牵牛、百日草、长寿花、凤仙花、丽格海棠、彩叶草等颜色鲜艳的种类，以突出色彩主题；靠外侧宜栽植下垂式植物使枝条垂蔓而形成立体的效果，也可以栽植雪叶菊等浅色植物，以衬托中部的色彩。

（7）花塔

①花塔的类型　花塔是由从下到上、半径

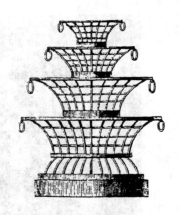

图8-9　花塔

递减的圆形种植槽组合而成，除了底层有底面外，其余各层可彼此通透，也可分离，叠加而形成立体塔形结构，也可以说是花钵的一种组合变异体。其上部可设计挂钩以便于在圃地栽植完成后整体运输至装饰的地点（图8-9）。花塔形式多样，有的也称为花树（图8-10）。

②植物应用选择　花塔种植槽内部空间大，可以装载足够的生长基质，从而保证植物根系获得充足的养分，并减少水分的散失。因此，可栽植的植物种类十分广泛，一、二年生，宿根花卉及各种观花、观叶的小型灌木或垂蔓性植物材料均可。

（8）立体造型花坛

立体花坛是植物造景中的一种特殊形式，它以不同色彩、质地的植物材料之花、叶来构成半立体或立体的艺术造型，是现有花卉立体装饰形式中最为复杂、最能体现设计者神思妙想的一种表现手法，也是最具有感染力和视觉冲击力的花卉应用形式之一。

与平面花坛相比，立体及半立体花坛的设计及建造均比较复杂。在进行立体花坛的营建时，不仅要仔细考虑花坛的立意主题、设计理念以及造型的大小比例，还要考虑花坛所处的环境条件，从而选择适宜的植物材料来达到设计效果。目前国内运用较多的是以下几种方法。

①单元组合拼装法　传统方法是以钢筋按盆花容器的大小制作成方格或圈状的固定网架。将事先培育在塑料容器中的植物材料，按设计图组合而成，形式方便灵活。如果采用花球、卡盆、吊篮等预制件形式，可以设计出更加丰

图 8-10 不同类型的花塔
a. 使用传统方法以钢筋制作成圆圈状的固定架形成的花塔立体景观实景　b. 使用其他种类卡盆等预制件做成的树状立体花坛实景　c. 供安装半球型卡盆的树状立体花坛支架　d. 树状立体花坛实际效果

富的造型，施工方法也更为方便。

②植物栽植修剪法　用钢材按造型轮廓形成骨架固定在地面的基础上；然后用铅丝网扎成内网和外网，两网之间的距离是 8～12cm，内网孔为 5～7cm，外网孔为 2～3cm。网间填入营养土，然后均匀戳洞栽植植物，并及时浇水及修剪，形成立体的花卉造型。

③胶贴造型法　用干花、干果及种子为材料，在钢制骨架上蒙上铁丝网，以水泥、石灰等塑造形体，然后用胶将植物材料粘贴上，并进行喷漆着色。这种方法质感强烈，具有突出的雕塑效果。

④绑扎造型法　以框架及扎花两大工序来完成独具一格的植物圆雕或浮雕效果。框架一般由模型框架（设计形象的主体）、装盆框架（放置盆花）、扎花篾网（固定花材的茎叶，保持编织图案的稳定）三部分组成，以小型盆花作为基础单位来完成造型要求。

⑤插花造型法　通常以金属材质做出造型框架，内部填充吸水的花泥，然后将鲜切花插入花泥而形成的立体花卉造型。这种方法简便省工，但花卉保持的时间较短。

8.3.3　花卉立体装饰的养护管理

花卉立体装饰效果的好坏，与养护的正确与否密切相关。由于花卉立体装饰不同于一般的地面绿化，在养护管理上有许多特殊的环节。主要体现在以下几方面。

8.3.3.1 灌溉

(1) 灌溉水质

由于花卉立体装饰多采用容器栽植，基质中积累的盐离子无法得到自然淋溶，因此，灌溉用水的 EC 值要低，可介于 $0.1\sim0.5mS/cm$。过高时须采取过滤系统对水进行处理。

(2) 灌溉时间

灌溉的时间要综合考虑立体花卉装饰所处的位置、容器的结构和规格、基质的组成、季节以及近期的雨量、温度、风力等综合因素。夏季高温时期，如处于太阳直射的位置，吊篮等较小的容器类每天可能需要浇两次水；基质持水能力强的浇水次数相对较少，而含泥炭藓较多的生长基质持水能力差，且干透后不易再次湿润，更需要把握好浇水间隔；降雨也会影响浇水，但如果容器中植物丰满，则会影响雨水进入容器。应在生长基质已干但植株尚未出现缺水症状时浇水。

(3) 灌溉形式

①传统灌溉　利用附近的水源及配套的水管系统进行灌溉；也可以采用水车对一些离水源较远的立体装饰进行灌溉。这种方式的优点是操作起来简单易行，但水的冲刷会对植株造成一定的伤害，影响开花质量和花期。

②滴灌　通过分水器将水从主管系统分流到微管，然后经过微管传送到立体装饰容器中。微管端部由一根插杆将微管固定于吊篮中，灌溉水直接进入生长基质。这是大部分立体花卉装饰形式最适宜的灌溉形式。滴灌系统的优点是浇水均匀，不会导致土壤板结及土壤溅出容器，减少因此而导致的病原传播；水直接进入生长基质，避免冲击花卉，可延长花卉展出期。采用滴灌系统必须考虑生长基质的选择：即基质中水流侧向传输性能要好，否则微管中出来的水分会直接流向吊篮底部，侧向流动水分少；基质中泥炭藓含量高时，容易干燥，生长基质与容器壁分离，再灌溉时水分容易顺缝隙流失。

采用滴灌时，也可以将电磁阀等控制装置接入灌溉系统，对植物进行定时自动灌溉。

对于花柱等装饰形式，安装滴灌系统时应考虑由于水肥供应不均匀而造成不同部位的花卉长势不同，影响造型。可以采取增加顶部和减少基部滴灌管的数量，一定程度上平衡供水和施肥；花柱不太高时，可以在顶部安装微喷代替滴灌系统。

(4) 保水措施

由于吊篮等立体装饰通常置于温度较高、光照较强的环境中，基质干燥速度快，可以采取适当措施来保持水分以降低浇水次数。一般有以下几种方法。

①选择持水能力强的生长基质；

②在生长基质中添加保水剂，能有效地起到缓冲干旱的作用；

③在生长基质中添加湿润剂，使浇水时基质充分吸收水分；

④在生长基质表面覆盖陶粒、树皮等，减少表面水分的蒸发；

⑤对于单体装饰形式，应尽可能选用体积大，可容纳较多生长基质的容器。

8.3.3.2　施肥

在花卉立体装饰中，如果预计展示时间超过 1 个月，都应该制订合理的施肥计划，保证植物得到足够的营养。根据植物种类选用适宜的肥料类型。施肥方法通常采用基肥和追肥两种，追肥可以采用施肥泵使肥料随灌溉水进入基质，也可以采用叶面追肥的方法。

8.3.3.3　植株的去残及修剪

立体花卉装饰对植物的养护包括以下环节：定期清理残花、种子及枯叶，以维持较好的观赏效果并减少病虫害的滋生；对于生长过快或同一个立体造型上如花柱、花球、立体造型花坛等生长速度过快的植物需适时修剪或摘心，以保证良好的造型或图案。

8.4 不同环境中花卉立体景观设计

8.4.1 广场的花卉立体景观设计

广场是一个城市及乡镇中最具有标志性的公共空间，类型多种多样。从尺度上来分，可分为大型广场和小型广场；从功能上又可分为集会性广场、纪念性广场、交通广场、商业广场、文化娱乐休闲广场以及建筑物前的附属广场等。

广场的绿化需在充分考虑广场使用功能的基础上，通过利用草坪、雕塑、花坛、花架等园林手段来完成。而且广场在空间上的深远度和地势上的相对平坦，是展示各种花卉立体装饰形式的最佳场所。一般可由大型组合式花坛、主题花坛、大型花钵、花塔以及花架等来完成装饰及烘托气氛的作用。在应用花卉立体装饰时，应根据广场的不同类型以及所要表现的景观效果灵活运用，可参见表8-1。

8.4.2 道路的花卉立体景观设计

道路是城市的动脉，绿化不仅可以美化道路景观，减少污染，而且要有效地协助车流、人流的集散，提高交通效率。城市道路绿地一般包括人行道绿地、分车带绿地、路旁绿地以及立交桥和过街天桥绿地，花卉立体装饰的应用也应根据不同绿地的要求而采取适当的形式(表8-2)。

表8-1 不同类型广场的花卉立体景观装饰要点

广场类型	花卉立体装饰应用要点
政治性、纪念性和文化性广场	在绿化上讲究雄伟大气，色彩以热烈奔放的暖色调为主。可用各种大型立体花坛结合水景、雕塑进行综合造景；或营建主题花坛；或以大型花柱、花钵、花球或独立式花坛进行各种形式的排列与组合；也可以将绿色植物修剪成各种形式的绿雕，来丰富广场景观
交通广场	绿化设计上要求要适应人流、车流的集散，保证通畅、明快的视觉空间。在应用花卉立体装饰时，不能占用较大的地面和空间，多用悬挂式吊篮、花球等来丰富此类广场的色彩，同时也可采用小型立体花坛或独立活动式的花钵来起到疏导人流的作用
建筑物前的附属广场	绿化主要是起着陪衬、隔离、遮挡等作用。在进行花卉立体装饰时，既要注意与建筑物风格的协调统一，又要注意不能造成行人行走时的障碍，造型要求简洁明快。可采用不同花柱或大型花球、花伞等构成视觉亮点；也可采用观叶植物的不同色彩来组成斜面花坛

表8-2 道路的花卉立体景观装饰要点

道路绿地类型	景观绿化特点	花卉立体装饰应用要点
人行道绿地	车行道与人行道之间的绿化带，主要是以行道树绿化为主，营造出较为舒适的步行与休憩空间，同时又包含有大量地面铺装与城市设施等硬质景观要素	不能过多占用空间，一般采用小型立体装饰形式，如花钵、吊篮等，与座椅、灯柱等结合，起到烘托、美化的效果，色彩搭配忌杂乱
路旁防护绿带	将人行道与建筑物分隔开来的绿地，主要为了减噪、防尘、调节小气候等。一般高出人行道10m以上，宽度一般为5m。建筑物一侧主要以围栏隔离，人行道一面则可用矮篱封闭或呈开放式	可以用垂直绿化或壁挂种植钵或壁篮来对围栏、篱笆进行美化，或利用小型花卉立体装饰如花钵、花架等进行组合装饰，丰富色彩。也可利用边坡的坡度或人工构筑物布置斜面花坛
分车带绿地	上下车行道的中间，或机动车与非机动车之间的绿化带，主要为了分流车量与车向。有时分车带只以护栏充当。在绿化时要求植物不宜过于高大，不能影响司机的视线	常用攀缘花灌木如藤本月季等对护栏进行垂直绿化遮掩，或采用吊篮、花槽等进行护栏的美化。在绿地上有规律地运用花钵或造型植物更能起到动态连续构图的景观效果

(续)

道路绿地类型	景观绿化特点	花卉立体装饰应用要点
立交桥和天桥的绿化	处于交通繁忙及人口密集的地方，一般进行垂直绿化来增加绿量，并强调构筑物的造型效果	多采用爬山虎、紫藤、凌霄、络石等攀缘植物进行墙面的绿化；或在墙面及柱栏上设定挂钩，以吊盆或吊篮来进行装饰；也可在栏杆上固定花槽来进行美化

8.4.3 公共绿地花卉立体景观设计

公共绿地是美化城市环境，并能供大众进行游览、休息和开展各种文化体育活动的功能性绿地。包括综合性公园、游乐园、小游园、街头绿地以及新兴的博览园、专类园等。公共绿地的绿化设计不仅要反映生物多样性，更重要的是营造人类与自然和谐共处的环境空间。在这些公共绿地中，花卉立体装饰可营造多种景观效果。

(1) 公园的花卉立体装饰应用

大型综合性公园一般包含观赏区、文化娱乐区、体育运动区、儿童游乐区、老人活动区和生活服务区等，而一般小型公园也包括休闲活动区、观赏区和服务区等。不同的分区对景观营造的要求不一样，花卉立体装饰的应用手法也不尽相同。如在休闲区中，一般地势较为平坦，可利用花坛、花境来组织和集散游人，所以立体花坛、独立式花钵、花塔、花柱等运用较广，也常以围栏、花架、花廊来进行空间界定，其上用攀缘植物来丰富景观效果；观赏区则多以追求自然景观为主，花卉立体装饰可以结合自然或仿真山水布置垂直绿化，也可以构筑立体或斜面花坛以及植物雕塑等形成人工景观；公园的生活服务区含有较多的硬质建筑，并有大量的地面铺装，所以这些地区可充分利用攀缘植物或垂蔓性植物来进行绿化，有效柔化建筑生硬的特质，使其与周围环境融为一体。

(2) 街头绿地和小游园的花卉立体装饰应用

街头绿地和小游园通常占地面积都较小，位于城市道路旁或住宅区的附近。庭园式小游园或街头绿地适于周围居民和行人的休憩和游览。园内由植物、园路以及凉亭、廊架、休息座椅等设施组成具有相对独立性的空间。有时还包括山石、水景等。这类绿地中，花卉立体装饰可组成新颖独特的景观小品，丰富整个游园内的色彩与情调，使其环境更具吸引力。对于立交桥下的封闭式的街头绿地，可配以大型花坛，或以花丛式花坛结合花球、花塔、花柱、花钵的组合，达到飞花溢彩的美化作用。也可以采用主题花坛的表现形式，以有着雕塑效果的植物造型或极具想象力的立体花坛来表现特定的主题。

8.4.4 商业区花卉立体景观设计

商业区是城市中最为繁华的地区。在这些地区，各式招牌、广告林立，地面铺装的材质、色彩、图案各不相同，建筑立面也形形色色，硬质景观复杂，加上人流频繁，绿化可利用的空间有限。运用花卉立体装饰，可充分利用有限的环境空间，最大限度地增加商业区的绿量，改善其外部环境。

① 购物场所花卉立体装饰多采用空中形式，可节省地面，不妨碍人的来往。花卉装饰一方面可以对商店外部小环境进行绿化美化；另一方面，也可通过独具创意的花卉布置达到吸引顾客、宣传企业的目的。

② 宾馆酒店的外部花卉立体装饰主要是营造相对安静、雅致的休息环境，美化和突出建筑的外部特点，形成能够反映其自身人文风格的外在景观，多采用花钵、花槽、花篮等小型装饰手法，并强调组合或重复，以产生既有统一感，又有情趣变化的空间特质（图8-11）。

8.4.5 庭园立体花卉景观设计

庭园是房屋建筑的外围院落，是一个具有一定私密性的领地，可以是属于个人的家庭庭园，也可以是集多种功能于一身的工厂、医院、学校等的绿地空间。庭园的种类很多，一般包括以观赏为主的庭园、以休憩为主的庭园、集游戏

图 8-11　北京复兴门远洋大厦前的立体花卉景观与单位性质很贴切

图 8-12　家庭露台花卉立体装饰景观

与休闲为主的庭园、兼具停车场功能的庭园、综合性庭园等。但无论哪种庭园，其基本的景观要素是相同的，如绿地、空间界定设施、园林建筑小品、地面铺装等。而每一个优美庭园几乎都少不了花卉立体装饰。但需要指出的是，花卉立体装饰只能起到强调、点题和突出的作用，而不应喧宾夺主，破坏其风格与特点。如通过攀缘植物，尤其是花色鲜艳的花灌木和配置时令草花的吊篮来美化墙垣、栏杆、花架、亭廊等；采用花坛、立面绿化、灯柱装饰的形式来美化和点缀出入口等(图8-12)。

思考题

1. 举例说明适用于花卉立体景观设计的植物类型。
2. 常见花卉立体景观的形式有哪些？
3. 垂直绿化分为几类？设计各种类型时应注意哪些问题？
4. 花卉立体装饰类型有哪些？如何进行植物选择？

推荐阅读书目

攀缘植物造景艺术. 臧德奎. 中国林业出版社，2002.

藤蔓花卉. 熊济华，唐岱. 中国林业出版社，2000.

立体花卉装饰. 朱仁元，张佐双. 中国林业出版社，2002.

第 9 章 植篱应用与设计

[**本章提要**] 随着中外园林艺术交流，我国的植篱已普遍应用于公园等各类城市绿地中，并成为重要的园林植物景观要素之一。本章主要介绍植篱的概念、分类及功能，从功能和景观需要、植篱的形态及植物选择3个方面论述植篱的设计，并简要介绍了植篱的种植与养护。

篱（fence）是篱笆、植篱（树篱）及绿篱的统称，具有悠久的应用历史。原始篱之基本功能是领地范围的界定与防御，既可阻挡地域外界不友好因素（如野兽、禽鸟、牲畜、恶意之人）的入侵，也可为人们秘守隐私。《诗经》中"折柳樊圃"是我国关于篱的最早文字记载。至陶渊明的"采菊东篱下"，已经开始把篱作为园林审美的对象。为了更好地体现篱的防御功能，篱也随时代的发展而发展，从原始木、竹之篱、枳棘之篱、木桩篱、石篱，发展至今天的各种金属篱、混凝土篱。期间，为了美化生硬的篱笆并强化其防护遮障的功能，种植攀缘植物攀附其上，形成功能与景观兼具的"绿色屏障"，称为广义的"绿篱"（green fence），广泛应用于园林。因篱笆、栅栏绿化属于垂直构筑物的立面美化，故本书放在垂直绿化一章中讨论。

源自西方园林的植篱（hedge）（我国通常将高植篱称为树篱，中矮植篱称为绿篱），除具有相同的实用功能外，其景观功能更为人们所重视。在欧洲古典园林中，修剪整齐的植篱随处可见，不仅用于道路、花坛的镶边，还作为主要材料构成节结花坛及迷园的图案纹样，甚至将高植篱用作舞台、雕塑等的背景。植篱这一栽植形式随着中外园林艺术的交流也传入我国，在20世纪初以来的城市公园等各类绿地中已普遍应用，成为重要的园林植物景观要素之一。这正是本章所述及的内容。

9.1 概述

9.1.1 植篱的概念

植篱（hedge）是用乔木或者灌木密植成行而形成的篱垣，又称绿篱或生篱。

9.1.2 植篱的类型

(1) 根据植篱植物构成种类分

①单一植篱 即由一种植物构成的植篱。这是园林中最常见的植篱类型。

②混合植篱 由两种或两种以上植物材料构成的植篱。早在1500年前，贾思勰在《齐民要术》中就已推荐榆、柳混栽的植篱。现代园林中，常采用颜色不同的植物按照一定的图案构成混合植篱，增加植篱的景观效果。

(2) 根据植物类型分

①常绿植篱（evergreen hedge） 由常绿植物

构成的植篱。如圆柏属（Sabina）、侧柏属（Platycladus）、大叶黄杨等构成的植篱。

②落叶植篱（deciduous hedge） 由落叶植物构成的植篱。如小檗类（Berberis spp.）、紫穗槐（Amorpha fruticosa）、沙棘（Hippophae rhamnoides）、小叶女贞（Ligustrum quithoui）、鼠李（Rhamnus dahurica）等构成的植篱。

(3) 根据观赏特性分

①观花植篱 即以花为主要观赏对象的植篱。可选用的植物材料如六月雪（Serissa foetida）、茉莉花（Jasminum sambac）、杜鹃花（Rhododendron simsii）及茶梅（Camellia sasanqua）等。

②观叶植篱 除一般以绿色为主色调的植篱外，彩叶植物组成的植篱具有更高的观赏价值。常用于彩叶篱的植物种类有紫叶小檗（Berberis thunbergii f. atropurpurea）、红桑（Acalypha wilkesiana）、变叶木、金叶女贞（Ligustrum ovalifolium var. variegatus）、红花檵木（Loropetalum chinense var. rubrum）等。

③观果植篱 即以果实为主要观赏对象的植篱。常用的植物种类有火棘属（Pyracantha）、小檗属（Berberis）、枸骨（Ilex cornuta）及南天竹（Nandina domestica）等。

④刺篱 利用具有棘刺类的植物构成的植篱，在具有观赏价值的同时还具有较强的防护功能。常用的植物有枸骨、圆柏、齿叶桂（Osmanthus fortunei）、柊树（O. heterophyllus）、枸橘（Poncirus trifoliata）、柞木（Xylosma congestum）、叶子花属（Bougainvillea）、小檗属（Berberis）、黄刺玫（Rosa xanthina）等。

(4) 根据植篱的高度分

①高植篱 高度>1.5m，一般超过人的视平线，通常也称为树墙。主要用于防护、分割视线、形成景观走廊，作大型雕塑及喷泉、舞台的背景等。欧洲园林常用锦熟黄杨、月桂（Laurus nobilis）、欧洲山毛榉（Fagus sylvatica）、欧洲椴（Tilia europaea）等做成高篱。我国南北园林中常见的有圆柏篱、法国冬青篱、垂叶榕篱等。

②中植篱 高度为0.5~1.5m，园林中作绿地边缘的防护、景区的分隔等最为常用，如小叶黄杨、大叶黄杨、金叶女贞、红花檵木等均是中高植篱最常用的材料。

③矮植篱 高度<0.5m，主要用于节结花坛的图案纹样，花坛、花境的镶边等，黄杨属、福建茶及六月雪等是常用的主要矮植篱材料（见彩图17）。

(5) 根据对植篱的修剪整形方式分

①整形植篱（clipped hedge） 定期对植篱进行整形式修剪，使其始终保持整齐一致的观赏效果。如在规则式园林及广场等公共场合设置的植篱，大多采用这种整形方式。

②编结植篱（knitted hedge） 对一些混合植篱，采取编结的手法，制造出不同植篱组合，具有较高的观赏价值。常用的植物材料有木槿、雪柳（Fontanesia fortunei）、紫穗槐、紫薇等。

③自然式植篱（natural hedge） 对树篱不修剪或只进行常规的修剪促使植物发枝和生长良好，但不做整形式造型的植篱，也称为不整形植篱。多见于住宅周围、园圃等园林空间，如黄刺玫、木槿等自然式植篱。

9.1.3 植篱的功能

9.1.3.1 生态防护功能

植篱除了具备篱的范围界定、围护、屏障的基本功能外，还具有防风、防尘、防噪声、阻眩光及防火等生态防护功能。植篱对大风有很好的减缓作用，可减少园内植物免受风害或因冷空气直接袭击产生的冻寒害。防风林带常以树篱的方式栽植。公路和街道上分隔带的绿篱还具有阻挡车辆眩光、增加行车安全的作用。阔叶植物的植篱由于其体内含有大量水分，在火灾发生时，还具有防止或减缓火灾蔓延的作用。

9.1.3.2 景观功能

(1) 障景和组织空间

规则式园林常常利用高篱来屏障视线或分隔不同功能的园林空间。这种高篱常用来代替硬质的照壁墙、屏风墙和围墙，因此也称为树墙或绿墙。树墙不仅可以作为自然式向规则式布局的过渡元素,还可以作为喧闹与安静等不同分区的屏障,从而起到隔绝噪声、减少相互干扰的功能。园林中还可以通过植篱,尤其是高篱而引导视线,强调植篱廊道端头的焦点景观或者将园外之景通过植篱引导的观赏视线而借入园中(图9-1)。

(2)作为舞台、雕塑、喷泉及花境等的背景

在西方的古典园林中,常用欧洲紫杉及月桂树等常绿树,修剪成为各种形式的绿墙作为舞台、喷泉和雕像的背景,以其纯净的绿色来衬托前景的美丽(图9-2)。其高度应该与喷泉和雕塑的高度相称,色彩以无反光的暗绿色树种为宜。花境等色彩艳丽的花卉景观也常以常绿的高篱及中篱作为背景。

(3)构成装饰性图案和纹样

节结花坛通常以修剪低矮整齐的矮篱勾画出精美的图案纹样,其内填充各种彩色沙砾或鲜艳的花卉,凸显出纹样的精致美丽。

迷园是欧洲古典园林常见的趣味性景观,也是以植篱的形式组成复杂的图案,最为常见的有锦熟黄杨、圆柏等种类组成的迷园(见彩图18)。近代园林中更有"植篱造景",结合园景主题,采用植篱的种植方式和修剪技巧,构成有如奇岩巨石绵延起伏的景观。

(4)作为建筑等的基础种植

在建筑物的周围栽植植篱可以美化、烘托建筑立面,使建筑物显得庄重而富有生机。另外,台地式园林中,常在挡土墙前方栽植植篱美化挡土墙从而避免大面积单调枯燥的硬质景观出现。园林中的一些构筑物,如通风口等也可应用植篱起到防止游人趋近及装饰美化的作用。

9.2 植篱设计

9.2.1 根据功能和景观需要确定植篱类型

植篱类型多样。设计时应根据园景主题及

图9-1 法国冬青高篱

图9-2 作为舞台、雕塑、喷泉的背景

场所特征,首先确定植篱的功能和景观定位,继而选择适宜的类型,如以防护为主,可选刺篱,而叶花果篱的防护功能相对就弱一些。

9.2.2 确定植篱的高度、宽度与形态

植篱的高度、宽度及其形态也取决于其功能和景观需求。其中植篱的形态与栽植方式及养护管理强度密切相关。造型复杂的植篱要求精细的管理,较为费工,设计之初应予以充分考虑。常见整形式植篱的造型有以下几类(图9-3)。

①单层式 整个植篱在立面上为同一高度。

②二层式 立面上由高低不同的两层组成。

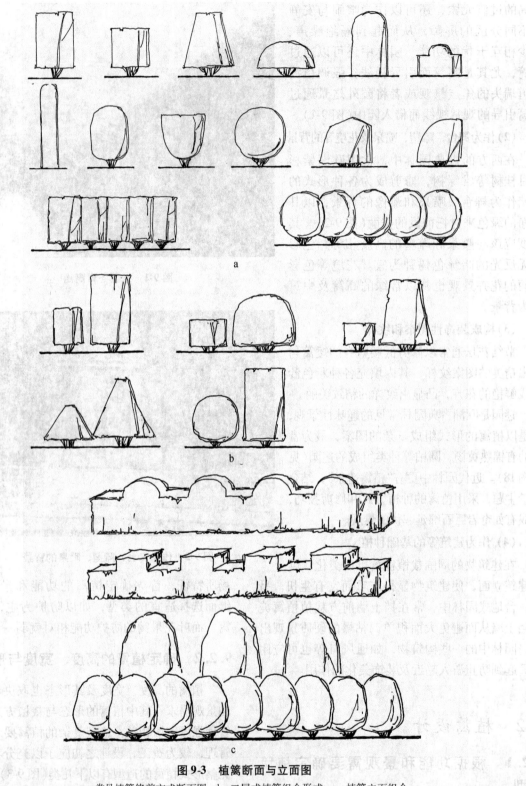

图 9-3 植篱断面与立面图
a. 常见植篱修剪方式断面图　b. 二层式植篱组合形式　c. 植篱立面组合

③多层式 立面上由多层高度不同的造型构成，在空间效果上富于变化。

④曲线形 立面为和缓的波浪状曲线形式。

⑤单体式的球形、柱形、锥形及其与其他形式的组合。

无论哪种造型，植篱的断面可以为正方形、长方形、梯形或弧形。

9.2.3 植物种类选择

造篱植物种类多样，但植篱对植物种类有其特定的要求。不同地区应当选择适宜当地的种类。植物材料应抗性强，繁殖容易，在密植的情况下仍能长势强健，枝叶繁密、耐修剪、发枝力强、愈伤力强，但生长速度缓慢者最佳。

9.3 植篱种植与养护

植篱栽植前要整地、施基肥。放线后挖出种植沟，依种类不同，栽植深度30~50cm。栽植期也依树种而异，如常绿树种在春季及梅雨季节施工较为安全；落叶树种宜在萌芽前和落叶后施工。

根据植篱的设计宽度及所用植物的生长特性，植篱可用单行式、双行式及多行式栽植。为了尽快达到预期的观赏效果，常以"品"字形方式栽植。

为保持篱栽植物的树形及植篱整体的造型美，修剪是最重要的管理措施。通常根据植篱的类型、植物的生长习性而决定修剪的强度和次数，如生长旺盛的植物及整形式植篱一般每年最少修剪两次，才能维持较稳定的造型，通常在春季、梅雨季或晚秋进行。而自然式的花篱、果篱只做一般修剪和局部枝条调整，修剪时间要根据开花习性确定。修剪时，在目标高度拉线，然后按照水平线进行修剪。

由于植篱的植物栽植较密，生长越久下部越易空膛，可将部分枝条向下牵引和固定。生长过旺时，在距根际30cm左右掘土断根来调整长势；长势弱的树种，除采取轻剪进行调整外，还应施用氮、磷、钾肥促进树势生长及开花；生长过于衰弱的个体则需及时更新和补植。

总之，植篱是一种养护管理较为费工的植物景观，设计中应因地制宜地选择使用植篱景观，避免仅仅从观赏角度出发大面积应用之后却由于管理不善而难达到预期效果。

思考题

1. 植篱是如何分类的？
2. 植篱的功能有哪些？
3. 简述适用于植篱的植物的特征。

推荐阅读书目

园林艺术与园林设计. 孙筱祥. 北京林学院城市园林系，1981.

花卉应用设计. 吴涤新. 中国农业出版社，1994.

庭园绿篱与地被. 相关芳郎. 翁殊斐，译. 贵州科技出版社，2002.

第10章

园林草坪及地被应用与设计

[本章提要] 草坪与地被植物在园林绿化中的作用虽不如高大的乔、灌木及明艳夺目的花卉作用效果那么明显,但却是不可缺少的。没有草坪与地被作背景,一切园林景观都会逊色不少。本章主要介绍了园林草坪与地被的概念、特点、类型及其所营造的景观特点,详细说明了草坪和地被景观的设计、建植与养护管理措施。

草坪及草坪草的产生、利用和研究有着悠久的历史。世界上草坪及草坪草利用也因民族、地域的不同而异。总体来说,草坪起源于天然的放牧地,最初用于庭园来美化环境。后来随着社会的进步,草坪伴随着户外运动、娱乐地、休假地设施的发展而兴起,以至今日广泛地渗入人类生活的各种环境。

中国是世界上利用禾草较早的国家之一。早在尧舜时期已开始设"虞"来管理山林,后来周朝又把种草列入农政管理范围。据《周礼》记载"以九职任万民,一曰三农生九谷,一曰园圃毓草木……",可见草已经有重要的地位。《诗经》中也有大量描写草地的佳句。秦汉以后,我国政治文化有了新的发展,植树种草已开始为有闲阶级所追求。据史书介绍,上林苑的布局就是以自然式草地和疏林为主体。司马相如在《上林赋》中有"布结缕,攒戾莎"的描述,表明在汉武帝的上林苑中已经开始栽植结缕草(*Zoysia japonica*)。5世纪末,根据《南史·齐东昏侯本纪》的记载,"帝为芳乐苑,划取细草,来植阶庭,烈日之中,便至焦躁",已有明确植草的记载。南北朝梁元帝时,有诗云"依阶疑绿藓,傍渚若青苔,漫生虽欲遍,人迹会应开",表明当时已经有绿毯一样的草地,而且把草地作为观赏的主体来看待。13世纪中叶,元朝忽必烈为了不忘蒙古的草地而在宫殿内院种植草坪。至18世纪,草坪草在园林中的应用已经具有相当的规模。如承德避暑山庄就有约 $34hm^2$ 的疏林草地(即万树园),系由羊胡子草(*Carex regescens*)形成的大面积绿毯式草坪(韩烈保等,1999),乾隆皇帝还有诗赞曰"绿毯试云何处最,最惟避暑此山庄。却非西旅织装物,本是北人牧马场。"鸦片战争后,欧美式的公园草坪、运动场草坪、游憩草坪等相继输入我国上海、广州、青岛、杭州等沿海城市。上海租界中的公园及私人花园中也出现草坪。中华人民共和国成立以后,随着园林事业的发展,草坪应用也越来越普及。

在西方,早在《圣经》中就有关于草和庭园的记载。公元前631—前579年,在波斯人的庭园中就出现了用花装饰的绿色草坪。公元前354年古罗马帝国在有关草坪的记述中提到庭园中用于美化的小块草坪。伴随着十字军东征,草坪进入英国,首先在修道院中应用。中世纪的英国文献中就有 lawn garden(草地园)的记载。13世纪英国产生用禾草单播建立草坪的技术。

1300年已经在英军和法军中普及滚木球赛,使滚木球场草坪成为现代草坪的先驱。高尔夫球从15世纪初在英国流行和普及,用于高尔夫球场、称为turf的草坪,主要由剪股颖属(*Agrostis*)和羊茅属(*Festuca*)草种组成,通过绵羊放牧采食达到剪草的目的。17~18世纪,草坪在庭园中发挥了重要的作用,在有关庭园的专著中,出现了草坪建立、管理的内容。19世纪英国发明了内燃机,1832年始用于草地修剪,从而结束了用绵羊"剪割"草地的时代,草坪的养护技术大大提高,应用也更为广泛。

10.1 草坪和地被概念及作用

10.1.1 园林草坪和草坪植物

10.1.1.1 草坪及草坪植物的概念和特点

(1)草坪及草坪植物的概念

①草坪(lawn) 是园林中用人工铺植草皮或播种草籽培养形成的整片绿色地面(《辞海》)。严格地讲,草坪即草坪植被,通常是指以禾本科草或其他质地纤细的植被为覆盖,并以其大量的根或匍匐茎充满土壤表层的地被,是由草坪草的地上部分以及根系和表土层构成的整体(孙吉雄,1995)。

②草坪植物(lawn plants, lawn grasses) 是组成草坪的植物总称,也称草坪草。实际上,草坪植物也属于地被植物的范畴。然而,由于草坪对植物种类有特定的要求,建植与养护管理与地被植物差异较大,在长期的实践中,已经形成独立的体系,目前均将草坪草从园林地被植物中分离出来,主要是指一些适应性较强的矮生禾草,大多数是禾本科及莎草科的多年生草本植物如结缕草、野牛草、狗牙根等,也有少数禾本科的一、二年生草本植物如一年生早熟禾(*Poa annua*)、一年生黑麦草(*Lolium multiflorum*)等。

(2)草坪植物的特点

适用于草坪的植物需具备:

①植株低矮,有茂密的叶片及根系,或能蔓延生长,覆盖力强,长期保持绿色;

②耐修剪,生长势强劲而均匀,耐机械损伤,尤其在践踏或短期被压后能迅速恢复;

③便于大面积铺设,便于机械化施肥、修剪、喷水等作业;

④开花及休眠期尚具备一定观赏效果和保护作用,对景观影响不大;

⑤叶片破损后不致流出汁液或散发不良气味;

⑥病虫害少,易养护管理。

10.1.1.2 草坪植物的生态类型

(1)冷季型草坪草

最适生长温度11~20℃,主要分布于华北、东北、西北等地区。目前生产中使用最多的草种为早熟禾属(*Poa*)、羊茅属、黑麦草属(*Lolium*)、剪股颖属等。

(2)暖季型草坪草

最适生长温度为25~30℃,主要分布于长江流域及其以南的热带亚热带地区。目前常用的草种有狗牙根、双穗狗牙根(*Cynodon dactylon* var. *biflorus*)、结缕草、沟叶结缕草(*Zoysia matrilla*)、细叶结缕草(*Z. tenuifolia*)、中华结缕草(*Z. sinica*)、地毯草(*Axonopus compressus*)、假俭草(*Eremochloa ophiuroides*)、野牛草等。

按照中国夏季酷热期长的气候特点及各地土壤条件的差异,中国草坪草区域大致划分为:①长江流域以南,主要应用狗牙根(及其改良种)、假俭草、地毯草、钝叶草(*Stenotaphrum helferi*)、细叶结缕草、结缕草等暖季型草坪植物;②黄河流域以北主要应用匍茎剪股颖(*Agrostis stolonifera*)、草地早熟禾(*Poa pratensis*)、加拿大早熟禾(*P. compressa*)、林地早熟禾(*P. nemoralis*)、紫羊茅(*Festuca rubra*)、苇状羊茅(*F. arundinacea*)、意大利黑麦草等冷季型草坪植物,同时使用野牛草、结缕草等耐寒冷、耐旱的暖季型草坪植物;③长江流域至黄河流域过渡地区,除要求积温较高的地毯草、钝叶草和假俭草外,其他暖季型草坪植物及全部冷季型草坪植物都可使用。

草坪草还可以根据其形态分为细叶草、宽

叶草等，其景观效果也不同。

10.1.2 园林地被和地被植物

10.1.2.1 园林地被和地被植物的概念及特点

(1) 园林地被及地被植物的概念

①园林地被 (ground cover) 通过栽植低矮的园林植物覆盖于地面形成一定的植物景观，称为园林地被。

②地被植物 (groundcover plants, groundcovers) 指株丛紧密、低矮，用以覆盖园林地面而免杂草滋生并形成一定的园林地被景观的植物种类。

(2) 园林地被植物的特点

地被植物种类繁多，生态习性也不同。城市园林绿化中通常有以下几方面的选择要求。

①生长期长 地被植物要求尽量采用多年生、绿叶期较长的常绿植物，在绿叶期外，植株也能覆盖地面，具有一定保护作用。种植以后不需经常更换，能够保持多年不衰且具有观赏价值。

②高矮适度，耐修剪 地被植物一般为30cm，最高不超过50cm，木本类的宜选耐修剪或生长缓慢的种类以便于控制高度。

③适应性强，抗逆性强 地被植物多为露地栽植，管理粗放，因此要选择抗逆性较强的种类，如抗寒、抗旱、抗病虫害、耐瘠薄、抗环境污染、耐湿、耐盐碱、耐践踏等。要注意从当地的野生植物及乡土植物中选择适宜的种类。

④繁殖容易，生长迅速，管理粗放 地被植物常常大面积应用，因此要求繁殖方法简单，如播种、分株、扦插等易成活。苗期生长迅速，成苗期管理粗放。一次栽植或播种后可多年自行繁衍，如灌木、宿根和球根类花卉，自播能力较强的一、二年生草花等，可以自成群落，稍加养护即可。

⑤具有较高的观赏价值和经济价值 园林地被应具有美化园林的特点，因此应在花、果或叶等方面具有观赏价值，与环境中的其他景观相互协调。另外，大面积栽植地被植物，也是园林结合生产的最佳途径，因此地被植物如能兼有药用、食用或其他经济用途则更佳。如麦冬可作药材，马蔺可作纤维原料，金针菜可作蔬菜等。

10.1.2.2 园林地被植物的类型

满足上述园林地被植物特点的植物种类繁多，不仅包括多年生低矮草本植物，还有一些适应性较强的低矮、匍匐型的灌木和藤本植物。这些地被植物大部分是从野生植物群落中挑选出来的，也有一些是人工培育而成的。

(1) 按生活型分类

按照植物生活型可分为一、二年生地被植物，宿根类地被植物，球根类地被植物，灌木类地被植物，藤本类地被植物和矮竹类地被植物等。

(2) 按生态习性分类

地被植物由于种类繁多，生态类型也极其多样，可用于各种园林环境，如按照对光照强度适应性不同有喜光地被植物如马蔺等，宜栽植于坡脚、路边；有耐阴性强的地被植物如蕨类及沿阶草、吉祥草等；也有中生性质的种类，如萱草、鸢尾、葱兰等。按照对水分适应性不同可分为耐干旱和瘠薄土壤的地被植物如石蒜、苔草、百里香等，耐阴湿的如石菖蒲 (*Acorus calamus*) 等。按照对土壤酸碱度要求不同的可分为喜酸性土的地被植物如水栀子，耐盐碱土的地被植物如扫帚草 (*Kochia scoparia*) 等。还有些种类较耐践踏，如马蔺、山荞麦等，也有些多汁多浆，只适用作观赏地被，如半支莲、垂盆草等。

10.1.3 草坪植物和地被植物的生态作用

与其他园林花卉相比，草坪植物和地被植物由于密集覆盖地表，不仅具有美化环境的作用，对于环境有着更为重要的生态意义，如保持水土，占领隙地，消灭杂草；减缓太阳辐射，保护视力；调整温度、湿度，改善小气候；净化大气，减少污染和噪声；用作运动场及游憩场所，预防自然灾害等。

10.2 园林草坪应用设计及建植

草坪是园林景观的重要组成部分，不仅有着自身独特的生态学特点，而且有着独特的景观效果。在园林绿化布局中，草坪不仅可以作主景，而且能与山、石、水面、坡地以及园林建筑、乔木、灌木、花卉、地被植物等密切结合，组成各种不同类型的景观空间，为人们提供游憩活动的良好场地。需要注意的是，由于草坪养护管理费用较高，冷季型草坪在夏季还需要大量的水分，在我国普遍缺水的情况下，草坪的应用应适度控制，代之以抗逆性强的地被植物。

10.2.1 园林草坪的景观特点

与乔、灌木和花卉等园林植物构成的景观不同，草坪因其低矮平坦、整齐均一的特点，可以创造出开阔、明朗的艺术效果，在园林整体景观中可以起到烘托主体的作用；其绿色的基调还是展示其他园林景观元素的背景。具体地讲，草坪在园林景观中具有如下特点。

(1) 草坪具有空旷感

草坪草因生长低矮，贴近地表，即便是芳草连天，也处于人们的视线之下。因此，草坪绿地的形态一般给人以开阔、空旷的感觉(图10-1)。在园林设计中，为了增加建筑物或其他主体景观的雄伟高大，通常要利用草坪的开阔特性，造成视觉的高低宽窄的对比感，使高层建筑物和低矮碧绿的草坪相辉映，从而烘托主景。

图 10-1 上海世纪公园开阔大草坪——雪松+孝顺竹围合

(2) 草坪具有独特的背景作用

草坪的基调是绿色，蓝天白云下的绿草地会使白色、红色、黄色和紫色的景物更加壮观。如在雕像、纪念碑等处常常用草坪来作装饰和陪衬，可以有力地烘托主景，引发观瞻者的敬慕和向上的激情。而在喷泉的周围布置草坪，白色的水珠在饱和的绿颜色的反衬下更加醒目，七彩的阳光更使其显得晶莹剔透，创造出一种令人赏心悦目、流连忘返的艺术佳境。特别是在缓坡草地上配以鲜花、疏林，可构成一幅优美舒缓、充满田园风光的自然景观。

(3) 草坪具有季相变化

有些草坪草的生长有明显的季节性，利用其季相的变化，可以创造各种园林景观。如在北方初秋，日本结缕草即开始进入休眠状态，此时，其叶色由绿转褐，最后变成枯黄色。在这种褐色和枯黄色的映衬下，松、柏等常绿植物会显得更加青翠、挺拔，构成一道独特的景观(图10-2)。

(4) 草坪具有可塑性

不同的草坪草叶姿不同、色泽有异、质地差别也很大。利用草坪草的这些特性，加以适当的组合，可以使草坪呈现出更大的可塑性。

图 10-2 草坪的季相景观——春季返青较晚的暖季型草坪(杭州)

如通过草坪的修剪和碾压以形成花纹，利用不同草种色泽上的差异来进行造型，构成文字或图案，形成独特的景观。

(5) 草坪易更新

与其他园林植物形成的景观相比，草坪建植容易，也比较容易更新。但对设计良好的园林草坪，这种更新只是局部的，除非必要，一般不宜进行大面积的更新。

10.2.2 园林草坪的设计

10.2.2.1 园林草坪的设计原则

(1) 草坪景观的变化与统一

茵茵芳草能开阔人的心胸，陶冶人的情操。但大面积的空旷草坪也容易使景观显得单调乏味。因此，园林中的草坪应在布局形式、草种组成等方面有所不同，不宜千篇一律。可以利用草坪的形状、起伏变化、色彩对比等丰富单调的景观。如在绿色的草坪背景上点缀一些花卉或通过一些灌木等构成各种图案，即产生诗情画意的美学效果。当然，这种变化还必须因地制宜，因景而异，做到与周围环境的和谐统一。

(2) 草种选择的适用、适地、适景

园林草坪最主要的任务是要满足游人游憩和体育活动的需要，因而应选择那些耐践踏性强的草种，即适用；不同草坪草种所能适应的气候和土壤条件不同，因此必须依据种植地的气候和土壤条件选择适宜在当地种植的草坪草种，即适地；此外，园林中草坪草种的选择还要考虑到园林景观，如季相变化、叶姿、叶色与质感特征等，力求与周围景物和谐统一，即适景。

不论是何种类型的园林草坪，草种的选择都是至关重要的。对于封闭型的草坪绿地，可选叶姿优美、绿色期长的草坪草种，如北方多选草地早熟禾，南方多选细叶结缕草。开放型的草坪绿地，游人可进入其中散步、休息、进行各种娱乐活动等，则要选择耐践踏性强的草坪草种，北方可选择日本结缕草、高羊茅等；南方可选狗牙根、沟叶结缕草等。疏林草坪需选择那些耐阴性强的草坪草，如北方可选日本结缕草、粗茎早熟禾(*Poa trivialis*)、紫羊茅等；南方可选沟叶结缕草、细叶结缕草等。

10.2.2.2 园林草坪的景观类型

草坪景观是指草坪或草坪与其他观赏植物相互组合所形成的自然景色。草坪景观在园林中通常作为主景或背景。园林绿地中的草坪景观主要有以下类型。

(1) 缀花草地(flower meadow)

花卉与草坪的组合景观，即在草坪的边缘或内部点缀一些非整形式成片栽植的草本花卉而形成的景观。常用的花卉为球根或宿根花卉，有时也点缀一些一、二年生花卉，而使草坪上既有季相变化又不需经常大面积更换，如水仙属、番红花属(*Crocus*)、玉帘属(*Zephyranthes*)、香雪兰属(*Freesia*)、鸢尾属、绵枣儿属(*Scilla*)、玉簪属、铃兰属(*Convallaria*)等，均适用于草坪点缀。选各属中的种或品种，成群成片栽植，疏密有致。让游人进入其中步步生花，富有自然野趣。

(2) 疏林草坪

落叶大乔木夹杂少量针叶树组成的稀疏片林，分布在草坪的边缘或内部，形成草坪上平面与立面的对比、明与暗的对比、地平线与曲折的林冠线的对比。由于疏林稀疏，对比并不强烈，在绿色的统一中有各种深浅绿色的变化，显得很协调。这种组合，冬季阳光遍布草坪，夏季树荫横斜疏林。此类景观在欧美自然式园林中占有很大的比例。

(3) 乔、灌、草、花和草坪的组合

乔木、灌木、草花环绕草坪的四周，形成富有层次感的封闭空间。草坪居中，草花沿草坪周边，灌木作草花的背景，乔木作灌木的背景，在错落中互相掩映，尤其花灌木的适当配置，花期、花色变化万千，成为一幅连续的长卷，虽与外界不够通透，但内部自成一局，草坪上散点顽石、安置雕塑小品，甚至茅亭一座、孤树一株、小池一潭，都很得体。如果周围有可资借景的山山水水，封闭程度可以随之变化，以便于眺望和借景。

(4) 野趣草坪

野趣草坪即人工模仿天然草坪，道路不加铺

装，草坪也不用人工修剪，路旁的平地上有意识地撒播各种牧草、野花，散点块石，少量模仿被风吹倒的树木，起伏的矮丘陵种些灌木丛，甚至模拟少量野兔的巢穴，如同人烟罕至的荒原一样。不设座椅及亭台，但有石块堆成的野炊组合或倒木充当坐憩之用。一泓池水，四周杂草丛生，放养一些野鸭更增加野趣。植物的选择要尽量选择当地的乡土树种、野花和野草，疏密有致，自然配置，杂而不乱，荒而不芜，与四周人工造园的景象恰成对比，别有情趣（图10-3）。

(5) 高尔夫球场式草坪

高尔夫球场大部分是起伏的草坪，视线通透开敞，中间偶然设有水池、沙坑，边缘有乔木、灌木形成的防护林带，少数精美的休息室或小亭点缀其间。这种开阔的草坪景观具有一定趣味性。园林中模仿这种草坪景观，只要有深远的透视距离，并可以多方向伸展，或安排适当的小品于透视线的尽端，其目的是使园景深远通透，并便于园外借景。

(6) 规则式草坪

在规则式园林中，常采用图案式花坛与草坪组合，或使常绿灌木修剪的图案被绿色草坪所衬托，清晰而协调。无论花坛面积大小，草坪均为几何形，对称排列或重复出现。在西方古典城堡宫廷中经常利用这种规则的草坪，以求得严整、雄伟的效果（图10-4）。

10.2.3 园林草坪的建植

草坪的建立工作简称建坪，是利用人工的方法建立起草坪地被的综合技术总称。相对于运动场草坪而言，园林绿地草坪的建植技术要简单得多，大体包括坪床的准备、草种的选择、种植过程和种植后的幼坪养护4个主要环节。

草坪的种植通常有两种途径，即种子繁殖和营养繁殖。但是具体选用何种方法建坪则要根据成本、时间要求、立地条件及草坪草的生长特性而定。比较而言，二者各有优缺点。种子繁殖方法建坪，成本最低，形成的草坪整齐均一，但建成草坪所需的时间较长，且难以在陡峭坡地上建植。此外，从播种到成坪这段时间，要求养护管理及时和精细，尤其是保证水分供应充足，在灌水不均或水量过大，或遇暴雨天气时极易受雨水冲刷，种子容易被冲走或聚在低洼处而使草坪坪面不均，而且由于播种草坪草生长缓慢，杂草极易入侵，所以管理上较为费工。营养繁殖包括铺草皮块、成簇移栽及埋植匍匐枝等。其中铺草皮块成本最高，但建坪最快，尤其适用于部分损坏草坪的更新及在陡峭坡地上建植草坪。

10.2.4 园林草坪的养护管理

10.2.4.1 浇水

由于草坪植物的根系在土壤中分布密集，且

图10-3 野趣草坪

图10-4 规则式草坪

分布较浅，草坪植物又具有较大的叶面积比，蒸腾量大，因此，长期干旱非常不利于草坪生长。

(1) 浇水时间

草坪浇水应尽可能安排在早上。草坪施肥后需及时浇水，以促进养分的分解和草坪草的吸收，防止"烧苗"。

在北方冬季干旱少雪、春季少雨，土壤墒情差的地区，入冬前应浇一次"封冻水"，以使草坪草根部吸收充足的水分，增强抗旱越冬能力。春季草坪草返青前，还应浇一次"开春水"，防止草坪草在萌芽期因春旱而死亡，同时可以促进草坪草提早返青。

(2) 浇水量

草坪浇水，最重要的是一次浇足浇透，避免只浇表土，至少应该湿透土层5cm以上，10cm最佳。如草坪过于干旱，土层的湿润度则必须达到8cm以上，否则就难以解除干旱胁迫。通常，在草坪草生长季，如果气候干旱则每周需浇水1~2次；在炎热而干旱的条件下，旺盛生长的草坪每周需浇水3~4次。需水量的大小，在很大程度上取决于种植草坪草土壤的质地。另外，不同的草种也对水分的需求不同，要因时因地因草而决定灌溉的频度和浇水量。

10.2.4.2 施肥

土壤肥沃，才可保证草坪草叶色嫩绿，生长繁茂，景观效果良好。一般冷季型草坪草最重要的施肥时间是晚夏，它能促进草坪草在秋季良好生长。而晚秋施肥则可促进草坪草根系的生长和春季的早期返青。如有必要，也可在春季再施肥。暖季型草坪草最重要的施肥时间是春末，第二次施肥安排在夏天。

施肥时应注意不要单施氮肥，要注意氮、磷、钾肥的平衡，一般一年至少施用两次全价肥料。

10.2.4.3 修剪

在生长季节，草坪草生长迅速，必须经常修剪，才可保持平坦、整齐、鲜绿的观赏效果，同时通过修剪改善植株基部的光照状况，促进分蘖。因此，修剪是草坪养护管理中的重点环节。

(1) 修剪高度

修剪高度是指草坪修剪后留在地面上的高度。不论何种用途的草坪，其修剪高度都应遵循"三分之一原则"，即每次修剪时，剪掉的叶片部分应少于叶片总量的1/3。如果修剪过低，不仅会伤害草坪草的生长点，影响草坪草的再生，还会影响修剪后草坪草的光合作用；如果修剪过高，会因枯草层过密而给管理工作带来很多麻烦。

在草坪草的生长季，当草坪草的高度达到需要保留的高度的1.5倍时就应进行修剪。对于新建草坪的首次修剪，可以在草坪草高度达到需保留高度的2倍时进行修剪。值得注意的是，当草坪草生长很高时，不能通过一次修剪就将草坪草剪至要求的高度，而应增加修剪频率，逐渐修剪至所需的高度，否则会使草坪草根系在很长一段时间内停止生长，对草坪草极为不利。

当草坪受到环境胁迫时，修剪高度应适当提高，以增加草坪草的抗性。如在夏季，为增加草坪草对炎热和干旱的耐性，冷季型草坪草的修剪高度应较高；在生长季早期和晚期，也应适当提高暖季型草坪草的修剪高度。

(2) 修剪频率

草坪的修剪频率主要取决于草坪草的生长速度。在温度适宜、雨量充沛的春季和秋季，冷季型草坪草生长旺盛，每周需修剪两次，而在炎热的夏季，每周修剪一次即可。暖季型草坪草则正相反，夏季要经常修剪，其他季节因温度较低，草坪草生长较慢，修剪频率可适当降低。

需注意的是，除非有特殊需要，草坪草修剪频率不能过高，过于频繁的修剪，不仅会浪费人力和物力，还会引起草坪草根系减少，养分储量降低，病原菌入侵等一系列问题。

(3) 修剪方式

同一块草坪，每次修剪要避免以同一方式进行，要防止永远在同一地点、同一方向的多次重复修剪，否则会使草坪退化和发生草坪纹理现象。

(4) 注意事项

修剪前，应将草坪中的石块、铁丝、塑料等

杂物清理干净。应避免在雨后进行修剪，剪草机的刀片应锋利。在发生病害的草坪上修剪后，移入另一块草坪上修剪时，要对刀片进行消毒处理，防止病菌传播。另外，还要根据不同的管理水平选择不同类型的剪草机。

10.2.4.4 滚压及加土

北方地区冬季寒冷，土壤表层冻结，每年春季解冻后，应对草坪进行一次滚压，使根部与土壤紧密接触，在生长季有时也进行碾压，通常用150~200kg的石碾进行碾压。

草坪由于人为损伤，常发生空秃，土地裸露，故必须逐年加土以利草种再生。加土多在每年冬季进行，加土厚度多在0.5~1.0cm，要特别注意低洼处加土养草。加土后，再用滚筒进行碾压，以使草坪保持平整并有一定的厚度。

10.2.4.5 除草

草坪滋生杂草不仅降低草坪的观赏效果，而且会影响目的草种的生长，因此要及时除草。除草需在早春开始，多次进行。夏季除草可结合修剪、灌水等。务必在杂草结籽前除尽。为了避免杂草开花结籽，也可以在开花前或种子成熟前进行修剪，切除杂草及花、果穗。除手工除草之外，可采用选择性除草剂进行化学除草。

10.2.4.6 病虫害防治

本书不再赘述，请参考相关文献。

10.2.4.7 草坪的休养生息和更新

园林草坪由于游人过多，践踏过久，土壤板结，或由于铺植时间过久，生长势衰弱，部分或全部失去观赏价值，即需进行更新。根据草坪衰弱状况，可选择不同的更新方法。衰退不太严重的，园林中常采用轮流开放和封闭管理的方法使草坪得以休养生息；如出现斑秃，可挖去枯死株，补栽或补播，对有匍匐茎的也可以施肥后进行封闭管理，等待郁闭；也可以使用钉筒或滚刀切断老根，施入肥料，使其新根生长，新芽萌发，此为断根更新；衰弱严重的草坪，则须全部杀死或翻挖原有草种，重新建植，以恢复和保持其原有功能和效果。

10.3 园林地被应用设计及建植

10.3.1 园林地被的景观特点

(1) 园林地被植物种类丰富，观赏性状多样

不同地被植物的应用，既可以形成终年常绿的观叶地被，也可以形成终年看叶胜似花的花叶及彩叶植物地被，更有观花类植物形成的五彩斑斓的地被景观。地被植物本身的高低不同、分枝方向不同、叶片大小不同、质感不同等也可以创造不同的景观效果。如枝叶细腻的地被植物可以用在流线型的带状植床以营造柔和的景观效果，枝叶粗糙的地被植物可以创造质朴的景观效果；枝条横向伸展的灌木地被可用在陡坡上；颜色明亮、质地细腻的地被植物可以增加局部空间的亮度，起到小中见大的作用，使人精神振奋；相反，蓝色、绿色或灰色可以创造宁静的气氛，使人安静、祥和。

(2) 园林地被景观具有丰富的季相变化

园林地被植物除了常绿针叶类及蕨类等纯粹观叶的种类之外，大部分多年生草本及灌木和藤本地被植物均有明显的季相变化，有的春华秋实，有的夏季苍翠，有的霜叶如花，变化万千，美不胜收。

(3) 园林地被可以烘托和强调园林中的主要景点

园林中的主要景点只有在强烈的透景线的引导下或在相对单纯的背景的衬托下才会更为醒目并自然成为视觉中心。后者常通过地被植物的运用而达到。

(4) 园林地被可使景观中不相协调的元素协调起来

如在垂直方向与水平方向上延伸的景观元素，不同质感及色彩不相协调的景观元素等都可以通过同一种地被植物的过渡而很好地协调。

生硬的河岸线，笔直的道路，建筑物的台阶和楼梯，庭园中的道路、灌木、乔木等都可以在地被植物的衬托下显得柔和而变成协调的整体。地被植物作为基础栽植，不仅可以避免建筑顶部排水造成基部土壤流失，而且可以装饰建筑物的立面，掩饰建筑物的基础。对园林中的其他硬质景观如雕塑基座、灯柱、座椅、山石等均可以起到类似的景观效果。

与草坪相比，地被植物具有更为显著的环境效益，而且养护管理简单，宜大力发展。

10.3.2 园林地被的景观设计

地被是花卉在园林中大面积应用的主要方式。地被植物本身具有不同的观赏特点，在园林中还可以通过地被植物单种栽植或不同种之间的配置、地被植物与乔灌木的搭配及地被植物与草坪的搭配等形成不同的景观效果。

10.3.2.1 设计原则

(1) 根据当地的气候特点、土壤条件及光照状况等选择适宜的种类

地被植物景观的成功与否取决于种类的选择是否适宜当地的气候条件及建植地段的环境因素。因此，为了达到最佳效果和减少养护管理费用，尽可能在当地的乡土植物中或野生植物中选择适宜的种类，可收到事半功倍之效。如北京园林中正在开发应用的野生地被植物蒲公英(*Taraxacum mongolicum*)、紫花地丁(*Viola yedoensis*)、地黄(*Rehmannia glutinosa*)、多茎委陵菜(*Potentilla multicaulis*)、车前(*Plantago depressa*)、田葛缕子(*Carum buriaticum*)等均有较好的适应性。

(2) 遵循植物群落学的科学规律，建立稳定的地被植物群落

不同种相互搭配时，或地被植物与灌木、乔木等搭配时，宜选择合适的群落组合。种类之间不仅在景观效果上互为补充，而且在生物学习性和生态习性上彼此不会矛盾。如深根性的乔木下宜栽植根系分布较浅的地被植物，荫蔽的林下宜配置耐阴性强的地被植物。如果两种地被植物混栽时，切忌一种匍匐性强、蔓延快，另一种却没有匍匐茎，如此长势强的一种会侵吞掉另外一种，难以建立稳定的群落。因此，园林中长势强的地被植物常单种栽植，而两种混栽时宜选择长势相近的种类。

(3) 遵循和谐统一的艺术规律

首先，地被植物本身的观赏性状需与环境相协调。如在尺度大的空间使用枝叶较大的地被植物种类，而在尺度较小的空间配置枝叶细小的种类，才能保持地被植物景观与周围景观协调。

其次，地被植物混栽配置的种类宜少不宜多。地被植物本身具有丰富的季相变化，而且通常是作为园林中其他景观元素的背景，种类太多会显得杂乱。通常单种/品种配置。如果为了延长观赏效果而需混栽时，则种类宜少，而且在观赏性状上互为补充，如生长期与休眠期互补或花期不同。或者一为观叶，终年常绿，一为观花，互相衬托，提高景观效果。

10.3.2.2 园林地被的景观类型

根据园林环境、设计要求的景观效果、配置的地被植物种类，园林地被景观可以有多种类型。这里按照园林地被的景观效果(或观赏特点)及不同环境的地被植物景观归类如下，便于设计时参考。

(1) 按景观效果(观赏特点)分类

①常绿地被　栽植铺地柏、石菖蒲、麦冬类、常春藤等常绿植物而形成的地被，其中北方寒冷地区主要配置常绿针叶类地被植物，如铺地柏等及少量抗寒性强的常绿阔叶地被植物，如洋常春藤和土麦冬(*Liriope spicta*)等，黄河以南地区可以种植的常绿地被植物则较丰富，如沿阶草、吉祥草、薜荔(*Ficus pumila*)、络石、蔓长春花等(图10-5)。

②落叶地被　萱草、玉簪等形成的地被，秋冬季地上部分枯萎或落叶，翌年再发芽生长(图10-6)。这类植物分布广泛，抗寒性强，尤其适用于北方寒冷地区建植大面积地被景观。其中既有观花的，也有观叶和观果的，如玉带草、花叶玉簪、蛇莓、草莓(*Fragaria ananassa*)、平枝栒子等植物形成的地被景观。

③观花地被　主要配置观花类植物。这类植物不仅低矮，而且花期长，花色艳丽，开花

图10-5　白穗花常绿地被景观(杭州)

图10-7　抱茎苦荬菜观花地被(北京)

图10-6　不同品种的玉簪形成的地被景观

图10-8　菲白竹地被(苏州)

繁茂,以花期观赏为主,有多种一、二年生花卉,宿根及球根花,如金鸡菊、二月蓝、红花酢浆草、地被菊(*Chrysanthemum × grandiplorum*)、菊花脑(*Chrysanthemum nankingense*)、花毛茛(*Ranunculus asiaticus*)等。有些地被植物花叶兼美,如石蒜类、水仙花等;还有些种类在气候适宜的地区常年开花,用于地被效果尤佳,如蔓长春花、蔓性天竺葵等(图10-7)。

④观叶地被　这类地被植物需终年翠绿或有特殊的叶色与叶姿,如常春藤类、蕨类植物以及菲白竹(*Pleioblastus argenteo-striatus*)、玉带草、八角金盘(*Fatsia japonica*)、连线草等形成的地被景观(图10-8)。

(2) 按配置的环境分类

①空旷地被　指在阳光充足的宽阔场地上栽培地被植物，一般可选观花类的植物，如美女樱(*Verbena hybrida*)、常夏石竹(*Dianthus deltoides*)、福禄考(*Phlox spp.*)等。

②林缘、疏林地被　指树坛边缘或稀疏树丛下配置地被植物，可选择适宜在这种半阴的环境中生长的植物。如二月蓝、石蒜、细叶麦冬(*Liriope minor*)、蛇莓等。

③林下地被　指在乔木、灌木层基部、郁闭度很高的林下栽培阴性地被植物，如玉簪、虎耳草(*Saxifraga stolonifera*)、白及(*Bletilla striata*)、桃叶珊瑚(*Aucuba chinensis*)等。

④坡地地被　指在土坡、河岸边种植地被植物，主要是防止冲刷、保持水土的作用，应选择抗性强、根系发达、蔓延迅速的种类。如小冠花(*Coronilla varia*)、苔草、莎草等。

⑤岩石地被　指覆盖于山石缝间的地被植物景观，是一种大面积的岩石园式地被。如常春藤、爬山虎等可覆盖于岩石上；石菖蒲、野菊花(*Chrysanthemum indicum*)等可散植于山石之间。若阳光充足，可选择色彩鲜艳的低矮宿根花卉，景观异常美丽。有时可模仿高山草甸的景观，配置观花地被植物形成五彩斑斓的地毯式景观。

10.3.3　园林地被的建植

10.3.3.1　整地

园林地被建植虽然不像草坪建植对地面要求严格，然而地被植物同样是一次栽植、多年生长。要得到良好效果，需在建植前重视整地工作，将土壤深翻，清除杂草，清理砖石，尽可能多施有机肥料作基肥，然后平整土地，再进行播种或栽植种苗。

10.3.3.2　种植

(1) 种植时间

地被植物种植的时间决定于当地的气候、建植的方法及植物种类等。一般而言，寒冷地区最宜春季种植，这样可以使得植物在较长的生长季中充分生长发育，暖地则周年皆可种植。但也需考虑不同种类的生物学习性、观赏季节以及建植方法。如在北京园林中采用播种紫花地丁、地黄、田葛缕子、多茎委陵菜的方法建植地被，春秋季均可收到良好的效果；而对抗寒性较差的地肤、半支莲、波斯菊、紫茉莉等一年生地被植物可以在春夏季播种；宿根花卉的栽植虽然在生长季节均可进行，但需考虑不影响植物花芽分化和开花，一般秋季开花的种类可在早春分株和栽植，春季开花的种类多在秋季分株和栽植，春夏期间开花的种类可在夏末花后分株栽植。扦插方法建植地被需考虑在最适生根的季节且入冬前植株根系充分生长发育以便顺利越冬。球根栽植则需根据植物类型，在北方通常春季栽植抗寒性较差的春植球根类地被，秋季栽植抗寒性强的秋植球根类地被。在暖地虽然全年均可栽植地被植物，但最好避开炎热的夏季。

(2) 种植方法

①播种法　将种子直接撒播于欲建植地被的园林地段，是目前最常用的方法，省时省工，且便于大面积建植园林地被。尤其对于那些种子成熟落地即可进行自播繁殖的地被植物种类，一次播种后，可多年不用再行人工种植，如白三叶(*Trifolium repens*)、半支莲、二月蓝、细叶美女樱(*Verbena tenera*)、凤仙花、地肤等。

②营养器官栽植法(无性繁殖)　采用分株、扦插、分栽子球等方法建植地被。适用于分株的有玉簪属、鸢尾属、萱草、肥皂草(*Saponaria officinalis*)等宿根类地被植物；适用于分球法建植的有百合属、石蒜属、水仙属、郁金香等球根类地被植物；适用于扦插的有景天属、半支莲、旱金莲等扦插容易生根的地被植物种类。

③栽植种苗法　如果种子不足或插条短缺，可在圃地播种或扦插，成苗后栽植到园林中，如此可以节省种子，提高成活率，而且成效快。

为了使地被景观良好，并尽早发挥地被植物的生态效益，种植时应适当密植，合理混栽。密植程度要根据各种植物的生长速度、栽植时的大小及养护管理的条件而定。一般草本植物株行距 20~35cm，矮生灌木 40~50cm。过稀易生杂草，过密则生长不良。一旦因成活率低等出现空秃现象，需及时补植。有些地被植物花叶繁茂，然而生长期短，可与其他植物轮流播种或混合栽植，以延长观赏期。如红色石蒜与麦冬混杂，在一片如茵的绿草中，缀饰点点红花，分外别致。

10.3.3.3　加强前期管理

无论播种或植苗，种植后都须及时灌水，注意保苗、除草和追肥等工作，如有空缺，还应及时补苗，使种植后的地被尽早达到郁闭状态，增强种群对环境的适应能力，预防病虫害的发生。

10.3.4　园林地被植物的养护管理

园林地被景观建植成功及在尽可能长的时期内保持良好的景观和生态效益的关键在于选用合适的种类和选择适当的栽植地点。由于地被景观的特点是成片大面积栽植覆盖地面的植物，一般情况下不允许也不可能做到精细养护，只能以粗放管理为原则。通常需注意以下几方面。

(1) 防止水土流失

栽植地应保持排水良好。暴雨过后应及时查看有无冲刷损坏。对水土流失严重的区域应立即填充和堵塞，避免继续扩大。

(2) 抗旱与水分管理

地被植物多为抗旱性较强的种类，一般情况下可不必浇水，但连续干旱无雨时，需进行抗旱浇水，防止植物受到严重旱害。

(3) 增加土壤肥力

地被植物生长期内，应根据各类植物的需要，及时补充肥力，尤其对观花的球根地被类植物更为重要。花后地下器官的发育直接影响到翌年的生长状况和景观效果。

(4) 病虫害防治

地被植物多为抗病虫能力较强的种类，但由于积水或其他不良因素也可能导致病虫害，加上地被植物面积大，品种较为单一，一旦发生病虫害，威胁更大。所以病虫害须以预防为主。一旦发生应立即采取措施，防止蔓延。

(5) 适时修剪

有些地被植物萌叶发枝力强，耐修剪，适当修剪更能促其枝叶繁茂，提高覆盖速率。如开花地被植物花后应剪去残存的花茎、残花等，既保持了适当的高度，又利于再次开花或后期的生长。

(6) 更新复壮

在地被植物生长过程中，常常会因各种不利因素，使成片的地被出现过早的衰老。此时应根据不同情况，对表土进行刺孔，促使其根部土壤疏松透气，同时加强施肥浇水，则有利于更新复壮。对一些观花类的球根花卉和宿根花卉，则必须每隔 3~5 年进行一次分根翻种，否则也会引起自然衰退。

思考题

1. 如何选择园林地被植物及草坪植物？
2. 园林草坪的景观类型有哪些？
3. 园林地被的景观类型有哪些？各种类型对植物的选择有什么要求？

推荐阅读书目

草坪与地被植物．胡中华，刘师汉．中国林业出版社，1995．

Pernnial Ground Cover. David S. Mackenzie. Times Press, Inc., 1997.

草坪建植与管理手册．韩烈保，田地，牟新待．中国林业出版社，1999．

草坪绿地规划设计与建植管理技术．李银，刘存琦．甘肃民族出版社，1994．

绿地草坪．孙本信，李敏，白史且．中国林业出版社，1999．

第11章 花园设计

[**本章提要**] 花园应用历史悠久，发展到今天其形式已是异彩纷呈，应用范围极为广泛。本章在对中西方花园考源的基础上，着重介绍了西方花园发展史上的主要花园类型，在此基础上介绍花园的定义；对花园的具体设计作了详细的叙述，并特别介绍了当今流行的低维护性花园和一些成功的花园设计实例。

11.1 花园考源及定义

11.1.1 中国花园的考源简述

中国在上古时代，已经有园圃的经营。大约4500年前最早出现的"园"字，表示具有围墙的种植蔬菜或果树的地方。到了西周，已经具有管理供应宫廷的公营果园和蔬圃的各级官吏。春秋战国时，民间经营的园圃也逐渐普遍，随着栽培技术的不断提高和栽培品种的不断增加，园圃的经营从单纯的经济活动逐渐渗入人们的审美领域，许多食用和药用的植物培育成以观赏为主的花卉，使房前屋后的园圃具备了观赏的目的。《诗经》中对早期的园圃和花卉栽培多有记载，如"折柳樊圃，狂夫瞿瞿""桃之夭夭，灼灼其华"等。之后在漫长的历史长河中，出现过无数的以享乐和观赏为主的园圃。然而直到1138年北宋李格非撰《洛阳名园记》中有"天王院花园子"的记述，才出现"花园"一名。该书曰"洛中花甚多，而独名牡丹为花王。凡园皆植牡丹，而独此名'花园子'，盖无他池亭，独有牡丹十万本……"，说明当时所谓的"花园子"是指牡丹园。以后，花园基本上表示"种植多种植物无法分出主次的"园子，而以某类植物为主的园即以该植物命名，相当于今天所称的花卉专类园。因此，早期的花园是"纯以赏花为主的场所"，较少有其他建筑及水景（余树勋，1998）。至清代，以皇家宫室中的御花园为代表的综合型皇家园林称为"花园"则非常普遍。但从历史的渊源看，"花园"一词主要指面积较小的园林。因此，到了近代，区别于公园，大多面积较小，具有很少文化娱乐设施，以植物造景为主的园林类型称为花园，如街道花园、附属专用花园以及公园中的园中园式"专类花园"等。

由于相关课程关于中国历史上各种花园介绍较多，这里不再赘述。

11.1.2 西方花园的考源及历史上主要的花园类型简述

11.1.2.1 考源简述

同样，在西方农业社会的早期，为实用的目的人们在聚居地周围种植作物、果树及蔬菜等，后来逐渐出现带篱笆或围墙的园子。近东地区早期在园子里种植葡萄，不仅可以生产水果，而且可以提供遮阴从而受到欢迎，《圣经》上早有记载。但是，正如 Anthony Huxley 认为的那样，"直到在围合封闭的园中特意为了遮阴的目的而种植了树木以及提供食物和蔬菜的植物"才开始具有了花园（garden）的性质，这种早期的实用性的园子成为后来西方花园中不可缺少的组成部分——蔬菜花园（kitchen garden）的雏形。之后，在欧洲长期的封建社会的历史中，观赏和享乐越来越成为花园的主要功能。到了19世纪中叶以后，由于欧洲人从海外大量引进观赏植物，观赏植物育种的技术也有了飞快的发展，花卉在园林中的地位越来越重要，各种花卉配置的形式层出不穷，出现了以花卉配置为主要内容的"花园"（flower garden）以及各种花卉的专类园。虽然后来城市建设和园林发展都出现许多新的变革及各种理论和实践，但以花卉或者说以园林植物为主要内容的花园的本质却一直延续至今。

11.1.2.2 西方花园发展史上出现的主要花园类型

历史上各个阶段都曾经出现具有各自时代特征的花园，而任何一种类型的花园都是下一个阶段花园新形式的基础，没有任何一个时代的花园是从真空中诞生的，其历史的渊源难以割断。正如著名的园林设计师 Russell Page 在 *The Education of a Gardener* 所写的"如果认真分析英国从1900—1930年之间建造的花园你会发现，它们的设计借鉴了欧洲花园设计中每个时代的特征"。因此，即便是当今的花园，也同样具有历史的影子，而未来的创新也将在继承的基础上产生。因此，了解过去的花园，吸收其精华，对发展今天和创造明天不无裨益。故此将西方历史上的重要的花园类型简述如下。

（1）波斯花园（the Persian garden）

波斯花园的布局对后代的花园发展起了非常重要的影响。在波斯和其他亚热带干旱地区，水一直是非常重要的因素。因此，这类花园中通常总有一个贮水池，一口井或者从外面将水通过渠道引进来。井位于园子中央，周围铺装，并由此引出4条放射状道路，将园子分成4个部分。这4个方形种植坛代表宇宙的四部分，里面种植具有实用价值的植物，如药草或香草。乔木尤其是象征着永恒意义的柏木种植在花园的边缘。

从外面引水入园的水渠通常在中部加宽而形成一个水池。随着花园的发展，种植床和水体越来越精细，用于观赏用的花卉及喷泉越来越流行。沿着水边的小路用马赛克镶嵌而成。波斯花园中常常种植葡萄，以凉亭或藤架支撑其沉重的藤蔓。除了提供水果，葡萄架还可以提供阴凉，后来这种种植设施变得越来越精致。在古波斯花园中就已有纯装饰性的花卉。

波斯花园中的规则式布局以及井、水池、水渠、凉亭等都成了后来花园设计中最常出现的元素。

（2）中世纪的花园（the medieval garden）

在欧洲，中世纪是一个发生巨变的时代。战争频繁，人们居住在围着两道城墙和壕沟的城堡中，很少有时间经营花园。城堡内通常有一个蔬菜花园，用来在被围困时为居住者提供足够的水果和蔬菜。蔬菜花园常常得到精心管理。园子的其他部分铺设沙子作为道路。后来随着手推车的出现，道路开始铺装，随后又在道路两旁出现行道树，而在不铺装的区域种上草以减轻灰尘和杂草生长。城堡中的井边常常种有酸橙树（lime tree），用以避雷电，这里也是青年男女喜欢谈情说爱的地方。直至今日，中央草地、林荫道、井以及酸橙树仍然是花园的重要元素。

中世纪的寺庙花园中常常通过两条垂直交叉的路将花园分成四部分，每个种植床以锦熟黄杨镶边，里面种植花卉和药草及香料植物。在富有的城市居民花园中，则经常种着观赏植物及果树、蔬菜及药草。蔷薇（*Rosa* spp.）、苹果（*Malus pumila*）、梨（*Pyrus* spp.）和无花果（*Ficus carica*）是那个时代最受欢迎的花卉和果树。草地极为普遍，上面还种有各种各样的野花。这些小型的城市花园有围墙或篱笆，也有的用树篱围合。

(3) 文艺复兴时代花园(the Renaissance garden)

文艺复兴早期的花园几乎都是由不同的台地组成的。花园被分割成数个方块，每一块有自己的主题，中央常有一个装饰物。每个方形种植床常常用绿篱围绕，彼此用相同的道路分割。最受欢迎的元素有雕塑、喷泉、日晷、迷园、绿廊、爬满植物的凉亭、固定在墙上的格栅上呈树墙式生长的果树、矮型果树及种植有低矮的观赏植物(如百里香、石竹等)的草地。整形式修剪的灌木在这个时期的花园里达到了顶峰。不同的栽培床的分隔、修剪的灌木及雕塑作为那个时代花园的特征，一直延续至今。

(4) 巴洛克式花园(the Baroque garden)

法国人令空间的围合更为精致，使花园设计中对形式和秩序的追求达到了顶点。巴洛克时代的花园的主要特点是庄重的布局，与主要建筑相连的中轴线得到强调，房屋和花园连成有机的整体。

文艺复兴时期花园中封闭的正方形种植床被开放式的边长比为3∶5的长方形所替代。规则式种植床中央的装饰物被花园轴线的交叉处的装饰物所替代。花坛上种植着修剪低矮、呈精致的曲线且图案对称的黄杨，四周用狭长的花带所围合。植物呈绝对规则的形式栽植。当代建筑和花园的有机结合，就源自巴洛克式花园。

(5) 洛可可式花园(the Rococo garden)

洛可可风格在18世纪初起源于法国，其特点是有大量精致和富有装饰性的涡卷形字体、树叶及动物形体点缀装饰的艺术风格，尤其体现在建筑和装饰艺术上。在巴洛克式花园的基础上融入洛可可艺术的风格，这个时期的花园主要特征没有变化，但主轴线被分成3个或更多相等的轴线。装饰物变得更为重要，曲线型的黄杨篱越来越复杂。蜿蜒的道路布置在花园周围的树林中。

(6) 浪漫主义式花园(the romantic garden)

到18世纪末，随着法国革命的进行，人们开始反叛，公民要求"自由，平等，博爱"。作为统治阶级权力和财富的象征的精致的花园受到反对，巴洛克花园中的直线和刻板僵硬的形式被抛弃。通过与日本和中国的贸易，人们开始接触另外一类完全不同风格花园，即中国的自然风格园林。这一时期，欧洲从其他国家引进大量的观赏植物。同时，大城市越来越多，与自然接触越来越少的城市人开始追求乡村生活。所有的这些导致一种新的风格的花园的出现——浪漫主义式的花园，其成为大自然及乡村生活的纯洁、美好的象征。这时的花园幽邃、僻静，深邃的林中有蜿蜒的小路，树木的枝条随意悬垂于头顶或身边，所有这些设计都是为了唤起那种和平以及画意式的、别致的浪漫主义想象。乡村生活的美好通过模拟质朴的村舍小屋来表现，门旁甚至还常常拴着一只山羊。

同样，在当今的花园中，质朴的凉亭以及旁边一把老式的犁和耙、一个浴盆，以及手推车的车轮，这些仍然保留的元素，表明了花园对过去的继承，它们对人们都有着特殊的意义。

(7) 风景式风格的花园(the landscape style garden)

由被称为"万能的 Brown"的 Lancelot Brown 设计的园林为代表的一种新的不规则形式的园林称为风景式园林。风景式园林要求花园必须看上去像自然风景，湖的形状是来源于河流宽阔的部分，流水要看起来像一条真正的溪流，因此源头应该隐蔽。房子应该比花园的位置高，草地一直延续到房子，中间较低，树丛应种在高起的地方。主路应穿过林带，并从各个方向环绕园子。由于松柏类植物不够自然，很少用于园子，而以落叶树为主。这里不能有古典的建筑，而只有水上架的桥或孤立的庙宇。

(8) 都市花园(the urban garden)

19世纪时已有都市花园。当时，越来越多的人成为中产阶级，他们住在独立的或有庭院的房子里，热衷于布置和维护花园。1826年，出版商 John Claudius Loudon 出版了《The Garden's Magazine》。他强调收集新的植物材料，描述了种植蔬菜园、苗圃、温室、冷床等的做法，试图将所有当时存在的花园风格融为一体。根据Loudon的思想，花园应该和周围的风景看起来相异。这时欧美的园艺协会像雨后春笋般涌现，新的观念越来越多，对自然式花园的看法明显改变。其中影响最大的是爱尔兰的William Robinson，他认为花园应该和周围的景观融为一体，一切强调自然，草地上可以长花，甚至提出"当蔓性植物可以攀缘在树上的时候，为什么要攀缘在棚架上？"这种说法。他同时提倡栽植冬季抗寒植物，大肆批评草地边缘的狭窄花带和维多利亚式的花坛。这种观念对后来的花园设计产生了重要影响，以至到现在西方花园设计中也更多地采用了不规则布局的形式。

（9）田园式风格的花园（the cottage style garden）

除了自然式，还有田园式/乡村式风格。19世纪中叶，一群建筑学家想打破过去的建筑风格，寻找一种新的风格以适应当时的环境，于是古老的工艺、简单的材料受到重视，对英国的村舍小屋倍加推崇。与此相适应，花园被分成有各自特殊用途的部分，如蔬菜区、作坊、果园以及贮藏饲料区等。安静的书房旁边有绿色空间，起居室旁有鲜切花园，厨房旁有蔬菜和药草香料园。各个部分被树篱围合，通过一系列轴线相连，重新唤起了规则式花园的记忆。在道路交叉处，雕塑、供小鸟饮水的鸟浴、喷泉、日晷等又重新出现。著名的花园设计师Gertrude Jeckyll（1843—1932）创造了一种全新的花卉布置形式，即将观花植物按照色彩、高度及花期搭配在一起而形成景观优美的花境。

（10）当代花园（present-day garden）

与过去相比，当代园子的空间狭小，然而可供选择的植物更为丰富。花园主具有更多的关于植物的兴趣和知识，也确实乐意自己去照料花园，花园变成居所的延伸。对许多人而言，照料花园成为一种嗜好，人们从中体会愉快及放松。现代花园不拘泥任何特殊的风格，过去已有过的元素都包括在内，如流行的容器、修剪的黄杨，以及攀缘于金属网上的常春藤。花园还常常被分成几块，但整个园子不会一目了然，而是制造一种步移景异的生动有趣的效果。

如今，花园又出现一个明显的趋势，那就是追求更为自然的生态系统，对花园进行极少的干预，提倡应用大量的地被植物，适应于当地土壤和气候的园林和野花花园也越来越流行。然而同时，怀旧之情愈加高涨，规则式花园也在苏醒。黄杨镶边的几何对称式的设计，种满了新品种的月季或宿根花卉的花坛，都可见于当今的花园中。

11.1.2.3 花园的概念和类型

（1）花园的概念

根据第15版的《简明不列颠百科全书》（*Concise Encyclopeodia Britannica*）在gardening（园艺）词条中对花园的记述如下："……据记载，几千年前便已出现帝王的花园。中世纪欧洲寺院多附有别院，规模不大，种有药草、蔬菜和果木。文艺复兴时自欧洲南部起，花园再度兴起，种有月季、百合等花卉。17世纪为皇家和贵族庭园的盛世。法式风格开阔壮丽，草皮、排树、池水、喷泉布置井然。18世纪传至英国，风格有变，因顺应地势，故山坡、树丛、湖泊错落有致，更近自然。此时出现的构图精美的花卉图集足以反映时人的重视。至19世纪，小型花园大量出现，风格发生极大变化。两者相比较，过去多以山水草木布置成宏大的景观，今日则以色彩缤纷的花卉组成丰富多变的图案以细节取胜……所谓私人庭园具备几个共同特征：①视野之内可见篱、墙或灌木丛组成的边界；②园内设有小径、座椅、局部景致等以利用观赏；③有观赏重点，如奇花异树、雕塑小品、池水、瀑布等；④总体布局或严整或自然，或按传统或合时尚，或土风或异趣，或含蓄或奔放……庭园又可分为多种类型。以花为主的称花园，以灌木、乔木为主干，将草本花卉布置四周……岩石庭园则多取砂岩或石灰岩，设计成多石的山坡模样，石隙中还可种植多种小型多年生植物。带池水的庭园风格各异：有的形式规整，水池圆形或方形，池边镶石，中有喷泉，水中无草或鱼；而另一极端则很自然，池中水草丛生，周围还可有湿地沼泽。中世纪的草园主要培育药草，故多译为药草园，但现今则以种植佐味香料植物为主。菜园的管理技术要求更高，且常采取轮作。其他特种庭园还有屋顶花园、香草花园，也可在室内和窗格内养植花卉……"以上文字基本概括了西方花园发展的历程及不同阶段花园的主要内容。

L·H. Bailey 园艺研究室出版的《园艺大词典》，对 garden 一词的解释如下：

"garden 在历史上的意义认为是在较小或有限的面积内供植物生长的地方。四周常有围栏，并可以居住。观赏植物、果树、蔬菜是供居住者享用的。这些植物及住在这里的家庭或建筑是主要组成部分，而园艺技术是为了把这里的植物培养和管理好，并对这块土地加以关心和照顾。整个观赏部分的布置可以是规整式的，也可以是自然式的。有时辟一块地种上特殊的植物以表现出兴趣所在，如岩石园、野花园、沙漠园或日本式园。"

"到了现代，garden 这个词的意义更为广泛，包括的范围更大并含有商业性的业务。过去所称的 garden，现常称为'家庭花园'（home garden）……"

"完成一个花园的建造，一定要表现出造园者与园主人之间思想感情上的契合，在规划时要互相融通，否则就不能达到理想的要求。而且造园者要懂得植物的需要并保护植物免受病虫的侵害，同时掌握丰富的有关信息"（余树勋，1998）。

在对中外花园渊源考释的基础上，余树勋（1998）结合中国国情，给花园定义如下：

所谓花园是指在一个较小的范围内，通过规划设计，以种植色彩丰富的观赏植物为主，从而形成适合多数人游赏的艺术空间。这里只有供短暂休息和供简单饮食的服务建筑，不提供住宿条件。这种在城市或郊区、独立或附属的游览场所统称为花园。

这个概念所包含的内容既丰富，又具体，也较符合当今花园在中国发展的实际状况。

(2) 花园的类型

按照花园所附属的建筑的性质，可以大体将花园归为以下几类。

①家庭花园　或称别墅花园，主要供家庭成员利用和欣赏的私人属性的花园。

②居住小区花园　居民住宅区的中心花园和楼间花园。主要供居住于此住宅区域范围内的居民享用。

③单位附属花园　指机关团体、企事业单位等内部设置的供美化环境和工作人员休息、欣赏的花园。

④其他花园　商场、宾馆、车站、机场等大型建筑内、外共享空间设置的供顾客、旅客等休息和欣赏及美化环境的花园。

⑤街道花园　城郊地区与道路、河流等相毗邻的花园式绿地。供过往行人或附近的居民停留休息和欣赏。

⑥专类花园　设于植物园、公园内部或以公共绿地的性质，独立设置的以既定主题为内容的花园。

11.2 花园设计

11.2.1 花园的景观构成

植物景观是组成花园的最基本要素。花园面积虽小，但包含的功能却是综合的，因此花园中的植物景观很少是由一种种植形式构成，而是由多种种植形式构成的综合景观。概括起来基本包括如下景观内容：基础种植、花坛、花境及花缘、植篱或防护性景观、草坪及地被景观、花丛花群景观，木本植物的孤植、对植、列植、丛植或林植景观等；或者以花卉专类园景观作为花园主体景观或花园的组成内容，如水生花卉景观、岩生花卉景观或主题花卉如牡丹、百合、杜鹃花等植物景观，还可以包括实用的果园、蔬菜园或药草园、香料园等植物景观。花园中布置哪些植物景观取决于花园的面积大小、功能需求及布局形式等。

除植物之外，花园中也包括具有实用或观赏功能的硬质景观元素，如栅栏或围墙、地形、道路、广场、台地、实用或点景的小型建筑、花架、凉棚、雕塑、置石、水池、座椅、沙坑、灯具等以及装饰性小品，如日晷、辘轳、石灯、鸟浴等。

11.2.2 花园景观布局的形式

（1）规则式

欧洲历史上长期以规则式作为花园的主要形式。规则式即以中轴对称或轴线对称式布局花园的各组成部分。较小规模的对称式花园通常精致而美丽，规模较大的则更显得宏伟而庄重。这种形式的花园虽然在欧洲历史上被新的自然式的形式所替代而逐渐衰退，但是直至今天，人们仍然会在有些地方，如建筑周围、广场中心等建造规则式的花园。规则式花园中通常包含花坛、树坛、花带、花缘、花境、草坪、绿篱等植物景观。

（2）自然式

花园中各组成部分不呈几何对称式布局，道路呈弯曲流畅的线条，但各部分的元素通过体量、色彩、质地、聚散等的合理配置，使得视觉景观取得均衡。这种形式重在模拟自然景观。自然式布局的花园中植物景观通常由花丛、花群、花境、自然式草坪和地被景观、孤植和丛植的木本植物、花卉自然攀缘的篱垣棚架以及水生、沼生或岩生花卉等构成。

（3）混合式

将规则式与自然式布局相结合，根据花园所依附的建筑或存在的大环境的性质确定一种形式为主，是当今最常用的花园布局形式。通常是在花园的出入口、建筑的周围或前方等以规则式为主，外围以自然式为主。有时则将花园的中心景区以规则式布局，外围为自然式布局。

11.2.3 花园设计的原则

花园植物景观的设计是包含本书各论所有章节中所涉及的花卉应用形式在内的综合植物景观设计。园林植物应用设计中应遵循的科学和艺术原理在本书的 3.1~3.2 节已有论述，各类花卉应用形式设计的原则和方法在相应的章节中也均有论述，此处不再赘述。需要再强调的是，与花卉的某一种布置方式的设计相比，花园的布局形式和设计手法更注重与环境整体的协调，尤其包括与位于花园中的或与花园紧密连接或毗邻的建筑风格的协调一致，当然花园中的植物设计与花园的其他组成部分，如道路、露台、广场、水体以及小品、雕塑等风格也必须协调。

另外，花园设计中，将艺术效果或审美需求与功能性和实用性要求紧密结合是设计师必须重视的。对于家庭花园而言，花园的使用者可能对花园的艺术风格有自己的要求，但对花园实用功能的要求却是甚为明确的，园主人的兴趣爱好、家庭成员的组成对花园的构成内容、布局形式等起决定性的作用。花园景观设计首先要满足人的活动需求。如家庭是否有幼儿对花园的需求是不同的，有儿童的家庭可能需要足够的活动场地，如一个沙坑供儿童嬉戏，如足够长的路线用来练习和骑行三轮车等。花园中是否有水景，水池对幼儿具有安全隐患，是否设置和如何设置都非常重要。如果花园主要是用来放松休息，那么停坐或就餐、散步、日光浴、遮阴等功能区域必不可少。还有的花园中具有堆置杂物和晾晒衣服的区域，既要满足其功能需求，还需安排于合理的位置并通过植物配置进行适当的分隔和遮挡。幼儿活动区需布置于通过房间的窗户可以看到的地方，如果有行动不便的老人则整体平、立面布局都需要便于老人活动等。因此，花园设计总体功能的满足及功能区域的位置经营，与每个区域的景观效果及整体景观的协调同样重要。如果不符合使用者的功能需求，再好的艺术设计都是徒劳的。

经济和技术要求涉及花园的建造和维护成本以及养护管理的难易程度和参与程度。这些因素与花园的风格也具有直接的关系。如一个布局精致的规则式花园，地面铺装精致而洁净，草坪修剪整齐和植物修剪整齐，时令性花卉的花坛较多，都意味着花园的维护和管理必须精心。反之，一个自然式的风格质朴、随意的花园中，可以卵石或碎石铺地，以乔木和灌木作为植物景观的基本骨架，以地被植物和多年生花卉代替草坪，植物以自然造型为主，花园一角的一个简单鸟浴可以代替昂贵的雕塑作为花园的视觉焦点。这样一个花园意味着可以选择质朴的造园素材和较为廉价的乡土植物为主，不需经常请专业人员对植物修剪造型，碎石地上可以落叶覆盖而不需及时清扫，花卉次第开放而不必及时更新，因此，不仅造园成本较低，维护需要投入的时间、人力、物力和材料都可以大大降低。

花园设计中，除了满足实用功能，并遵循艺术原理布局各景观要素外，还需要创造趣味中心或趣味点，即花园中生动和令人感兴趣的内涵。一个在设计上遵循所有艺术规律的花园如果缺少促使人们去欣赏、去探寻的吸引力，就说明是一个死板的花园。由于花园一般面积较小，视觉焦点不可能太多，尤其是在一个视野内不能出现多个焦点，否则就会感觉凌乱而没有中心。在视野所及的范围内通常只有一个焦点，并且通过植物的配置和其他元素的布置将人的视线引导至园中或某个局部最美的视觉中心，还可以通过引导性的植物配置和道路设置引导人们去探寻和观赏。

11.2.4 低维护性花园简介

随着社会的发展以及人们生态与环保意识的增强，人们希望消耗在花园养护和管理上的时间和物力、财力越来越少，这对花园的形式和内容提出了新的要求。除了一些植物的特别爱好者和收集者以及热衷于在花园中劳动的人们，大部分职业工作者希望花园是休闲、放松的地方，不愿或不能花费很多的时间和财力来维护和管理花园，人们也希望花园中不要使用大量的杀虫剂，不需消耗大量的灌溉用水等。此外，还有些人希望追求自然的野趣，追求花园中野生动植物的生态平衡，因此，低维护性花园(low maintenance garden)越来越受到人们的关注和喜爱。正如 Fieke Hoogvelt 所言，低维护性花园"不是一种新的形式，而是与自然更为和谐的一种方式"。

低维护性花园设计的基本原则就是：顺应自然而不是对抗和改变自然。这里面包含着丰富的内涵，体现在设计和植物选择上，主要有以下几个方面。

(1) 植物种类的选择

选择适应当地气候、土壤条件以及花园中光照条件的植物种类，尤其是抗逆性包括抗寒、抗旱、抗贫瘠、抗病虫害较强的乡土植物，是低维护性花园设计的最重要内容，而且还需尽量选择低矮并生长缓慢的植物。这样就可以减少对植物的越冬保护、灌溉施肥、病虫害防治以及修剪等方面的日常养护管理工作。

(2) 减少草坪的应用

花园中草坪是最需要精心维护和管理的植物景观。草坪的养护管理不仅要消耗大量的时间，而且需要消耗大量的水资源及化肥、农药等。以混合草地、多年生地被及观赏草等代替草坪，可以大大减少以上消耗。

(3) 改变传统花卉配置的方式

以粗放管理的灌木和多年生花卉的花丛、花境等代替传统的花坛，花境的配置也避免传统花境配置的精致，从而避免精细的管理。

(4) 地面覆盖

裸露的地面或自然式的园路、广场等可以覆盖碎石、卵石、树皮等，不仅可以避免杂草滋生，夏天还可以降低土壤的温度和蒸发量，冬天可以绝缘土壤，缓和土壤温度的降低，而且可以使降雨渗透至土壤，节省灌溉。有机的覆盖物在腐烂以后还可以增加土壤有机质的含量，从而有利于改善土壤结构和微生物的活动。与硬质铺装相比，这种地面覆盖还具有较好的景观效果，与全园的自然风格协调一致。

(5) 建园和养护措施

花园种植前，清除杂草，改良土壤，施足有机肥和缓释肥，也有利于减少建成后的维护和管理工作。合理处理地形，保证良好的排涝。若为干旱地区，安装自动灌溉系统尤其是滴灌设施，虽然一次性投入较高，但可减轻工作量，而且大大节水，实现经济、环保双重意义。

(6) 设置水景

水生花卉通常生长健壮，管理粗放。水景的设置不仅可以提高景观效果，还可以给众多的水生及喜欢潮湿的动、植物及微生物提供场所，增加花园中的生物多样性，有利于建立比较完善的生态系统。

11.2.5 家庭花园设计实例

(1) 规则式家庭小花园（图11-1）

规则式的布局不总意味着生硬的线条。在一个矩形的空间，采用椭圆形的构图可以取得良好的效果。该设计采用椭圆形环的层层套叠形成整个花园主要铺装场地的图案。柔和的曲线给人一种宁静的感觉，同时也具有轻度的动感和导向作用。该花园采用绝对规则和对称式设计，两条突出的轴线与花园的长轴和短轴一致，互相交叉从而形成了花园的3个主要视点：①与住所相连的入口花台广场区，决定了整个花园的几何式的风格。花台上布置了青铜雕塑，虽然从房间看不到，但却是从花园的远端望过来的视觉焦点。花台、道路都是用自然石块铺砌并以砖砌出边缘和图案。不规则的石块铺地成为花园中自然柔和的元素。②中央的椭圆形草地由低矮的植物围合，并在轴线交叉处留出4个开口，就像开了4扇窗户，留出了主轴线上的透景线。短轴两端的半圆形石凳与整个构图相呼应，椭圆形草地的四角栽植苹果或樱桃，成为规则式构图的有机组成部分。③花园尽端有一个东方式的半圆形凉亭，与另一端的青铜雕塑彼此呼应，互为对景。园尽头的围墙仍然以规则式布局。在凉亭两侧的围墙上对称地构筑壁龛并布置雕塑，进一步强调了全园规则式

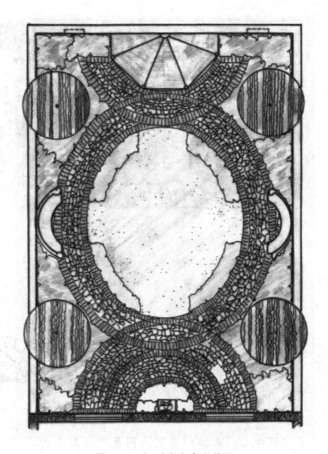

图11-1　规则式家庭小花园

的风格。

(2) 野趣花园

该花园的设计目标是尽可能提供野生动植物以生存的空间。L形构图可以使得花园的另一端远离人的居所，从而最大限度地减少人的活动对生物的影响（图11-2）。同时，L形的花园构图也可以避免近居所处的规则式设计与远端的自然式设计之间的冲突。①与居所相连的露台设计呈半圆形，采用自然石材铺装。草坪两边的植物初始稍为对称，向花园的深处则渐趋自然；乔灌木及花卉均沿周边布置为主，使得花园前部分的中央草坪上留出开阔的空间，林缘线和错落有致的花卉同时勾勒出草坪曲缓优美的形状。在花园拐角区域草坪分成3条通道分别蜿蜒从两侧环绕或水池上越桥穿行于花园的第二个景区，也是中心景区——水景区。②水池是全园的焦点，是从L形花园两端观赏

图 11-2　野趣花园设计

的视觉中心。水体的自然构图及跨越其上的小拱桥、池中点缀的水生花卉及池边的种植设计，使得从任何一个角度都不能对该景区一览无余，增加了空间的层次和景深。简单的桥横跨其上，可以使人俯瞰水景。水体是野生动物、水生和沼生植物的栖息地。水体周围湿生和沼生花卉的配置以及布置于一角的垂柳保证了整个构图的视觉平衡。③花园远端的野花草地形成远处野生植物繁衍的中心。修剪低矮的流线型的草坪道路虽然非常平和，但宿根花卉及灌木的种植仍然创造出许多隐蔽的空间以利于野生动物的停留，园中种植的野花花粉等为昆虫提供食物，同时配置招鸟的浆果类植物。最远的角落是茅草覆盖着侧面的凉棚，周围以石板铺地，缝隙嵌草，使得整个景观富有野趣（见彩图19、彩图20）。

思考题

1. 如何理解花园的概念？
2. 通过了解西方花园发展史上的主要类型，你得到了什么启发？
3. 花园设计时应遵循哪些原则？
4. 什么是低维护性花园？如何设计低维护性花园？

推荐阅读书目

The Garden. Fieke Hoogvelt. Rebo productions, 1997.
花园设计. 余树勋. 天津大学出版社, 1998.
The Garden Planner. Robin Williams. Frances Lincoln, 1990.

第12章 花卉专类园设计

[**本章提要**] 专类园，顾名思义，指在某一园区以同一类观赏植物进行植物景观设计的园地。无论是在我国或西方的园林发展史上都有专类园的痕迹。随着园艺化水平的发展，新的观赏植物种类更趋丰富，也使得专类园更加丰富多彩，备受人们的喜爱。本章先对专类园作了总体的概述，再详细介绍了目前应用较普遍的各种专类园：水景园、岩石园、蕨类植物专类园、仙人掌及多浆植物专类园、药用植物专类园、观赏果蔬专类园、花卉专类园（牡丹园、月季园、鸢尾园、竹园等），着重介绍了各专类园植物材料的类型、配置原则及景观设计要点，并以具体的实例说明各专类园的设计方法。

12.1 专类园概述

最初的专类园，将果蔬、药草等集中种植，既满足实用，又有一定的观赏效果。《楚辞·离骚》中记载"余既滋兰之九畹兮，又树蕙之百亩"，即是集中栽植佩兰和藿香。魏晋南北朝时的皇家园林邺城内有专门种植桑树的桑梓苑，《水经注·漳水》曰："漳水又对赵氏临漳宫，宫在桑梓苑，多桑木，故苑有其名。三月三日及始蚕之月，虎帅皇后及夫人采桑于此。"显然不仅为了观赏目的，其本身还为了生产目的，是一种经济行为。唐时长安宫城之北的禁苑中有类似于专类园的梨园、葡萄园，《旧唐书·李适传》记载"中宗时，春幸梨园，夏宴葡萄园"；另有樱桃专类园芳林园，《旧唐书·中宗本纪》记载"（景龙）四年（710年）夏四月丁亥，上游樱桃园，引中书门下五品以上诸司长官学士等入芳林园尝樱桃"。可见这些专类园至此除了生产功能外，还确实提供游嬉、宴会及聚会的场所，具备了园林的基本功能。华清宫的苑林区亦即东绣岭和西绣岭北坡之山岳风景地，更是在山麓分布着若干以花卉、果木为主题的园林兼生产用的小型园林，如芙蓉园、粉梅坛、看花台、石榴园、西瓜园、椒园、冬瓜园等（周维权，1999）。唐时杭州西湖的孤山集中栽植梅花，可谓梅园之始。纯粹作为观赏的专类园在唐时已非常普及，如兴庆宫龙池之北偏东堆筑土山，上建沉香亭，周围的土山上遍种红、紫、淡红、纯白诸色牡丹花，表明当时已经有典型的牡丹专类园。兴庆宫苑林区中心面积约1.8hm²的龙池中种植荷花、菱角、芡实及藻类等水生植物，也已经具备了水生花卉专类园或水景园的性质。王维著名的辋川别业中以植物命名的专类园多达数处，除了竹里馆与辛夷坞以外，还有用木栅栏围起的木兰树林，溪水穿流其间，环境幽邃的木兰柴，生长着繁茂的山茱萸花的茱萸沜，以及种植漆树和椒树的生产性园地漆园和椒园。

至宋时艮岳内以花卉为主题或集中展示某种花卉以供观赏的专类园更是多达数处，如梅池、竹冈、梅冈、万松岭、蟠桃岭、萼绿华堂、桃溪、榴花岩、枇杷岩、芦渚、梅渚、秋香谷、松谷、桐径、百花径、合欢径、竹径、雪香径、海棠屏、蜡梅屏、辛夷坞、橙坞、海棠坞、仙李园、椒崖、柳岸、药寮等。至清时梁梦龙的私家园林梁园更是一牡丹、芍药专类园，"……园之牡丹芍药几十亩，每花时云锦布地，香冉冉闻里余，论者疑与古洛中无异。"

在西方园林发展的早期，就出现了以蔬菜、药草等实用性植物为主的专类园，并在此基础上发展成为以观赏为目的的园林。近代花卉专类园的发展与园艺科学的发展关系密切。18世纪，随着林奈的《植物种志》的发表，大量的花卉引种到欧洲，新品种花卉的培育也取得了前所未有的成果，集中收集并展示某一类花卉并对之进行植物学、育种、栽培等方面的研究及科普教育成为必要，而这一展示形式自然地发展成为具有园林外观的专类花园，如18世纪英国邱园(Kew Garden)中Brown建造的杜鹃花谷、19世纪建造的岩石园等。另外，鸢尾园、报春花园、郁金香园、仙人掌及多浆植物园等更是层出不穷。在植物园中，常常有许多专科、专属植物收集区，以园林的形式布置，突出这一类植物的观赏特性，也具有专类园的性质，如丁香园、梅园、桂花园、茶花园、棕榈园、松柏园等。

12.1.1　专类园的概念

专类园(specialized garden)是在一定范围内种植同一类观赏植物供游赏、科学研究或科学普及的园地(中国农业百科全书)。有些植物变种、品种繁多并有特殊的观赏性和生态习性，宜集中于一园专门展示。其观赏期、栽培条件、技术要求比较接近，管理方便，游人乐于在一处饱览其精华。

12.1.2　专类园的类型

从专类园展示的植物类型或植物之间的关系，不难发现上述专类园的含义实际上包含了园林中常见的两类花园。

①专类花园(specialized garden)　在一个花园中专门收集和展示同一类著名的或具有特色的观赏植物，创造优美的园林环境，构成供游人游览的专类花园。可以组成专类花园的观赏植物有牡丹、芍药、梅花(*Prunus mume*)、菊花、山茶、杜鹃花、蔷薇、鸢尾、木兰、丁香、樱花、荷花、睡莲、竹类、水仙、百合、玉簪、萱草、兰花、海棠(*Malus* spp.)、桃花(*Prunus persica*)、桂花、紫薇、仙人掌类等。

②主题花园(theme garden)　这种专类花园多以植物的某一固有特征，如芳香的气味、华丽的叶色、丰硕的果实或植物体本身的性状特点，突出某一主题的花园，有芳香园(或夜香花园)、彩叶园、百果园、岩石园、藤本植物园、草药园等。

随着园林的发展，专类花园和主题花园所表达的内容越来越丰富。综合起来，可将专类园进行以下归类。

①将植物分类学或栽培学上同一分类单位，如科、属或栽培品种群的花卉按照它们的生态习性、花期早晚的不同以及植株高低和色彩上的差异等进行种植设计组织在一个园子里而成的专类花园。常见的有木兰园、棕榈园(同一科)、丁香园、鸢尾园、秋海棠园、山茶园、杜鹃花园(同一属)、牡丹园、菊花园、梅园(同一种的栽培品种)等。

②将植物学上虽然不一定有相近的亲缘关系，然而具有相似的生态习性或形态特征，并且需要特殊的栽培条件的花卉集中展示于同一个园子中，如水生花卉专类园、仙人掌及多浆植物专类园、岩生或高山植物专类园等。

③根据特定的观赏特点布置的主题花园，如芳香园、彩叶园(彩叶植物专类园)、百花园、秋素园、冬园、观果园(观果植物专类园)、四季花园(以四季开花为主题)等(图12-1)。

④主要服务于特定人群或具有特定功能的花园，如以具有特殊质地、形态、气味等花卉布置的盲人花园，主要供幼儿及儿童活动和游

图 12-1 秋景园——北京植物园绚秋苑秋景全景

览的儿童花园,专为园艺疗法而设置的花园以及墓园等,都具有专类园的性质。

⑤按照特定的用途或经济价值将一类花卉布置在一起,如香料植物专类园、纤维植物专类园、药用植物专类园、油料植物专类园等。

12.1.3 专类园的特点及设计要点

(1) 专类园的特点

专类园的性质决定其具备两个基本特点,即科学的内容和园林的外貌。在进行植物资源的收集、保存、杂交育种等研究工作及展示引种和育种成果并进行科普教育的同时,还常常可以在最佳的观赏期内集中展现同类植物的观赏特点,给人以美的感受。因此,专类花园在景观上独具特色。

建造专类园重在多方搜集特定植物的野生和栽培品种资源。有了丰富的原始材料,通过引种驯化和栽培试验后,将在当地可正常生长发育的种类集中展示。因此,一个专类园是一国一地植物资源、园艺科学及园林艺术的集中表现,游人不仅可以在有限的空间内观赏到大自然的美,而且可以获得丰富的植物学知识。因此,专类园中各种植物种植时必须按照严格的定植图,品种准确,编号存档,并常常挂以铭牌,供游客辨识。专类园中主题植物的设计也要遵循一定的科学规律,既便于科学研究,也便于科普宣传和展示。这些都是专类园科学性内涵的体现。基于此,本章其他节中关于专类花园的设计中都将尽可能地介绍专类植物材料的类型及重要的生物学特性和生态习性,以便引起读者对专类园设计中科学合理配置植物的重视(图 12-2)。

(2) 专类园的设计要点

可以根据所收集的植物种类的多少、设计形式不同,建成独立性的专类花园,也可以在风景区或公园里专辟一处,成为一个景点或园中之园。中国的一些专类花园还常常用富有诗情画意的园名点题,来突出赏花意境,如用"曲院风荷"描绘出赏荷的意境。专类花园的整体规划,首先应以植物的生态习性为基础。平面构图可按需要采用规则式、自然式或混合式。立面上根据植物的特点及专类园的性质进行适当的地形改造。

专类园的植物景观设计,要既能突出个体美,又能展现同类植物的群体美;既要把不同花期、不同园艺品种的植物进行合理搭配,以延长观赏期,还可以运用其他植物与之搭配,加以衬托,从而达到四季有景可观。所搭配的植物要视不同主题花卉的特点、文化内涵、赏花习俗等选择适当的种类,并考虑生态因素、景观因素,进行合理的乔灌草搭配、常绿植物和落叶植物搭配等,创造丰富的季相景观。

图 12-2 以趣味性的组合栽植介绍仙人掌及多浆类植物知识

专类园中还常常结合适当的园林小品、建筑、山石、雕塑、壁画以及形式适当的科普宣传栏等，来丰富和完善主题思想，同时引导群众对文化典故、科普知识的了解，提高群众的审美情趣，使专类园真正具有科学的内涵及园林的形式，达到可游、可赏的目的。

12.2 水景园应用与设计

在古今中外的园林中，水景是不可或缺的造园要素，常称为园林的血液或灵魂。这不仅仅因为水是自然环境和人类生存条件的重要组成部分，而且人类有一种亲水的本能，也与水所具有的奇特的艺术感染力是分不开的。

12.2.1 水、水生花卉及水景园

12.2.1.1 水在园林中的作用及园林水景的类型

(1) 水的作用

水面能反射太阳和天空的光而亮度高，因此，能使狭小的空间显得开阔；水面有恬静如镜的倒影，对景成双，使人感到奇幻，虚实对比，正倒相接，趣味无穷；水面映出蓝天白云，坐在水边如临太空，空间无限延伸；水的形象有多变的可塑性，可动可静，可有声响效果，使人感到活跃、生动、兴奋；水中生物繁衍，花鸟鱼虫争奇斗艳，丰富多彩，使人赞叹自然界的奇妙，放松平日紧张的节奏，理解众生的生存精神；水在气象因素的作用下，形成冰、雪、雨、雾、彩虹、蜃楼，千变万化的自然景观，使人感到身临人工难以形成的妙境，甚至浮想联翩、遐想古今。

自古以来多少诗人画家为水的景色而吟咏挥毫，李清照感叹"水光山色与人亲"，王维临汉江而感到"江流天地外，山色有无中"，孟浩然见到洞庭湖边的渔翁而写道"坐观垂钓者，徒有羡鱼情"，"仁者乐山，智者乐水"，寄情山水的审美理想和艺术哲理，深深地影响着中国园林。不仅有白居易"穿篱绕舍碧逶迤，十亩闲居半是池"这种在私家园林中对水景的独特爱好，皇家园林也几乎无园不水。同样，在西方园林中，在古埃及和古波斯的庭园中就已构筑水池；文艺复兴后园林艺术的突出成就也表现为喷泉和水池的构筑艺术和技术；到了17世纪法国路易十四王朝更是以凡尔赛宫的水景驰名于世。这都说明水景之永久的魅力。

园林中构筑水景不仅有不可比拟的艺术效果，水体的实用功能同样不可忽略。首先是水体对环境的生态效益。园林中的水体可以降低空气温度，增加空气湿度，减少空气中的尘埃，从而改善环境卫生，提高环境质量。当今城市园林水体还具有滞洪防汛等功能，成为城市不可缺少的组成部分。

(2) 水景的类型

水无形、无色、无固定的形状，全凭容纳水的容器之形所决定。园林水体形式多样，不仅因为大小、形状不同，更是有动有静，且声响各异。静者以池为代表，有大有小，小者若潭、大者若湖，或蜿蜒，或妩媚，或亲切，或辽阔；动者如溪流之淙淙如歌，如瀑布之跌宕咆哮，如喷泉之奔突跳跃，变化万千，形神各异。

园林水景中，动态水体常常是景观的视觉中心和焦点，欣赏其奔突跳跃之形及变化无穷之响，此时植物的配置则处于从属的地位，在适当地段稍加点缀。而作为水生花卉载体的则多为静态水体的湖、池。湖、池由于大小不同、深浅不同、驳岸的结构和形式不同，都可为植物提供不同的栽培环境，从而展示不同的植物种类，成为水景园中不可缺少的组成部分。一个水景园中，可以没有喷泉和瀑布，但不可没有一方静水。

12.2.1.2 水景园的概念及类型

(1) 水景园的概念及特点

园林中有了水，便需要点缀水体的植物，或者说对水生植物观赏的需求也是园林中构筑水景的原因之一。事实上，园林水体的另一个重要的功能，就是为水生植物及湿生、沼生植物的栽培提供载体。可以说水生植物的应用几乎和水景的应用有着同样悠久的历史。

西汉时长安城的昆明池在水边就有了柳树的使用，张衡《西京赋》记载"乃有昆明灵沼，黑水玄阯。周以金堤，树以柳杞……"；《三辅黄图》记载琳池"昭帝始元元年（公元前86年），穿琳池，广千步……池中植分枝荷，一茎四叶，状如骈盖……"；张衡《东京赋》这样描写东汉时洛阳城内的濯龙园"濯龙芳林，九谷八溪。芙蓉覆水，秋兰被涯……"表明陆地和水体绿化。唐时长安兴庆宫苑内不仅林木蓊郁，楼阁高低，而且巡游池上，"……波摇岸影随桡转，风送荷香逐酒来。"白居易在《香炉峰下新置草堂，即事咏怀，题于石上》中写道："何以洗我耳？屋头飞落泉；何以净我眼？砌下生白莲……""池晚莲芳榭，窗秋竹意深""履道西门有弊居，池塘竹树绕吾庐"，充分表明了他对水景及莲、竹之喜爱。

中国的古典园林对荷花情有独钟。不仅有历代诗人对其姿容、色香之传神描述，如欧阳修《采莲》"池面风来波艳艳，陂间露下叶田田。谁于水上张青盖，罩却红妆吐彩莲。"宋杨万里《红白莲》："红白莲花开共塘，两般颜色一般香。恰如汉殿三千女，半是浓妆半淡妆。"杨万里《晚出净慈寺送林子方》："接天莲叶无穷碧，映日荷花别样红。"完颜畴《池莲》"轻轻资质淡娟娟，点缀园池亦可怜。数点飞来荷叶雨，暮香分得小江天。"更有将其比德，赋予其深刻的文化内涵，如宋周敦颐的《爱莲说》描写荷花"……出淤泥而不染，濯清涟而不妖，中通外直，不蔓不枝，香远益清，亭亭净植，可远观而不可亵玩焉"。即是从荷花的自然属性而引申出其品格。这种独特的审美思想成为园林中长久不衰的造景主题。

与荷花在习性及观赏特色上有异曲同工之妙的睡莲则为古代西方水生花卉应用之先。从古埃及应用蓝睡莲（*Nymphaea caerulea*）及埃及白睡莲（*N. lotus*），4000多年来，睡莲一直是一种受到崇敬的花卉。在埋葬埃及历代皇室成员及第19代和第21代的祭司们时，他们的尸体上均覆盖有睡莲的花瓣（Brian Clouston，1977），阿马尔那时代的庭园壁画中就记载有种植睡莲、纸莎草、芦苇、藻类的下沉式水池。

正如英国园艺学家 Ken Aslet 等在《水景园》一书中写道的"水景园是指园中的水体向人们提供安宁和轻快的风景，在那里种有不同色彩和香味的植物，还有瀑布，溪流的声响。池中及沿岸配置由各种水生、沼生植物和耐湿的乔灌木，组成层次丰富的园林景观。"这正是本书所涉及的水景园（water garden）的范畴，即水和水生植物两者均为水景园的主体造园要素，缺一不可。由于这类水景园常常以展示各种水生花卉作为建园的主要目的，所以也称为水生花卉专类园。

(2) 水景园的类型

从设计布局上，分为规则式和自然式。通常，规则式水景园布置于庭园或规则式园林环境中，自然式水景园则布置于自然式园林环境中。规则式水景园中常由规则式池塘、运河、喷泉、跌水等水体组成。自然式水景园常由自然式构图的池塘、湖、溪流、瀑布、壁泉等水体组成。植物配置也分别以规则式和自然式布局。

从展示水生花卉的内容上，分为综合型及专类花卉展示型。前者以观赏性为主，结合各种水景类型，在水体不同区域种植多种水生花卉，一般水景园最为常用。专类园常常结合专类花卉的收集、育种、品种展示等科研及科普教育功能，如荷花专类园、睡莲专类园及花菖蒲专类园等。

12.2.2 水生植物及其群落景观

12.2.2.1 水生植物的概念、类型

植物学意义上的水生植物（*aquatic plants*）是指常年生活在水中，或在其生命周期内某段时间生活在水中的植物。这类植物体内细胞间隙较大，通气组织比较发达，种子能在水中或沼泽地萌发，在枯水时期它们比任何一种陆生植物更易死亡。水生植物种类繁多，其中淡水植物生活型有如下4类。

(1) 挺水植物

挺水植物的根或根状茎生于水底泥中，植株茎叶高挺出水面，如香蒲（*Typha* spp.）、水葱（*Scirpus validus*）。

(2) 浮水(叶)植物

浮水(叶)植物的根或根状茎生于水底泥中，叶片通常浮于水面，如菱(*Trapa bispinosa*)、睡莲。

(3) 漂浮植物

漂浮植物的根悬浮在水中，植物体漂浮于水面，可随水流四处漂泊，如凤眼莲(*Eichhornia crassipes*)、浮萍(*Lemna minor*)等。

(4) 沉水植物

沉水植物的根或根状茎扎生或不扎生于水底泥中，植物体沉没于水中，不露出水面，如水苋菜(*Ammania gracilis*)、红椒草(*Cryptocoryne wendtii*)、黑藻(*Hydrilla verticillata*)等。

园林水景中应用的水生植物还常常包括沿岸耐湿的乔灌木，称为岸边植物，以及能适应湿土至浅水环境的水际植物或沼生植物，前者如落羽杉(*Taxodium distichum*)、水杉(*Metasequoia glyptostroboides*)、水松(*Glyptostrobus pensilis*)、小叶榕(*Ficus microcarpa*)、木芙蓉(*Hibiscus mutabilis*)、夹竹桃(*Nerium indicum*)、蒲葵(*Livistona chinensis*)等，后者如苔草属(*Carex*)、灯芯草属(*Juncus*)、落新妇属(*Astilbe*)、报春花属、金莲花属(*Trollius*)、萱草属(*Hemerocallis*)、玉簪属(*Hosta*)、菖蒲(*Acorus calamus*)、石菖蒲、驴蹄草(*Caltha* spp.)、燕子花(*Iris laevigata*)、黄菖蒲(*Icorus pseudacorus*)、假升麻(*Aruncus sylvester*)的一些种和品种等。

12.2.2.2 水生植物的群落及其演替

自然界中各种水域的植物与陆地植物一样，以群落的形式存在。不同的水域环境，其群落的种类组成、群落结构及群落特征不同，而且这些群落既有一定的稳定性，也随着生态环境的变化及群落内部植物生长发育的进程发生着群落的动态演替。了解自然界水生植物群落的演替过程有助于在水景园植物配置时合理选择种类，合理搭配，创造出较为稳定的群落类型，达到在较长时间内具备预期的景观效果。

(1) 水生植物的主要群落简介

Brian Clouston (1977) 在 *Landscape Design with Plants* 一书中将水生植物群落分为生长于水体附近的植物、沼泽地植物、边沿地带植物、芦苇沼泽地植物、水面植物等。结合我国水生植物的自然分布及园林中的应用状况，我们把水生植物群落分为以下类型。

① 挺水植物群落　挺水植物在湿地学科中也称湿生植物。主要分布在沼泽地及湖、河、塘等近岸的浅水处，是水生植物和陆生植物之间的过渡类型。这类植物在空气中的部分具有陆生植物的特征，生长在水中的部分(主要指其地下茎或根)通常有发达的通气组织，具有水生植物的特征。主要有莎草科、禾本科、香蒲科、黑三棱科、泽泻科、天南星科、雨久花科、睡莲科以及蓼科植物。挺水类植物涵盖了园林水体配置中称作挺水、湿生、沼生植物的所有种类。自然界的代表性群落有芦苇群落、香蒲群落及菖蒲群落等。

② 浮水(叶)植物群落　浮水植物常有异叶现象，即有沉水叶和漂浮叶之分。它们常具有细长而柔软的叶柄，如金银莲花(*Nymphoides indica*)等的叶柄长可达 1~2m，这些形态特点不但可以减少水流的机械阻力，而且可以随水位的升降自动卷曲或伸长，使叶片始终浮于水面。这类植物主要有菱科、睡莲科的芡属(*Euryale*)、萍蓬草属(*Nuphar*)及眼子菜科的浮叶眼子菜(*Potamogeton natans*)等。浮水植物常间生在挺水植物群落间，但在挺水植物不能生长的地区，常成明显的群落。分布的区域一般水深 0.5~2.5m，有时也生长在更深的地区，但生长不茂盛。其中菱科的一些种类分布最深，可达 4~5m。常见的浮水植物群落有菱群落、睡莲群落及王莲群落等。

③ 漂浮植物群落　漂浮植物可以生活在水较深的地方。这类植物的根一般都退化或完全缺失，植物体的细胞间隙非常发达，体内多贮藏有较多的气体，植株整体漂浮于水面。如满江红科、槐叶萍科、浮萍科、雨久花科的凤眼莲属、水鳖科的水鳖属(*Hydrocharis*)、龙胆科的

荇菜等。这类植物一般分布在小型湖泊或大型湖泊的港湾部分或间生在挺水植物与浮水植物之间。常见的漂浮植物群落有凤眼莲群落及荇菜群落。

④沉水植物群落 沉水植物各部分都能吸收水分和营养物质，通气组织特别发达，有利于在水中缺乏空气的情况下进行气体交换。主要有眼子菜科、茨藻科、金鱼藻科、水鳖科（水鳖属除外）、水马齿科、狸藻科的一些种类等。这类植物在水景园中没有引起足够的重视，目前主要用于水族箱及模拟水下景观的海底世界等景观营造中。园林水体可以适当利用沉水花卉净化水质。代表性群落如黑藻群落及黄花狸藻群落。

⑤水际及沼生植物群落 这类植物生长期要求潮湿的土壤条件，水景园中需在池岸开辟一些同水面相齐平的地块，或于河岸、溪旁、湖边通过挖掘和平整以提供近似条件。可用于此处的植物有灯芯草属、观音莲属（*Lysichitum*）、泽泻属（*Alisma*）、勿忘草属（*Myosotis*）、金莲花属、花菖蒲（*Iris kaempferi*）及其变种、西伯利亚鸢尾（*I. sibirica*）、花蔺（*Butomus umbellatus*）、驴蹄草、睡菜（*Menyanthes trifoliata*）、梅花草（*Parnassia palustris*）等。这类植物具有相对较强的抗性，易于栽培。

⑥岸边植物群落 主要指与水体相连地段及水体周围布置的植物种类，包括假升麻、落新妇属的一些种、玉簪属与萱草属、草甸碎米荠（*Cardamine pratensis*），木本植物有柳属（*Salix*）、杨属（*Populus*）、榛属（*Corylus*）、桤木属（*Alnus*）、落羽杉、水杉、池杉、水松、竹类、木芙蓉、迎春、榕属、水蒲桃、羊蹄甲、蒲葵、夹竹桃、槟榔、棕榈、枫杨（*Pterocarya stenoptera*）、黑桦（*Betula dahurica*）等。

⑦海生红树林群落 红树林群落主要分布于我国热带海岸。主要为红树林景观树种，包括水椰（*Nypa fruticans*）、桐花树（*Aegiceras corniculatum*）、角果木（*Ceriops tagal*）、红树（*Rhizophora apiculata*）、老鼠筋（*Acanthus ebracteatus*）等。这类群落一般冬季要求水温18~23℃才能满足其生长所需。在涨潮时，海水可淹没全部或部分树冠，而退潮后则挺立在有机质丰富的烂泥海滩上，并具有发达的支柱根、呼吸根或板根。红树胎生的幼苗随海浪漂流到新的海滩扎根生长。

(2) 水生植物群落的演替规律

自然界水生植物群落的演替过程是沉水植物群落→浮水植物群落→挺水植物群落。生长于深水处的浮水植物生长过密时，会影响阳光的透入，进而影响同样生长于深水处的沉水植物的生长，甚至引起死亡，从而发生沉水植物群落演变为漂浮植物群落的过程。另外，由于挺水植物位于近岸处，首先拦截了冲刷下来的大量泥沙及有机物质，加上其残体不断积累，使临近的水域变浅，创造了适合挺水植物生长的区域，其繁殖力很强的地下根茎就向变浅的区域侵移，迅速繁殖，并占据优势，迫使原来的生长于此的浮水植物失去生存所需的条件而逐渐消亡，这样浮水植物带就演变成挺水植物带。这种水生植物群落演化的典型特征在自然界大型水域中表现最为明显。因为这一由沉水植物带到浮水植物带到挺水植物带的演变过程正是湖泊逐渐变浅或演化成沼泽的过程。园林中的大型水体，如果没有人工干预，也会发生类似的群落演替，造成植物景观的变化。在中小型水景园中，如果植物配置不当或没有适当的种植设施或养护管理中的人工干预，也会造成如凤眼莲等在数年后变为优势种甚至单一种，严重降低园林水体的景观效果（图12-3）。

因此，充分了解水生植物群落的演替规律，了解不同类型水生植物的生长习性及对环境的要求，在园林水体的植物配置设计中，既要保证其互不侵犯，和平共处，又要体现自然、合理、美丽的群落景观。这需要从种类的选择，种植设施的设置及建成后的管理等方面采取措施。

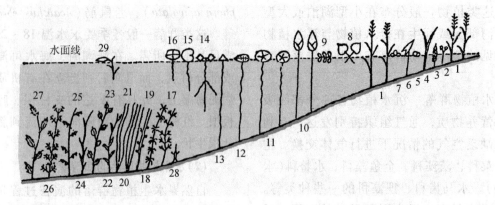

图 12-3　水生植物生态示意图（引自颜素珠《中国水生高等植物图说》）
1. 芦苇　2. 花蔺　3. 香蒲　4. 菰　5. 青萍　6. 慈姑　7. 紫萍　8. 水鳖　9. 槐叶萍　10. 莲
11. 芡实　12. 两栖蓼　13. 茶菱　14. 菱　15. 睡莲　16. 荇菜　17. 金鱼藻　18. 黑藻
19. 小茨藻　20. 苦草　21. 苦草　22. 竹叶眼子菜　23. 光叶眼子菜　24. 龙须眼子菜
25. 菹草　26. 狐尾藻　27. 大茨藻　28. 五针金鱼藻　29. 眼子菜

12.2.2.3　水生植物的生态习性

（1）温度

由于水中的环境较陆地上稳定，陆上温度变化对它们的影响较小，干湿度的影响更谈不上，因此，水生植物对环境和气候反应没有陆生植物那样敏感，许多水生植物种类分布范围也极为广泛，有些甚至是世界范围的广布种。如水生蕨类的满江红（*Azolla imbticata*）和槐叶萍、荇菜、芡实、萍蓬草、睡莲、莲、泽泻、菖蒲、香蒲类、芦苇、菰等在我国南北都有分布。对温度的适应范围较窄，如原产于南美洲的王莲，其生长要求的最适水温为 30～35℃，在我国北方地区不能露地越冬。还有些种类，虽然冬季能生存，但地上部分死亡，靠地下器官在冰冻层下越冬。因此，种植设计应全面了解每个种对最适温度的要求以及对极端温度的抗性。

（2）水位

由于不同的水生植物在原生境中处于不同的群落类型，而影响水生植物的群落的主导因子之一就是水位的高低。因此，不同水生植物对水位都有特定的要求。园林中应用的大部分浮水花卉，如睡莲、菱、芡实、萍蓬草等适宜的水深为 60～100cm。挺水植物通常分布于靠近岸边的浅水处，根据种类不同可生长于 0～2m 水深之中。其中如荷花可生长在 60～100cm 的水深处，而香蒲等许多挺水花卉可以生长于浅水至湿地，有些甚至在中生环境也可生长，如千屈菜、黄花鸢尾（*Iris pseudacorus*）、芦苇等。但是水位过高，该类花卉就会生长不良，甚至死亡。

（3）水的流速

园林水体有静水、动水之分，大部分水生植物要求静水或流速缓慢之水，尤其是挺水和浮水植物。因此，在有喷泉、瀑布等流速较大的水体中要借助种植设施为水生植物创造适宜的生长环境。

（4）光照

浮水植物、漂浮植物及绝大多数挺水植物都属于喜光植物，对光照的竞争比较明显，群落中的优势种往往抑制其他种类的生长；挺水植物中个别种类，如石菖蒲耐阴，鸭舌草（*Monochoria vaginalis*）可耐半阴环境；沉水植物能吸收射入水中的较微弱的阳光，在光线微弱的情况下也能生长，但它们对水的透明度也相当敏感，浑浊的水对它们吸收阳光较为不利，因此在透明度差的水中分布较浅。

（5）土壤

大部分水生花卉喜腐殖质丰富的黏质土。

挺水类植物对土壤的适应性强，但皆以深厚、肥沃之土壤为佳。

12.2.3 水生植物配置的原则及景观设计

12.2.3.1 水生植物配置的科学性原则

园林水体的种植设计概言之即通过广义的水生植物（包括沼生及湿生植物）的合理配置，创造优美的景观。这一合理配置的过程，便是建立人工水生植物群落的过程。为了达到最佳和持久的景观效果，种植设计中满足植物的生态需求是根本的原则。这其中，充分了解自然界水生植物群落的特点及其演替规律，了解特定种类的生态习性，然后在此基础上根据园林水体的类型、深浅等选择合适的植物种类，并合理地构筑种植设施，加上群落建成后合理的人工干预及养护管理，才能保证水生花卉的正常生长发育，充分展示水生花卉的观赏特点，创造出源于自然、高于自然的艺术风貌。

12.2.3.2 水生植物配置的艺术原理和构图特点

(1) 艺术原理

与所有其他形式的花卉布置一样，水生植物的种植设计同样要遵循相关的艺术原理，如变化与统一、协调与对比、对称与均衡以及韵律与节奏等的设计规律。但是，与陆地相比，水景因具有特殊的景观效果可以通过一些特殊的构图手法，创造出虚实相生、如诗如画、变化无穷的园林景观。

(2) 构图特点

①色彩构图　淡绿透明的水色，是调和各种园林景物色彩的底色，如水边碧草绿叶，水面的绚丽花卉，岸边的亭台楼阁，头顶的蓝天、白云都可以在虽则透明，然而却变化万端的水色的衬托下达到高度的协调。

②线条构图　平直的水面通过配置具有各种姿态及线条的植物，可以取得不同的景观效果。平静的水面如果植以睡莲，则飘逸悠闲、宁静而妩媚；若点缀萍蓬、荇菜，则随风花颤叶移，姿态万端；加以浮石如鸥，随波荡漾，一幅平和、静谧的图画跃然眼前。相反，如果池边种植高耸、尖峭的水杉、落羽杉等，则直立挺拔的线条与平直的水面及水岸均形成强烈的对比，景观生动而具有强烈的视觉冲击力。而水面荷花亭亭玉立，水边香蒲青翠挺拔，波动影摇，则别有一番情致。我国传统园林中自古以来水边植柳，创造出柔条拂水、湖上新春的景色。此外，水边树木探向水面的枝条，或平伸，或斜展，或拱曲，在水面上都可形成优美的线条，创造出独特的景观效果。

③倒影的运用　水景的最大特点即是产生倒影。水面不仅能调和各种植物的底色，而且能形成变化莫测的倒影。无论是岸边的一组树丛、亭台楼榭，还是一弯拱桥，甚至挺立于水面的田田荷叶，都会在水面形成美丽的倒影，产生对影成双、虚实相生的艺术效果。不仅如此，静谧的水面还可以倒映蓝天白云，云飘影移，变化无穷，静中有动，似动似静，有色有形，景观之奇妙陆地不可复有。正因为如此，水景园中，无论多小的水面，都切忌将水面种满植物，须至少留出 2/3 之面积供欣赏倒影，而且水面花卉种植位置，也需根据岸边景物仔细经营，才可以将最美的画面复现于水中。如果花卉充满水面，不仅欣赏不到水中景观，也会失去水面能提高空间亮度、使环境小中见大的作用，水景的意境和赏景的乐趣也会消失殆尽。

④透景与借景　水边植物景观是从水中欣赏岸上景色及从岸上欣赏水景的中介，因此，水边植物配置切忌封闭水体，通过疏密有致的配置做到需蔽者蔽之，宜留者留之，既免失去画意，又可留出透景线供岸上、水中互为因借并彼此赏景。

12.2.3.3 水生植物景观设计

(1) 水面景观

在湖、池中通过配置浮水花卉、漂浮花卉及适宜的挺水花卉，遵循上述艺术构图原理，在水面形成美丽的景观。配置时注意花卉彼此之间在形态、质地等观赏性状的协调和对比，尤其是植物和水面的比例，除了专门用于展示水生花卉的专类园,一般水景园中的水面花卉不宜超过总水面的1/3,以留出适宜的水面欣赏水景。

(2) 岸边景观

水景园的岸边景观主要通过湿生的乔灌木及挺水花卉组成。乔木的枝干不仅可以形成框景、透景等特殊的景观效果,不同形态的乔木还可组成丰富的天际线或与水平面形成对比,或与岸边建筑相配置,组成强烈的景观效果。岸边的灌木或柔条拂水,或临水相照,成为水景的重要组成内容。岸边的挺水花卉虽然多数矮小,但或亭亭玉立,或呈大小群丛与水岸搭配,点缀池旁桥头,极富自然之情趣。线条构图是岸边植物景观最重要的表现内容。

(3) 沼泽景观

自然界沼泽地分布着多种多样的沼生植物,成为湿地景观中最独特和丰富的内容。在西方的园林水景中有专门供人游览的沼泽园。其内布置各种沼生植物,姿态娟秀,色彩淡雅,分布自然,野趣尤浓。游人沿岸游览,欣赏大自然美景的再现,其乐无穷。在面积较大的沼泽园中,种植沼生的乔、灌、草多种植物,并设置汀步或铺设栈道,引导游人进入沼泽园的深处,去欣赏奇妙的沼生花卉或湿生乔木的气根、板根等奇特景观。在小型水景园中,除了在岸边种植沼生植物外,也常结合水池构筑沼园或沼床,栽培沼生花卉,丰富水景园的观赏内容。沼园/床的形状一般与水池相协调,即整形式水池配以整形式沼床,自然式水池配以自然式沼园。

(4) 滩涂景观

滩涂是湖、河、海等水边的浅平之地。园林中早已有对滩涂景观的运用,如王维辋川别业中有水景栾家濑,是一段因水流湍急而形成平濑水景的河道。王维诗曰:"飒飒秋雨中,浅浅石溜泻;跳波自相溅,白鹭惊复下。"生动地描写了滩涂的景色;另有湖边白石遍布成滩的白石滩,裴迪诗云:"跂石复临水,弄波情未极;日下川上寒,浮云澹无色。"可见其对滩涂景观的喜爱。在园林水景中可以再现自然的滩涂景观,结合湿生植物的配置,带给游人回归自然的审美感受。有时将滩涂和园路相结合,让人在经过时不仅看到滩涂,而且须跳跃而过,顿觉妙趣横生,意味无穷。

12.2.4 水生花卉的种植施工

12.2.4.1 水生植物的种植设施

主要指不同类型的水池中,用于美化水面及水际植物材料的种植。这也是水景园最基本的种植内容。

(1) 盆池

盆池与传统庭院中古老的养鱼及种植水生植物的方式类似。可以是木桶、陶瓷或玻璃缸,高度不低于30cm,盆底要放塘泥,多用来种植小型水生植物,如碗莲、萍蓬草、荇菜。盆池可置庭院、厅堂、屋顶花园、阳台处,在院中既可独立放置,形似一个小型台池,亦可埋入地下,水面几近平于地面,与周围植物配置融为一体,如一面照镜落于院中,为缺少水景之处平添几分情趣(图12-4)。冬季搬入室内,种植容易,养护管理简单,是家庭袖珍水景园的很好选择。

图12-4 盆池示意图

(2) 预制式水池

预制式水池的主要材料是玻璃纤维或硬质塑料，有各种形状。施工只需要埋入地下（图12-5）。这种池子可以移动，养护管理也非常简单，寿命长，可以用数十年，缺点是尺寸不能太大，而且造型固定。

这种池子一般在制作上都考虑到种植水生植物的需要，边沿常做成不同高度的台阶状，可放置要求不同水深的植物。植物种在带孔的盆或篮中，放置池底及台阶上。也可以在池底放入基质，直接种植。由于规模小，所种植的植物也很少。

(3) 衬池式池塘

衬池式池塘即以化工原料制成的柔软耐用且具伸缩性的塑料薄膜作为池衬用以防渗的小型水池（图12-6）。

挖池时要考虑到种植不同水深的植物，做出台阶。最后在池底铺基质种植，注意基质不可以有尖锐之物。

(4) 混凝土池塘

这是最常见、最经久耐用的池塘，可做成各种形状和尺寸。可以结合驳岸的类型及在池底、池边构筑不同的种植设施，满足不同水生植物的需求。

① 在水体边沿种植需要不同水深的植物时，做成各种阶梯状或坡状（图12-7）。

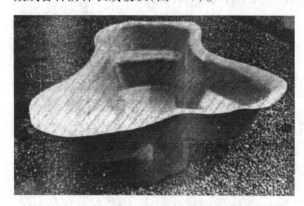

图 12-5　塑料预制池

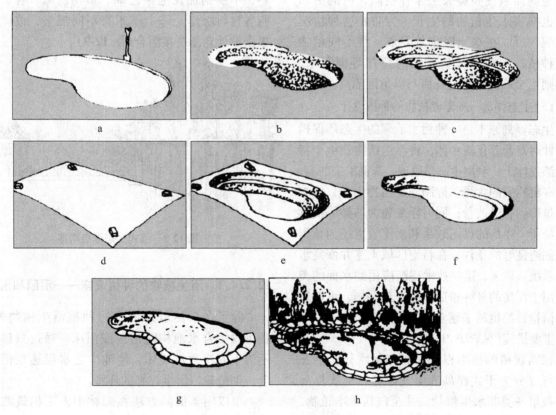

图 12-6　衬池式池塘，通过阶式岸边用于满足不同水位的水生花卉

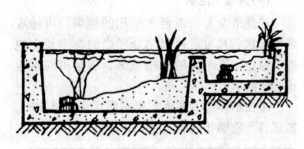

图12-7 水生植物种植设施

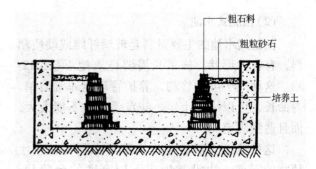

图12-8 水生植物种植设施

②水池太深而不能满足水生植物需求时，可在池底按要求高度放置金属架或砌筑水泥墩基座，将水生花卉种植于容器再放置于支架或基座上。也可以在池底直接做出混凝土种植池或用粗石料砌筑种植池，局部抬高，种植花卉（图12-8）。

③植物群落是动态演替的，植物之间由于生长势不同，长势强的在生长过程中会逐渐把长势弱的侵吞掉；鱼荷共养时，荷花常常很快占满池塘而致使鱼类失去生存空间，鱼的活动有时也损害水生植物的生长。为防止这种情况的出现，可以在水池底砌筑界墙，将不同植物隔离种植，并将生长势较强的荷花等围起来，上部则用金属网将水生花卉与养鱼区隔离。

(5) 生态浮岛——漂浮植物的种植设计

生态浮岛原本是一种污水治理的生态环保措施。针对富营养化的水体，将浮水植物栽植于特定的漂浮体上，利用生态学原理，降低水中的氮、磷及有机物质的含量，抑制藻类植物生长，使水体质量得到有效改善；同时浮岛还为鸟类等提供栖息场所，浮岛的遮阴效果和涡流效果还为鱼类生存创造良好的条件，在特定区域重建并恢复水生态系统。后来，这一技术逐渐应用到水面的美化，用于浮岛的材料和造型越来越多样，可以栽植的植物种类也越来越多，逐渐成为美化水体景观的重要措施（见彩图21、彩图22）。

根据栽植的植物根部是否接触水体，生态浮岛可以分为干式浮岛和湿式浮岛。干式浮岛可以栽培各类非水生植物，甚至包括木本植物，组成丰富多彩的群落景观，不仅美化水面，同时构成良好的鸟类栖息场所。湿式浮岛是指植物根系直接接触水体，是净化水体的主要栽植类型，主要种植水生植物。种植植物的载体称为浮床，生态浮岛可以是单体的浮床或浮篮，也可以是组合式的浮床。园林景观水体大多使用组合式浮床，其又可分为无框架和有框架浮床两类。无框架的绳式浮床一般用椰子纤维编织而成，或用合成纤维作植物基盘，然后用合成树脂包起来。有框架的浮床多用纤维强化塑料、不锈钢加发泡聚乙烯、塑化乙烯、合成树脂等材料制作。每个浮床有不同规格，彼此可根据设计意图拼接组合（图12-9）。

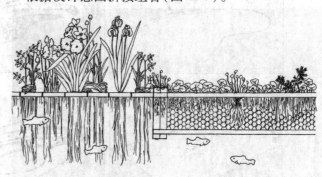

图12-9 湿式生态浮岛构造

12.2.4.2 沼生植物的种植设施——沼园和沼床

除了在自然驳岸的水边种植沼生植物外，还可以结合水池构筑沼园或沼床，通过只渗水不渗土的渗透性墙体，使池中之水渗透至沼床上，创造栽培沼生花卉的环境。

可以用类似的方法在园林中人工构筑滩涂景观。

(1) 与自然式水池相连的沼园

此类沼园在衬池式和混凝土结构水池中都可以做。衬池式沼园可将边缘做成坡状，然后砌墙，沼床下面垫上较大粒的基质，上面放混合的栽培基质，通过渗透性墙体保持沼园基质水分，灌溉或降雨后多余的水又下渗流入池塘，这种沼园/床，只要池中有水，沼生植物就可以生存。为了创造富有自然情趣的景观效果，可以设山石驳岸，并在沼园/床上置石，石缝种植植物，与整个自然式水景园浑然一体（图12-10）。

图 12-10　与自然式水池相连的沼园的结构示意图

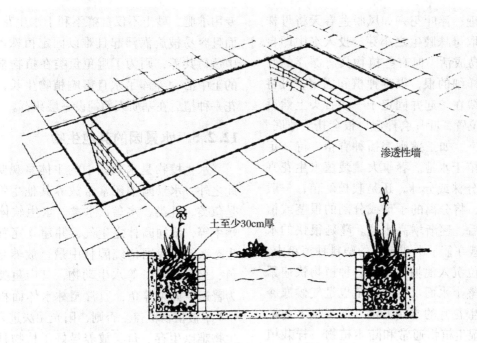

图 12-11　与整形式水池相连的沼床结构示意图

(2) 与整形式水池相连的沼床

在规则式园林环境中常布置几何形水体，边缘的湿生植物也呈规则式布局，同样将沼床与水池以透水墙相隔离即可（图12-11）。沼床中常种植各类水生鸢尾等，形成整齐、有序的景观效果。

(3) 整形式水池分离的沼床

为了使湿生、水生植物的种植形式更为灵活多变，还可以将沼床与水体分离，但中间以透水沟槽相连，槽中填充可透水的颗粒介质，其上可铺装或不铺装，保证与水体不相连的沼床中能有水渗透进来，保证植物的生长（图12-12）。

12.2.4.3　水景园植物的种植方法

水生花卉多为宿根草本植物如香蒲、睡莲、水葱、千屈菜、水生鸢尾类、菖蒲、石菖蒲及球根类植物如荷花、慈姑、荸荠（*Heleocharis dulcis*）等，均为多年生，在气候温暖地区不需每年种植，只需数年后分栽即可。一年生水生花卉如荇菜、芡实、鸭舌草、雨久花等多自播繁衍，

图 12-12　与整形式水池分离的沼床结构及效果示意图

无需特别管理；浮叶花卉如凤眼莲春天将母株丛分离或切取母株腋生之小芽，投入水中即自行生根，极易成活。但有些植物具有漂浮的叶片及发丝一样细的根，很难种植和固定，可将一束植物绑缚在一起并固定于一块石头上然后沉于所需的位置，叶片会浮起，根会扎至池底。有些水生花卉，如王莲则需播种育苗，待一定大小后再定植于水池。春季大量栽植水生花卉时，无论是分株或分球，还是栽植幼苗，一般将池水放干，将分离的子球或分割的根茎或植株栽入塘泥后，逐渐增高水位。蔓延很快的水生植物通常栽在篮子中或带孔的塑料种植箱中，按需求的水位沉入池塘，避免一种植物快速繁殖从而侵占整个水面。容器种植也是气候寒冷地区栽植水生花卉的常用方法，便于越冬前取出。沼生、湿生植物通常和陆生植物一样栽植（图 12-13，见彩图 23）。

水生花卉喜黏质土壤，最好用黏土或池塘专用堆肥，砂土不仅贫瘠不利于水生花卉生长，而且容易被旋涡浮起且难以固定植株。若池塘中鱼荷共养，则为了避免鱼类在植物根系周围的土中活动弄浑了水且影响植物生长，可以于花卉种植后在基质表面铺设一层卵石。

12.2.5　水景园的其他生物

水生植物是水景园中的主体景观要素。除此之外，水景园中还常常放养其他生物，尤其是鱼类、蛙类、水鸟、水禽、水生软体动物如蜗牛等，增加园林之生气，并建立完善的水体生态系统。我国传统园林中最喜放养金鱼、鲤鱼、鸳鸯、鸭子等水生动物，其中鱼类应用尤为普遍。如果养鱼，通常园林水体面积至少需 1/3 不被植物覆盖。否则，阳光无法进入，水下生物难以生存。鱼类放养最好于植物种植数周之后，以便于植物有足够时间生长扎根。池中最好有挺水、浮水、沉水植物间隔种植，沉水植物用来净化水体。

12.2.6　水景园的管理

水景园是由水及水体内种植的水生植物和放养的水生动物组成的生态系统。无论是植物还是动物，因为季节的变化及它们自身的生长发育，一直处于动态变化之中，须给予精心的维护，才能保证最佳的效果。

泉水和雨水最有利于植物和鱼类生长。如

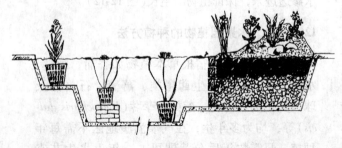

图 12-13　混凝土池塘中水生花卉种植设施综合示意图

果用自来水，须放置几天，待水中的添加物如氯等挥发后再种植，同时也利于水温上升。

对于繁殖过于迅速的挺水及浮水植物可以用容器栽植，漂浮植物则须适时打捞清除，以免形成单一优势种，并占满池塘。

越冬前，清理池塘中的枯枝落叶。北方寒冷地区冬季池塘可以通过提高水位，使花卉的地下器官在冰层下池底泥中越冬，也可于秋后枯黄时挖起，置于地窖、冷室等处越冬，翌年清明之后种植。

普通水泥结构的池塘，寒冷地区冬季需放空水，以免结冰后池壁破裂。

水中养鱼的池塘，冬季结冰前在池中放一个球，一旦池子结冰，取出球，舀出一些水，使得冰层下进入一层空气，这样就可以提供氧气。还可以放一束稻草或植物枝条保持该通气道通畅。

儿童经常活动之处的水景园，最好在外围水下5cm深处设一层网，通过柱子固定结实，栽植植物覆盖后，既不会影响景观，又能提供安全保障。

12.2.7 规则式小型水景园设计实例

该花园以简洁的线条和清晰的几何图形形成该园的规则式构图（图12-14）。整个花园轻快、开阔而精致。由于园中各部分景观均有特点，因此，全园景观丰富，趣味横生。全园在平面构图、铺装图案、墙面、入口等处以圆形重复出现，形成全园协调一致的艺术效果。

①连接住所的露台是主要的休息区。该区域以砖和条石铺砌，并组成圆形图案。右边台阶相对处设立一放置于基座上的半身雕像，形成一个副焦点。主视线越过水池，因此，露台尽头的墙体特意设计成向中心倾斜的造型，从而将视线引入池塘并且在此处形成水景的框景。

②长方形的水池规则而均衡，位于露台的后面，若隐若现，两边墙上的壁泉形成愉快的声响并不断地向水池中输入水流，水池中的水生花卉也呈规则式种植。两边是宽阔的步道，有台阶直接通向水边。步道的两边是规则式种

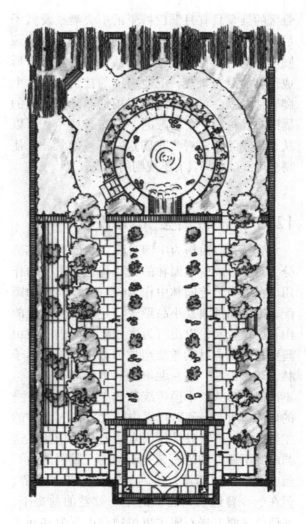

图12-14　规则式小型水景园
（引自 Robin Williams, 1982）

植的小乔木，围合出水池的形状。长方形水池的尽头，流水通过优雅的月洞门流入下一个景区。这个月洞门既吸引了人的视线，又框出了后面的景色，是园中设计的绝妙之处。

③月季廊在中部景区的一侧，蔓性月季与金银花形成绿廊，使得整个景观充满浪漫的气氛。在这个封闭、散发着浓烈芳香的、上部用弧形构架形成的步道中，景观与园中其他景区形成强烈的明、暗对比。绿廊的中部开口，由此可以看到园中的水景，也为水池对面的坐凳提供了对景。

④花园的最后一个景区以圆形的水池为视觉中心。从花园最前部的露台上所能望到的该

景区的景观只有月洞门框景的中央喷泉及园子尽头规则式栽种的乔木形成的花园的背景。该圆形水池为较低的沉池，水从月洞门流入后形成优美的瀑布景观，沉池周围的挡土墙台阶上爬满常春藤，有台阶通向周围的草地，景区的周围布置花境，在荫蔽的一角布置座椅，可以从对角线的方向观赏花园这一区域的景物，使得规则式的布局具有不规则的景观效果。

12.3 岩石园应用与设计

置石和假山作为中国自然山水园的组成部分，对于形成中国园林的民族特色有重要的作用。在中国传统园林中作为置石或以踏跺和蹲配、抱角和镶隅及小品形式与建筑结合布置的山石比比皆是，以山石为主体要素形成的假山园更是传统园林的重要组成部分，如苏州狮子林、环秀山庄、北京北海公园的静心斋等。但不论何种形式，中国传统园林中均以山石本身的形体、质地、色彩及假山的意境作为欣赏的主要对象，植物只是作为点缀有少量应用，这与起源于西方的岩石园是不同的。我国的山石园有其历史的渊源，达到了很高的艺术境界，但在如今普遍强调园林的生态效益的前提下，如何借鉴西方岩石园中以植物和山石为共同主体，以植物景观为展示的主要内容，利用我国丰富多彩的旱生植物、岩生植物、沼泽及水生植物，结合我国优秀的山石布置艺术和技术，创造出具有中国特色和时代特色的岩石园，是很有意义的。

12.3.1 岩石园概述

18世纪末，欧洲开始引种高山植物（alpine plants）。在一些植物园中出现了高山植物栽培和展示区，成为现代岩石园的前身。1864年，奥地利植物学家Kerner Von Marilaum写了一本论述高山植物的专著，介绍了他的栽培工作，为高山植物的引种栽培提供了良好的理论和实践基础。稍后H. Correvon在瑞士栽培了一批即使现在看来也相当优秀的高山植物，并写了许多有关文章。到19世纪末，英国植物学家与园林专家William Robinson把他的自然式园林的思想与高山植物栽培相结合，推动维多利亚式的装饰烦琐、华丽的规则式岩石园走向非规则式。在其后的Reginad Farrer的进一步推动下，岩石园向更为自然的园林发展，一直延续至今。这种风格在更晚一些时候才影响到欧洲大陆。那里相当长的一段时间是构造微型的真山或者真山的一个特定区域来展示高山植物。当时岩石园的先驱者在植物园中展示高山植物是为了向学生及爱好植物学的参观者展示不同类型的山地植物群落，模拟悬崖、碎石坡、高山草地等景观从而再现它们的自然面貌。如果有足够大的地方，就按不同地理区域，把不同国家的高山花卉种在一起。而业余的岩石园爱好者则试图通过把奇特的野生及人为栽培的一些袖珍型高山花卉品种集中在岩石园中，欣赏其斑斓的色彩并体验重归自然的感觉。

由此可见，岩石园是随着植物引种等科学研究的发展应运而生的，其最初的功能是以高山植物为主体，以岩石环境为载体，以展现特定的植被类型和植物种类以及与之伴随的山地景观作为设计和建造的目的，因而具备了专类花园的基本特征。

在引种高山植物及建立岩石园的过程中，人们发现了不少高山植物不能忍受低海拔的环境条件而死亡，继而寻找一些貌似高山植物的灌木、多年生宿根、球根花卉来代替，并且开始人工育种，精心培育出一大批各种低矮、匍匐、具有高山植物株型特点的栽培变种，甚至高逾数十米到百米的北美巨杉（*Sequoidendron giganteum*）以及雪松（*Cedrus deodara*）、云杉（*Picea asperata*）、冷杉（*Abies fabri*）、铁杉（*Tsuga chinensis*）等都被培育出低矮或匍地的品种，极大地丰富了可用于岩石园的植物材料，进而推动了岩石园的发展。

英国爱丁堡皇家植物园始建于1670年，园内东南部的岩石园历经100余年的改建不断完善，如今占地1hm²，其规模、地形、景观举世闻名（见彩图24）。1882年邱园建造了岩石园，模拟比利牛斯山谷的景观,为植物创造了良好的小气候条件(见彩图25)。此后欧美的许多植物园、公园、校园中也建了不少岩石园,还出现了各种有关组织,如英国的高山植物园学会及苏格兰岩石园俱乐部、美国的岩石园学会等。

20世纪30年代在庐山植物园中创建了我国第一个现代意义上的岩石园,其设计思想为:利用原有地形,模仿自然,依山叠石,做到花中有石,石中有花,花石相间,岩坡起伏,垒垒石垛,丘壑成趣,远眺可显出万紫千红,花团锦簇,近观则怪石峥嵘,参差连接形成绝妙的高山植物景观,种植有石竹科、报春花科、龙胆科、十字花科等高山植物数百种。

12.3.2 岩石园的含义及类型

12.3.2.1 岩石园的含义

岩石园(rock garden)是以岩石和岩生植物为主体,可结合地形选择适当的沼生和水生植物,经过合理的构筑与配置,展示高山草甸、岩崖、碎石陡坡、峰峦溪流等自然景观和植物群落的一种装饰性绿地。在这里既可以进行引种、栽培、育种及对物种多样性等的科学研究,对学生和游客进行科普教育,又使人可游可赏,领略美丽的园林景观。此外,利用花园中的挡土墙或专门构筑墙体,在缝隙中种植岩生花卉,甚至在置于庭园一角的容器中种植高山花卉,或在高山植物展室中展示高山花卉的景观也归于此类。

12.3.2.2 岩石园的类型

(1)规则式岩石园(formal rock garden)

规划式岩石园指结合建筑角隅、街道两旁及土山的一面做成一层或多层的台地,在规则式的种植床上种植高山植物。这类岩石园地形简单,以展示植物为主,一般面积规模较小。

(2)自然式岩石园(informal rock garden)

自然式岩石园指以展示高山的地形及植物景观为主,模拟自然山地、峡谷、溪流等自然地貌形成景观丰富的自然山水面貌和植物群落。一般面积较大,植物种类也丰富(图12-15a)。

(3)墙园式岩石园(dry-stone wall)

这是一类特殊的展示岩生花卉景观的形式。通常利用园林中各种挡土墙及分隔空间的墙面,或者特意构筑墙垣,在墙的岩石缝隙种植各种岩生植物从而形成墙园。一般和岩石园相结合或自然式园林中结合各种墙体而布置,形式灵活,景色美丽(图12-15b)。

(4)容器式微型岩石园(miniature rock gardens,trough gardens)

指采用石槽及各种废弃的水槽、木槽、石碗、陶瓷器等容器,种植岩生植物并用各种砾石相配,布置于岩石园或庭园的趣味式栽植,再现大自然之一隅。

(5)高山植物展览室(the rock garden under glass,the alpine house)

暖地在温室中利用人工降温(或夏季降温)

图12-15 岩石园(引自Schacht,1981)
a. 昆明植物园中自然式岩石园早春景观　b. 墙园式岩石园

创造适宜条件展示高山植物，是专类植物展览室。通常也结合岩石的搭配模拟自然山地景观。

12.3.3 岩生植物的含义及特点

如前所述，早期的岩石园中展示的是引种成功的真正的高山植物。高山植物（alpines）这个术语原意是指早期科学家在阿尔卑斯山脉（Alps）引种的植物，后引申为高山植物。但是岩生植物（alpines and rock plants）却不仅仅指高山植物。在园林设计上通常将适用于岩石园的植物通称为岩生植物（岩生花卉）或岩石植物。它包含以下内容。

（1）高山植物

所谓高山植物通常是指自高山乔木分界线以上至雪线一带的高山地区分布的植物。高山地区风力大，水分蒸发量大，日温差大，光照强且光谱中的蓝紫及紫外线多，土层薄且土壤贫瘠。这些综合生境决定了高山植物通常具有特殊的形态特征，如植物低矮、匍地或呈莲座状生长，被茸毛，叶小或肉质或有厚的角质层，但根系发达，花色鲜艳。在地形复杂的区域，还有喜光、耐阴、旱生及湿生等不同的生态类型。但是，由于高山地区气候与山下的气候迥然不同，高山植物引种到低海拔处，只有部分种类能在土壤疏松、排水良好、光照充足、空气流通、夏季保持凉爽和空气湿度较大的环境中生长良好。因此，引种驯化高山植物是一项持续和长久的工作。

（2）低矮植物

有些植物虽然并非高山植物，但植株低矮或匍匐，生长缓慢且抗逆性强，尤其是抗旱、抗寒、耐瘠薄，管理粗放，适合应用于岩石园中。这类植物主要有矮小的灌木、多年生宿根和球根花卉以及部分一、二年生花卉。

（3）人工培育的低矮的可适用于岩石园的栽培品种

通过人工育种手段而得到的各种低矮或匍匐的适用于岩石园的品种。

总之，岩生植物应具备以下特点：植株低矮，生长缓慢，生长期长；耐瘠薄，抗逆性强；以灌木、亚灌木及多年生宿根和球根花卉为主。

12.3.4 岩石园的景观设计和建造

12.3.4.1 岩石的选择

岩石园的用石要能为植物根系提供凉爽的环境，石隙要有贮水的能力，故要选择透气并可吸收湿气的岩石。坚硬不透气的花岗岩及表面光滑、闪光的碎石均不适合，应选择表面起皱、美丽、自然的石料，最常用的有石灰岩、砾岩、砂岩等。石灰岩含钙化合物，外形美观。长期沉于水底的石灰岩，在水流的冲刷下，外形多孔且质地较轻、容易分割，保水保肥能力强，适合各种植物生长，是最适合的一类岩石。砾石造价便宜，铁含量高，有利于植物生长，但砾石外形有棱有角或圆胖不雅，没有自然层次。红砂岩含铁多，其缺点同砾石。鹅卵石太光滑，不利于植物扎根，但可以用来做干河床。石板可以用来做台阶及挡土墙。

12.3.4.2 各类岩石园的设计和建造

岩石园的设计宗旨是师法自然。自然界的高山岩生植物群落结构和景观是岩石园力图再现的对象。下面以自然式岩石园为主介绍岩石园设计及建造的要点。

（1）自然式岩石园

①选址　与周围的环境相协调，自然式岩石园应布置于自然式园林环境中。位置要选择在向阳、开阔、空气流通之处，坡地最为理想。如果原址平坦缺乏地形变化，岩石园的上风方向最好有茂密的树林作为背景，但树林不能离岩石园太近，一方面不会对岩石园造成遮阴；另一方面避免与岩石园景观不协调。小型岩石园或岩石角宜以建筑或其他构筑物为背景，且背风向阳。

②地形地貌设计　自然式岩石园要有丰富的地形。应模拟自然，有隆起的山峰、山脊、支脉、下凹的山谷、碎石坡和干涸的河床，孤置、散置和组合布置的山石，疏密有致，高低错落。结合空间分隔、道路及广场等将墙园、

自然式的花台等合理地组织在岩石园中。

流水是岩石园中最愉悦的景观之一，因此，曲折蜿蜒的溪流以及池塘、跌水、瀑布和岩石结合，使其有声响，并给湿生及水生植物提供栽培条件，从而使景观丰富而生动。在地下水位较低的地方，还可以设计下沉式岩石园，即模拟山谷的景观，并结合溪流、池塘等水景增加空气湿度，给植物生长创造有利的小气候环境，同时丰富景观。故自然式岩石园如若选有自然泉水、溪流的地方则更佳。

③道路设计　自然式岩石园中的游览小径宜设计成曲折多变的自然路线，台阶、磴道与铺设平坦的石块或碎石、卵石的小径相结合，小路及磴道、台阶的边缘和缝隙间点缀花卉，更具自然野趣。为了在景观上造成较强烈的山势，地势平坦之处建立岩石园可挖掘下沉式道路，将路面下降，栽植床垫高，从而在景观上造成强烈的山势效果。

④植物种植床及种植穴　在设计地形地貌和道路时，首先考虑种植床的位置、大小、朝向及高低，然后用山石镶嵌出边缘，种植床要避免大小一样、等高等距，要力求自然，床内也可散置山石，与环境协调。有些地方虽然只是零星点缀植物，但施工时需预留种植穴并填充栽培土壤。

⑤植物配置　再现高山植物群落及高山景观是岩石园植物配置的基本原则。因此需在了解各类岩生植物生理生态适应性的基础上，根据当地的气候特点及岩石园的立地条件，针对岩石园是充满幽谷溪涧、柔美绚丽之风格，还是峰峦叠嶂、雄伟豪迈之风格来选择植物种类和配置方式，合理搭配常绿、落叶之比例，充分考虑季相变化，通过灌木、多年生花卉、地被植物等合理配置，组成优美的群落，也可以与山石、磴道、台阶、道路及挡土墙等结合，灵活布置。大的栽植床与广场或道路交叉口山石组成的自然花台相结合，植物或成自然的群落栽植于种植床内，或匍匐于阶旁，下垂于墙前。总之，山石和植物搭配疏密有致，参差错落，顺理成章。

我国有丰富的高山植物资源，报春花、龙胆、绿绒蒿及杜鹃花等著名的高山花卉均以我国为分布中心。由于不同的生境条件有耐寒、耐旱的种类，也有喜温暖湿润的种类，有耐盐碱土，也有喜酸性土壤的种类。各地在建岩石园时应充分开发和利用本地的资源，以气候相似原理为指导，引种驯化适宜的高山植物。当然，高山花卉的引种驯化毕竟需要一个漫长的过程，因此，建园之初可以大量应用形态上类似的栽培植物形成较好的景观效果。此后再逐步将引种驯化成功的高山植物补充进来。

⑥岩石园建造　岩石园的建造包括地形整理、埋设岩石以及改良土壤和植物种植等环节。岩石本身是岩石园的重要欣赏对象，因此，构筑和置石合理与否极为重要。构筑山石应先布置最大的和景观最好的石头，然后根据大小布置其余。岩石块的摆置方向趋于一致，才符合自然界地层外貌，还要考虑岩石的朝向、纹理的一致及基部的处理。岩石块至少埋入土中 $1/3 \sim 1/2$ 深度，要将最自然最美丽的部分露出土面。埋设石头时应向后倾斜从而让雨水流进来并避免雨水、灌溉水及栽培土壤的流失。下层的土壤要先夯实，然后放一层卵石及不同的废石块，再把岩石放在上面。石头应埋稳固，避免以后下沉。需要种植物的石头之间要留出种植穴，填充栽培基质。

岩石园对土壤的质地要求较高，即排水好又保水，矿质成分多、肥沃且酸碱度适宜。在石灰岩为主的岩石园中，因为含钙多，要考虑填入较多的苔藓、泥炭、腐叶土等混合土，以降低 pH 值，适宜酸性土植物的要求。有些对酸性要求特别高的如岩生杜鹃等，要做出泥炭栽植床。对于碱性土植物，要在土壤中适量加入骨粉、石灰及粗砂砾等。总之，根据所要栽培的植物进行土壤改良，给植物提供最适宜的生长条件。建园之前，应结合除草剂彻底清除杂草的营养体和种子，否则一旦园子建成，除杂草将会成为繁重的工作。

岩石园中的栽植床要注意排水。基质下面要有一定厚度的砾石、碎石等排水良好的物质

图 12-16　自然式岩石园结构及植物种植床和种植穴及排水管。植物种植后用腐叶土或碎片覆盖，既避免地面裸露，又可减少土壤水分蒸发。栽植后充分浇水，促使植物尽快扎根（图 12-16）。

（2）规则式岩石园

从整体上看，规则式岩石园根据位置不同而分为规则式岩床、单面或多面观的规则上升的台地式或山丘式岩石园（图 12-17、图 12-18）。岩石园的基础，从地面向下挖 20～30cm，放入园土，再安置上大块岩石。要使基础坚实而稳定，岩石园的内部，以瓦片和砾石为材料，表层以园土和沙为主要材料，间隔安置些大的岩石，埋在园土和沙石之间。岩石之间的组合以便于排水且适于植物根系伸展为原则。从岩石园的整体上看，岩石布置宜高低错落、疏密有致；岩块的大小组合与植物搭配相宜。可以通过匍匐性植物种植于栽植床边缘打破生硬和呆板的线条。

（3）墙园

墙园有高墙和矮墙两种。高墙要做 40cm 深的基础（结构大致同前）；矮墙可在地面直接叠起。注意墙面不能垂直，要向护土方向倾斜。石块插入土壤固定，也要由外向内稍朝下倾斜，既可避免水土流失，也便于承接雨水，供植物生长。石块之间的缝隙不宜过大，并用肥土填实。竖直方向的缝隙要错开，不能直上直下，以免土壤冲刷及墙面不牢固。石料以片状的石灰岩较为理想，既能提供植物较多的生长缝隙，又有理想的色彩效果。墙园上部及侧面都必须能栽植植物，根系向着中心。由于建成后土壤改良较困难，因此建造过程中应根据植物需求进行土壤改良。墙园的高低及宽窄要与周围环境协调。墙园形式灵活，可以结合挡土墙做成单面墙园，也可以做成双面式墙园，经过适当的植物配置可形成美丽的景观（图 12-19）。

（4）微型岩石园

可用石槽、塑石或其他质地的容器做成，基部要有排水孔。下面垫排水层，上部放基质，栽植植物后在表面覆盖碎石。植物宜选择矮小的品种。这种种植器可以摆放于花园任何地方，尤其是家庭小花园（图 12-20）。

另外，碎石床（可以是坡面也可以建在平地）及岩石构筑的花台或种植池都是比较灵活的展示岩生植物的形式，除了布置在岩石园中，也

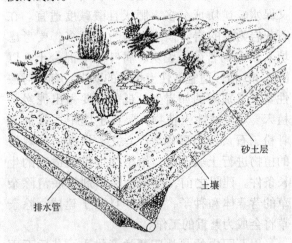

图 12-17　台式岩床的结构

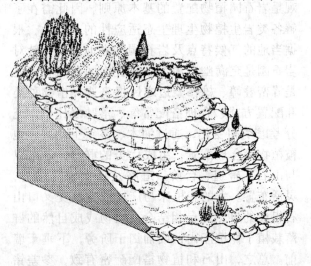

图 12-18　阶式岩床的结构

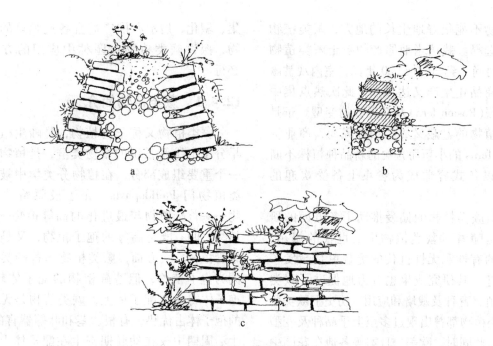

图 12-19 墙园的结构
a. 双面式墙园结构图　b. 单面式墙园结构图　c. 墙园立面

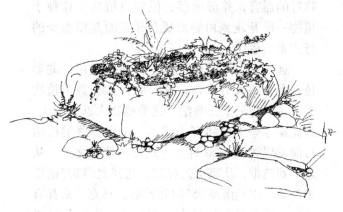

图 12-20 微型岩石园

可以在花园的铺装场地或草坪上设置，形成活泼美丽的独特景观。

12.3.5 岩石园的管理

岩石园植物要求管理精细才能形成良好的观赏效果。包括夏季防止高温对喜冷凉植物的伤害，北方冬季的防寒等。雨季及时排水，旱季及时灌溉；施肥不宜过多，尤其是对多年生植物和灌木。及时修剪，控制高度和优美的姿态或形状。杂草的清除也极为重要。

12.4 蕨类植物专类园

蕨类植物以其奇特优美的叶形姿态和多种多样的生态适应性，一直受到人们的喜爱，作为观赏目的的栽培和应用具有悠久的历史。在英国，从维多利亚时代起，蕨类植物就成为室内的传统摆设，儿童对自然的认识和对植物知识的了解就是从室内应用的蕨类植物开始的。后来欧美人对于蕨类的钟爱几乎达到狂热的程度，居室盆栽摆设、微缩景观、小型蕨类园等各种应用方式不断出现。由业余植物学家 Nathanial Ward 发明的把蕨类植物种植在密闭玻璃容器中的方法，为居室蕨类植物装饰找到了新的有趣的方式，被当时的蕨类植物爱好者称为当代"最伟大的发明之一"，以致以 Ward 的名字而命名的 Wardian Case 后来专指种植蕨类的密闭透明的容器，从材料和形式上都得到极大发展，也就是我们今天所称的景瓶式栽培或瓶园或袖珍花园。在美洲，早在 17 世纪人们已对蕨类植物产生兴趣。到 20 世纪初，美国对蕨类植物的喜爱热点由温室中大范围种植热带种而转变为在户外园林中种植耐寒种；在花园中那些其他植物不能很好地生长的地方，蕨类植物成为最佳选择。栽培当地原产的乡土蕨类植物成为一种时尚。到20世纪20年代，室内观赏蕨类植物的商品化生产又达顶点，此次热点集中于波士顿蕨（Boston fern）及其无数的变型。于是小型蕨类植物的盆栽又成为一种风尚，商业上称为table-ferns的小巧而秀丽的新品种植株不断育成，配以各式容器成为餐桌上备受欢迎的装饰。

人们对蕨类植物的偏爱推动了各方面的研究，尤其是随着对蕨类植物生活世代的揭示，这种奇妙的有性和无性世代的更替更是激发了人们的兴趣，其研究成果也有力地促进了蕨类植物的繁殖、育种及栽培和应用。历史上欧美所流行的蕨类植物都曾出现过多至上千品种及变型的情形。与此同时，欧美、日本等各地在花园中应用蕨类植物越来越普遍，各种蕨类植物的专类花园也层出不穷。正如植物学家、室内景观设计师Philip Perl在其《Fern》一书中盛赞的那样，蕨类"无花也动人"，是"花园的羽毛"，道出了代表自然界永恒绿色的蕨类植物不同于一般花卉的特征及其长久不衰的原因。

中国是蕨类植物分布最丰富的地区之一，历史上很早就有蕨类植物的药用和食用的记载，在林奈的《植物种志》中也有对中国原产的蕨类植物的记载。然而我国对蕨类植物的研究却在20世纪30年代才开始。此后，以秦仁昌先生为代表的中国科学家在蕨类植物的系统分类方面取得了巨大的成就。蕨类植物的观赏栽培则起步更晚，直到改革开放后了解到国际上对蕨类植物在园林中的广泛应用，才开始把注意力转向我国自产丰富的蕨类植物资源。20世纪80年代在中国科学院华南植物园建了我国第一个蕨类植物专类园。杭州植物园的百草园也曾经收集大量的蕨类植物，按照蕨类植物的生态类型，结合水景构筑营造出美丽的园林景观。随着园林建设的发展，越来越多地要求植物配置中建立复层混交的人工植物群落，进而对群落下层的耐阴地被等都提出了要求，这正给蕨类植物的应用提供了舞台。通过蕨类植物专类园来收集、驯化、展示和推广适宜各地栽培的蕨类植物，探讨蕨类植物在园林中应用的方式势在必行。

12.4.1 蕨类植物简介

蕨类植物又称羊齿植物，是陆生植物中最早分化出维管系统的植物类群，是植物界中的一个重要组成部分，在植物分类学中被列为蕨类植物门Pteridophyta，介于最原始的高等植物——苔藓植物与最进化的高等植物——种子植物之间，既是高等的孢子植物，又是原始的维管植物。一方面，蕨类植物与苔藓类植物虽同为孢子植物，但苔藓植物的配子体较发达，孢子体寄生在配子体上，蕨类植物是无性世代的孢子体占优势，有根、茎和叶等器官的分化，生活周期中仅在幼胚期寄生在配子体上。另一方面，蕨类植物与种子植物都是维管植物，具备了适应陆地生活需要的吸收、运输和制造食物等的器官，并形成胚，但蕨类植物不像种子植物一样开花或由胚形成种子，而是以孢子的形式繁衍后代。

远在3亿年前的泥盆纪至石炭纪时，蕨类植物多为高大乔木群，这个时代称为蕨类植物时代。二叠纪至三叠纪，这类植物大部分灭绝，因此现存蕨类植物多为草本。全世界蕨类植物目前发现约12 000种。地理分布非常之广，从寒带到热带，从高山到海滨，北到北纬83°的格陵兰岛，南到南纬55°的乔治岛、马克雷岛都有分布。热带和亚热带为分布中心。中国是世界蕨类植物丰富的地区之一，已知有2400多种，多分布于西南和长江以南地区。

12.4.2 蕨类植物的形态及观赏特点

(1) 体态株型

蕨类植物株高相差悬殊，矮者伏地而生，高不盈尺，如铺地蜈蚣（*Palhinhaea cernua*）、翠云草（*Selaginella uncinata*）等；高者如乔木状，亭亭如华盖，如苏铁蕨（*Brainea insignis*）、桫椤类（*Alsophia* spp.）、笔筒树（*Saphaeropteris lepifera*）。蕨类植物株型千变万化，丰富多彩，或直立成丛，如荚果蕨（Matteuccia struthiopteis）；或匍地成片，如翠云草等；或缠绕攀附于树干或灌丛，如海金沙（Lygodium japonicum）等。

(2) 叶

蕨类植物的叶有营养叶和功能叶之分，它们或者相同，均为绿色，或者形状与颜色皆不同。叶片不仅有草质、纸质、革质、肉质等之别，叶形更是千姿百态，大小各异，有单叶，有一至三回甚至更多回的羽状复叶，有匙、箭、圆、针、掌、条等形，有的似银杏，有的似苏铁，有的如松针，还有的形如瓶，状如扇，而那美丽的鸟巢蕨（Neottopteris nidus）、燕尾蕨（Cheirpleuria bicuspis）和鹿角蕨，更是栩栩如生。除了绿色之外，蕨类植物也有许多彩叶和花叶的种类，有粉红、玫瑰红、绿白相间的花纹及金色或银色等，无花胜似花；即使是主色调的绿色，也有墨绿、蓝绿、翠绿、黄绿等变化。更为奇特的是，与其他花卉完全不同，蕨类植物的新叶都以别具一格的拳卷的叶芽开始（俗称拳芽），其中金毛狗（Cibotium barometz）等的拳芽表面还覆盖有金黄色的长毛，观音莲座蕨（Angiopteris fokiensis）的拳芽具有美丽的花纹等，可以说蕨类植物从一露出地面就充满了无限的魅力和神奇。

(3) 孢子囊群

蕨类植物的孢子囊群不仅是蕨类植物的繁殖器官和分类的重要形态特征，而且因其鲜艳色彩或奇特形状而具有独特的观赏价值。它们有的如马蹄，有的似娥眉，有的呈线形，有的为圆形，有的沿叶脉而分布，有的镶嵌于叶缘，有的散生，有的组成美丽的图案，同样变化万千。如江南星蕨（Microsorium fortunei）有整齐排列的、大而圆的橙黄色孢子囊群，十分鲜艳；石韦（Pyrrosia lingua）的孢子囊群遍布叶背，都具有较高的观赏价值。

(4) 根状茎

有些蕨类植物裸露于地表的肉质、肥厚根状茎，因造型独特且密被各色鳞毛而具有观赏价值。如金毛狗的肥大根状茎密被金黄色鳞毛，状如金毛狗；福建观音莲座蕨（Angiopteris fokiensis）的根状茎犹如莲座；而崖姜蕨（Pseudodrynaria coronans）肥大的根状茎密被棕褐色的有光泽的鳞毛，状如一群鼹鼠；圆盖阴石蕨（Humata tyermanni）的根状茎密被银白色细致的鳞毛状如狐尾等。

12.4.3 蕨类植物的生态类型

蕨类植物因其分布范围广泛，生活环境多样而具有广泛的生态适应性。根据蕨类植物生活的环境和生态特点，可将其分为以下生态类型。

(1) 地生蕨

地生蕨又称陆生蕨或土生蕨。此类最多，包括树状蕨类及宿根蕨类。株型有直立、丛生、散生、匍地以及缠绕攀缘等类型。常生于林缘、山坡、山谷、沟溪、灌丛中，根扎于土中，如桫椤（Cyathea spinulosa）、金毛狗、肾蕨、铁线蕨（Adiantum capillus-veneris）、观音莲座蕨、芒萁等。其中大部分都具有较强的耐阴性，另有一些喜光，如铁芒萁、铺地蜈蚣、斜羽蕨；一些耐半阴，如肾蕨、乌毛蕨（Blechnum orientale）、粉叶蕨（Aleuritopteris pseudo-farinosa）等。大部分蕨类植物喜欢酸性至微酸性土壤，如铁芒萁喜酸性土，钙质土和盐碱土上不能生长。也有一些种类喜生于碱性土壤，如蜈蚣草（Nephrolepis cordifolia）和铁线蕨是南方钙质土和石灰质碱性土壤的指示植物。

(2) 附生蕨

附生蕨以根状茎依附于热带雨林、季雨林大树甚至石壁上，汲取树皮上的水分和腐殖质以求生存。其中低位附生蕨通常生长在雨林内树干的下部，空气湿度大，植株的体型均较小，叶片薄膜质，根和叶均可吸收水分，如膜蕨（Hymenophyllum barbatum）、瓶蕨（Trichomanes auriculata）、厚叶蕨（Cephalomanes sumatranum）等。高位型附生蕨生长在树干上部或林冠的枝条上，生境只有部分荫蔽，有时全部暴露在阳光下，空气湿度较林下干燥，风也大，因此这类蕨类在吸水、贮水以及防止水分过度损耗方面都有独特的适应性,如叶片排列成鸟巢状以贮水、须根密生成团的鸟巢蕨、崖姜蕨等;有的叶两型,不育叶干膜质、被覆根状茎及须根用以吸水和贮水,能育叶厚革质而光滑,减少水分蒸发的槲蕨(*Drynaria roosii*)等,还有的叶片及根状茎厚肉质,具贮水功能,如石韦类抱树莲(*Drymoglossum piloselloides*)等。有的叶片在干旱情况下扭卷,如瓦韦(*Lepisorus thunbergianus*)以减少暴露于空气中的面积等。所有这些附生蕨类在雨林的中上部空间构成景观奇特的空中花园。

(3) 石生蕨

石生蕨生长在岩石表面或石隙中。其中有的生长在密林下的沟边山石上,这里空气湿度大,这类石生蕨类一般耐阴喜湿;还有一些生长于向阳、裸露、干燥的岩石上,具有旱生蕨类的特征,如全株呈莲座状,枝叶聚生于茎顶,缺水时拳卷,形似干死,遇水吸水张开,恢复生长,如卷柏;有些种类的羽片柄顶端与连接处有关节,干旱时部分或全部羽片脱落,如铁线蕨属的一些种类等。还有些种喜生长于石灰岩或钙质土,如铁线蕨、卷柏、岩蕨(*Woodsia ilvensis*)、银粉背蕨(*Aleuritopteris argentea*)等,是钙质土的指示植物。通常生长于岩石表面的蕨类具横走的根状茎或须根极为发达,紧紧吸附于顽石表面极浅的风化土层中;生长于石缝中的蕨类具有短而直立的根状茎,扎入石缝中的土壤而吸收养分和水分。

(4) 水生蕨

中华水韭(*Isoetes sinensis*)、蘋(*Marsilea quadrifolia*)、槐叶萍(*Salvinia natans*)、满江红等蕨类生长于水中,其中中华水韭为挺水型且为水陆两栖类蕨类植物,宜种植于沼生至浅水条件下,清秀而雅致(水韭属全部为国家一级保护植物,为独特的水生蕨类植物)。蘋为浮水蕨类,小叶十字对生。槐叶萍和满江红均为漂浮性蕨类,既可以美化,又可以净化水体,还是优质饲料。满江红还是优良的固氮植物,可作绿肥。夏季蓝绿,秋季红色,布满水面,蔚为壮观,故名。

12.4.4 蕨类植物专类园设计

热带和亚热带分布的蕨类植物种类丰富,尽可以在花园中展示蕨类的千姿百态。寒冷的北方可以将室外耐寒种类的布置结合专类温室展示热带和亚热带的种类。无论是室内或室外布置,蕨类植物园通常均采用自然式布置,结合地形处理、水景和岩石景观的构筑及各类不同的栽培方式,展示各种生态类型的蕨类植物,丰富专类园的观赏内容(图12-21)。

图12-21 蕨类与乔木、山石与溪流的组景

12.4.4.1 蕨类植物景观设计

(1) 地栽景观

蕨类园的地栽景观可以通过不同蕨类植物的丛植、群植以及地被而形成。北方地区主要有蕨(*Pteridium aquilinum* var. *latiusculum*)、荚果蕨、华北蹄盖蕨(*Athyrium pachusorum*)和峨眉蕨(*Lunathyrium acrostichoides*)等,这些落叶性的蕨类植物早春时拳芽钻出地面,郁郁葱葱,形成早春特有的景观。长江流域可栽植福建观音莲座蕨、肾蕨、华东蹄盖蕨(*Athyrium nipponicum*)、红盖鳞毛蕨(*Dryopteris erythrosora*)、两色鳞毛蕨(*D. bissetiana*)、贯众(*Crytomium fortunei*)、井栏边草(*Pteris multifida*)、复叶耳蕨(*Arachniodes aspidioides*)等及大部分温带种类;热带地区可选用的种类更为丰富,除大量的宿根草本蕨类之外,在主景区、视线焦点处或沿水景等处,还可以孤植、丛植或群植树状蕨,

图 12-22　粗茎鳞毛蕨作林下地被景观

下面配置中型草本蕨类，甚至再结合蕨类地被，形成蕨类植物的群落和美丽的景观（图 12-22）。蕨类植物还可以结合建筑作基础栽植，以软化建筑的生硬的线条。土生蕨类植物是蕨类园中的主角，不仅因为它们种类丰富，而且这类蕨生长最为旺盛，栽培也最为容易。

（2）沼泽及水景布置

构筑沼泽景观和水体，布置湿生和沼生蕨类植物，是花园中经常见到的景观，在蕨类植物专类园中当然更不可缺少（图 12-23）。北方地区虽然水生蕨类较少，但生长季水面布置槐叶萍和萍，池边沼泽地段可以布置数种湿生蕨类如木贼（*Equisetum hiemale*）、蕨、荚果蕨及紫萁类（*Osmunda* spp.）均可形成美丽的景观。

（3）附生景观

在温暖、湿润的地区或展览温室内，可以将鹿角蕨、槲蕨、巢蕨等附生蕨类悬垂布置（图12-24a），或栽植于朽木、枯枝、树干、木板等上，将根系裸露于空气中以模拟自然界附生蕨类的景观。热带地区将肾蕨等植于棕榈科植物的叶鞘处也是常见的应用方式（图 12-24b）；或者沿墙做格子架布置附生蕨类，既打破墙面的单调，又可营造丰富的蕨类植物景观。

（4）石生景观

自然界中，无论是干旱地区还是湿润地区，岩石表面、岩石壁及石缝中都有许多蕨类。根据当地的自然气候及蕨园的小气候特点，选择适宜的蕨类植物，结合假山石、石墙甚至岩石园的形式，营造岩石景观将会别有情趣。如铁线蕨类、铁角蕨（*Asplenium trichomanes*）、北京铁角蕨（*A. pekinense*）、石韦、银粉背蕨等均可用于点缀岩石景观。也可以将蕨类植物与草坪、山坡、路边等处的置石相配，或者软化岩石生硬的线条，或与岩石的质感形成对比，相得益彰。

（5）容器式栽培

无论是暖地还是北方的展览温室内，都可以结合容器栽植，展示一些具有特殊观赏价值的蕨类植物装点出入口、台阶、道路等处。适宜盆栽的种类很多，如鳞毛蕨、蹄盖蕨、耳蕨（*Polystichum auriculatum*）、肾蕨、铁线蕨、凤尾蕨、桫椤、狗脊蕨（*Woodwardia japonica*）等，依叶形、姿态、株型大小分别选择适宜的容器和栽培方式进行栽培，点缀环境。蕨类植物的容器栽植有以下几种方式。

①悬挂式栽植　将附生种类崖姜蕨、槲蕨、鹿角蕨、巢蕨或叶修长、纤细柔软的种，如翠云草、卷柏、石松等种于吊篮或轻质吊盆中，悬挂于高处，显得自然而富有浪漫情调。

②盆景式栽植　用铁线蕨、铁角蕨、卷柏、团扇蕨（*Gonocormus minutus*）、翠云草等小型种

图 12-23　蕨类与水景

图 12-24 蕨类附生景观

a. 二叉鹿角蕨附生景观　b. 肾蕨附生在油棕树干上

类，配以山石，可作微型山水盆景。此外，金毛狗蕨等中型蕨类也是很好的盆景材料。蕨类盆景可以布置于蕨园的景墙、路边或广场、建筑前的几架上，更可以布置于室内各处。

③瓶景式栽植　将不同高矮的蕨依次种于大广口瓶或不用的金鱼缸等透明容器内，形成一件透明的活的艺术品或者瓶中花园。常用种类如膜蕨类、铁线蕨、粉背蕨、铁角蕨等小型蕨类，可随意布置于园内或展室内各处，增加情趣。

(6) 篱、架等景观

将海金沙等藤本蕨类植于疏漏的篱前或搭架任其缠绕，别有生趣。

12.4.4.2 其他植物的配置

(1) 耐阴植物配置

为了提高蕨类园的观赏性，尤其是在北方露地蕨类植物较少的地区，可以结合其他耐阴植物的配置，尤其是与大多数均为羽状裂的蕨类植物叶片形成对照，可以配置一些叶片成块状的种类，南方如绿萝类(*Scindapsus* spp.)、喜林芋类(*Philodendron* spp.)、海芋(*Alocasia macrorrhiza*)、龟背竹、广东万年青(*Aglaonema modestum*)及花叶万年青(*Dieffenbachia picta*)、八角金盘等。北方可配置玉簪、紫萼、铃兰、玉竹、

洋常春藤等。

(2) 观花及彩叶植物配置

蕨类园虽然以绿色为基调，如果适当点缀彩叶植物及观花植物，则会大大提高景观效果。南方适用的种类较多，如热带兰、凤梨类以及变叶木等。热带兰、凤梨等附生花卉可以结合附生蕨类的配置，形成真正的空中花园。需要注意的是，蕨类园以绿色为主调，配置观花植物只需适当点缀，不可喧宾夺主。

(3) 乔灌木配置及庇荫条件的创造

蕨类园大部分需有一定的庇荫，可以通过种植落叶树、常绿和树冠郁闭度高的乔木和大灌木创造不同的光照条件。热带地区种植棕榈科与苏铁类的植物与蕨类在景观上非常协调，具有热带雨林特色的种类如榕树类也具有非常好的效果。蕨类园中还可以设置荫棚来栽植耐阴的蕨类植物。

12.4.4.3 非活体植物展示

(1) 蕨类的科普知识

结合图片和实物标本等形式展示蕨类植物的世代交替、蕨类植物与植物进化系统中其他植物的异同等内容。可以展示蕨类植物的孢子体的类型、变幻奇异的叶形、孢子囊群的奇特分布、孢子的类型、孢子萌发后形成的原叶体

以及在原叶体上形成的幼小孢子体，既富有情趣，又包含科学的内容和科普的意义。

(2) 蕨类的实用价值

以图片、文字资料、化石等以及标本和实物展示蕨类的食用、药用及工业上等方面的价值。

12.4.5 种植施工

土生蕨类植物大部分喜土壤疏松透水，栽植前对土壤的改良及整地非常重要。土壤中宜添加有机质丰富的腐叶土、泥炭等。对于喜酸性土或石灰质土壤的种类需根据要求进行土壤改良。

石生蕨类一般须根极为发达，或者分布范围广，紧紧吸附于顽石表面极浅的风化土层中，或者从石缝中扎入土壤中以吸收养分和水分，栽植时宜细心保护根系。一旦成活，适应力较强，管理粗放。条件适宜时，旺盛生长；条件不适合时，具备自我保护能力，如叶片卷曲以减少水分蒸发。

盆栽蕨类除按一般观叶植物种植之外，尤需注意不同种类对基质的需求和选用适宜的容器。如土生类蕨类植物盆栽基质使用一般疏松、透气、富含腐殖质的栽培基质即可，或添加碎树皮、木炭、锯末、珍珠岩、蛭石、煤渣、蕨根、泥炭藓等。附生蕨类在无土基质中生长最好，常用树皮、蕨根、木炭等混合，容器则用通透的金属丝、塑料、木制、树蕨茎干以及椰壳等。内部铺上苔藓或其他纤维如棕衣等，然后填充通气良好的基质。基质中混合苔藓等保水材料及在基质表面覆盖苔藓均有利于减少水分蒸发，保持基质湿度。如果栽植在木板或蛇木、朽木上，可先将木板或朽木浸透，将少量培养基质与蕨类捆绑于上，然后将木板或朽木浸于水中，待附生蕨类恢复生长后即可悬挂或布置，以后须定期喷水和浸泡木板及朽木。

蕨类植物不开花，因此对栽植时期要求不严。暖地可四季栽植，但通常春季最为适宜。温带地区具有明显休眠期的蕨类可于春季萌发前分株和栽植，或于秋季落叶后进行。

12.4.6 养护管理

蕨类植物一旦定植成活，粗放管理即可。生长季保证灌水是主要养护内容，浇水量和次数依植物种类、季节、土壤状况而定。栽植初期结合中耕除草。蕨类生长旺盛，一旦覆盖地面则杂草较少入侵。生长旺盛尤其是具有地下根茎的种类可数年进行一次分栽复壮。北方地区的落叶蕨类在秋季枯萎后需修剪，保持花园洁净。

与其他室内花卉一样，布置于室内的盆栽蕨类植物，长时间生活于室内环境会逐渐衰弱，应定期移至室外或条件适宜的栽培温室中，通过适当的换盆、施肥、病虫害防治等，使其得到复壮，恢复良好的生长势和观赏效果。

12.5 仙人掌及多浆植物专类园

12.5.1 概念和类型

仙人掌和多浆植物（cacti and succulents）是仙人掌科和其他科中具肥厚多浆肉质器官（茎、叶或根）植物的总称。其中仙人掌科种类较多，因而在园艺上常单列，简称仙人掌类，另将其余多浆的植物称为多浆植物或多肉植物，包括番杏科、大戟科、百合科、龙舌兰科、景天科、萝藦科等的数十个科中的多肉植物。广义的多浆植物包含仙人掌科植物。

由于这类植物种类繁多（全世界1万多种，分属50多个科），而且形态奇特，有极高的观赏价值，并且对生境有特殊的适应性，因此，在世界各地常于室内或室外专辟花园来展示，用以普及植物学、生态学及园艺学等方面的知识，并创造富有异域情调的景观，这类花园即称为仙人掌及多浆植物专类园（cacti and succulents garden）。

12.5.2 仙人掌及多浆植物的观赏特点

(1) 株型奇特

仙人掌类植物由于长期生长于干旱的环境，大部分种类的营养器官发生了很大的变化，叶片已经退化，而茎不仅肥大多肉，且多为绿色而行光合作用的功能。仙人掌科种类繁多，形态各异，肥大的茎主要有片状、球状、柱状等类型，但其中变化多端，既有扁平状、棱状的，又有角状和小块茎的，还有球形、棒形、线形和螺旋形的，令人称奇。

多肉植物的形态同样奇特。根据其肥大多汁的器官类型可以将其分为以下3类。

①叶多浆类　如龙舌兰科的龙舌兰（*Agave americana*）、百合科的芦荟类（*Aloe* spp.）、番杏科的生石花类（*Lithops* spp.）等；

②茎多浆类　如常见的大戟科的霸王鞭（*Euphorbia neriifolia*）、光棍树（*E. tirucalli*）等；

③茎干状多浆类　如猴面包树属（*Adansonia*）、郝瑞希阿属（*Chorisia*）、酒瓶兰（*Nolina longifolia*）等。

这些植物高者数米，壮观而奇特，如仙人掌科龙神柱属的植物高达5 m，呈蓝绿色的柱状挺拔耸立；矮小的则仅高数厘米，晶莹剔透，玲珑可人，如景天科的许多种类；还有的形如山，如山影（*Piptanthocereus peruvianus* var. *monstrous*）；有的状如石，如生石花（*Lithos pseudotruncatella*）；有的似莲花，如石莲花（*Echeveria glauca*）；有的赛珊瑚，如许多芦荟属（*Aloe*）鲜艳的花序；有的高耸，有的浑圆；有的遒劲，有的柔美，可谓琳琅满目，美不胜收。

(2) 棱、刺奇特

仙人掌科的植物许多茎上具有形形色色的棱，数目不同，形态各异，有的上下贯通，有的螺旋状排列，有的锐尖，有的宽钝，有的瘤形，有的锯齿状，似皱似折，具有奇异的观赏价值。

许多仙人掌类和多浆植物在变态茎上着生刺座，刺则因数量、长短、宽窄、软硬、颜色、形状及排列方式等不同而别具特色；有的刺座上着生刺毛，长短粗细不一，色彩多样，通常密被于植物表面，如丝丝飞絮，都具有极高的观赏价值。

(3) 色彩艳丽

仙人掌类及多浆植物不仅具有艳丽的花，许多种类具有色彩鲜艳的叶或茎。具有美丽花朵的如仙人掌科、番杏科、夹竹桃科、旋花科等，花形有漏斗状、高脚碟状、喇叭状等，花色千变万化，鲜艳夺目；仙人掌科有许多种类具备各种颜色的茎，如裸萼球属鲜艳如花的'绯牡丹'（*Gymnocalycium mihanovichii* var. *friedrichii* 'Hibotan'）等；各种花叶、彩叶的种类更是琳琅满目。

仙人掌类植物的果大多为浆果，有球形、椭圆形、纺锤形、倒卵形和棍棒形等，不仅颜色多呈红、黄，鲜艳夺目，而且许多种类的果实硕大，非常美丽，其中有些还是优良的水果。

12.5.3　仙人掌及多浆植物专类园的布置

仙人掌和多浆类花卉虽然种类繁多，却由于在自然界分布区域的不同而具有不同的生态习性，充分了解它们对生境的要求，对于合理布置专类园，尤其是通过模拟其在自然界的生境而营造特殊的景观效果具有重要的意义。

12.5.3.1　了解仙人掌及多浆植物的原产地和生境特点

(1) 仙人掌类的原产地和生境特点

仙人掌类植物主要原产于南、北美洲，与凤梨科一起称为美洲植物中最大的两个科。美洲大陆及岛屿都有仙人掌类植物分布，但主要分布区是以下3个。

①热带和亚热带森林区　亚马孙河流域及附近气候相似的热带雨林中主要分布叶仙人掌和附生类型的仙人掌，如量天尺属（*Hylocereus*）、昙花属（*Epiphyllum*）、令箭荷花属（*Nopalxochia*）等。附生类型的仙人掌类分布于雨林中上层，往往得不到地面水分补充，因而也能耐干旱，但与地生类型的种类相比，它们表面积大，体内贮水量相对较少，因而不能忍受长时间的干旱。这些地区通常温暖，年较差和日较差都较小，因而分布于此的种类不耐寒冷。除少数种类外，夏季过强的光线对生长均不利。

②雨林以外的南美地区　热带稀树草原区分布着高大的仙人掌属、天轮柱属（*Cereus*）植

物，以及其他许多特有种类。安第斯山区从低到高分布有子孙球属（Rebutia）、丽花属（Lobivia）、锦绣玉属（Parodia）等，不仅抗寒性强，而且许多种类植株体上的刺毛极为发达，远望似蓝天白云下的一群绵羊，成为高山地区独特的风光。

③墨西哥高原和美国西南部　墨西哥西北部和美国西南部是北美最干旱的地区，生长着一些仙人掌家族的"巨人"，如柱状种类的巨人柱（Carnegiea gigantea）、金琥（Echinocactus grusonii）和仙人掌属的许多种。墨西哥中部的高原地带，则是世界公认的仙人掌王国，许多美丽和珍奇的种类，如翁柱、岩牡丹属（Ariocarpus）等皆分布于此。

(2) 多浆植物的原产地和生境特点

与仙人掌类植物相比，多浆植物在地球上的分布更为广泛，但数量上相对集中的区域是非洲和美洲，目前栽培的种类也主要是非洲和美洲的种类。

多浆植物分布地区的气候特征上，有的少雨多雾，有的干湿交替或长期干旱。因此，植物的叶、茎或茎干大部分变为发达的肉质，用以储存水分，以适应不良的生存环境。

12.5.3.2 创造适宜条件，满足植物的生态要求

虽然仙人掌和多浆植物大多数喜欢温暖的气候，但由于种类多、分布范围广，生长习性不同，对环境的要求是有差异的。建造专类园时，首先应结合当地的气候条件或室内人工可调控的环境条件选择适宜的种类。

仙人掌和多浆植物对低温的忍受能力差异较大，但冬季维持5℃以上基本可以保证大部分仙人掌和多浆植物安全越冬，而正常生长则需要较高的温度。大部分仙人掌和多浆植物喜欢较大的日温差，冬季不休眠的种类可以控制在15～30℃。

仙人掌和多浆植物大多数原产低纬度高海拔地区，该地区光照强，因此该类植物大部分是喜光植物。通常维持仙人掌类植物生长的最低光照强度是2500lx，而最适光照强度在10 000lx以上。种类之间也存在较大差异，如附生类型的仙人掌比陆生类型要求光照强度较低。夏季过强的光线对大部分植物生长不利，尤其是正处于休眠阶段的植物，但冬季则需充足的光照。

12.5.3.3 植物景观的设计

(1) 植物布局方式

在仙人掌及多浆植物专类园中，植物布置的方式可以有多种多样，有的按照植物的科进行布置，如将仙人掌科、大戟科、番杏科、龙舌兰科、景天科等分别展示于一定的区域，便于对其进行区分和识别；也有的专类园按照该类植物的地理分布而布置，如美洲原产种类、非洲原产种类等；更多的是模拟该类植物在自然界的群落，结合不同种类植株大小、形态等观赏特点而布置，营造出富有特色的景观效果。

(2) 植物景观设计

仙人掌和多浆植物分布虽然极其广泛，但在专类园的景观展示上，可以概括为3类：①热带、亚热带干旱和沙漠地区的仙人掌和多浆植物景观，该地区的植物在土壤和空气极其干燥的条件下，依靠变态的茎、叶贮水而生存，如龙爪球（Copiapoa spp.）、金琥等；②原产于热带、亚热带高山干旱地区者，水分不足、日照强烈、风大及较低的温度等致使该地区分布的植物叶片呈莲座状着生，或在表面密被蜡层和茸毛，以减弱高山紫外线照射，降低蒸腾及大风的危害；③原产于热带森林中的附生型种类，如昙花、蟹爪（Zygocactus truncactus）、令箭荷花（Nopalxochia ackermannii）、量天尺（Hylocereus undatus）等。

模拟自然界沙漠景观，以自然式布局的形式展示仙人掌和多浆植物，是该种专类园最常见的形式。通常地貌上具有一定的起伏，可模拟沙丘、碎石滩等自然生境，按照不同植物观赏的特点，高大的茎干状多肉种类配置于后面，较矮小的茎叶多肉花卉布置在靠前的位置，或者将高大的柱状种类作为主景，四周配置较矮小的种类，疏密有致，活而不乱(图12-25)。仙

图 12-25　高大与低矮的仙人掌及多浆类植物相映成趣

人掌和多浆植物形态变化大,一定要注意每个景区突出其主景,强调多样中的协调统一,否则就会显得杂乱无章。

原产于热带亚热带雨林的附生型仙人掌类通常喜欢稍微庇荫的环境,可以布置于专类园的角隅或墙基,置石或人工设置格栅等附属设施供其攀附,如令箭荷花、昙花等。

品种繁多、植株矮小的仙人掌和多浆类植物,除了在专类园沙漠景观的边缘等处配置之外,为了便于近赏,还可以栽植于高设花台之中,或栽植于容器和景箱中,设台布置于专类园的墙下路旁,使游人充分领略该类植物的奇异之美。

12.5.3.4　其他

除了地貌上模拟沙漠景观之外,仙人掌类专类园中常结合置石、具有非洲或美洲土著民族特色的壁画背景及人物雕塑、图腾形象等小品点缀其间,更富有异域风情(见彩图 26)。

12.5.4　仙人掌及多浆植物专类园的种植施工

(1) 植床准备

由于仙人掌类和多浆植物均不耐积水,因此栽植床的排水处理极为重要。除了结合地貌的处理,做出适当的排水坡度,还需在植床底部垫入 5~10cm 厚的贝壳、木炭或瓦砾、石砾等,以利于排水透气。然后在植床中部填充 30~40cm 高度的栽培基质,待植株栽植好后,再在表面铺设 5~6cm 厚的粗沙或石砾。这层粗沙、石砾既能突出沙漠景观,又可以避免浇水施肥时溅脏植株,同时厚厚的砂层还可以抑制杂草滋生,减少病虫害的繁衍。

仙人掌类和多浆植物的栽培基质要求疏松透气,含一定量的腐殖质、呈弱酸性或中性(少数种类可为弱碱性),其中附生型种类对基质疏松透气的要求更高。通常用椰糠、蛭石、珍珠岩、草木灰、木屑、泥炭、腐叶土、沙、贝壳粉及骨粉等基肥配制。土壤最好经暴晒或蒸汽和药物消毒。

(2) 栽植

栽植时间最好在植株休眠期结束而生长旺盛期尚未到来之前,我国大部分地区都可在 3 月中旬到下旬,夏季休眠的种类应在 9 月上旬栽植。栽植前须检查根系,将霉烂的、变色的和枯根、有根瘤的等剪掉,然后将健康根剪短,有些种类可将根全部剪去只留根基,然后将伤口向上晾干再栽植。

12.5.5　养护管理

仙人掌和多浆类植物大部分具备耐干旱胁迫的结构和生理适应性,较一般植物抗旱性强,但并不意味着这类植物喜欢干旱。生长季节必须给予充足的水分,才可生长良好。休眠期及低温时期需严格控制水分。大部分地生类仙人掌喜欢通风透气良好,空气湿度较低,而附生类需要较高的空气湿度。附生类的仙人掌夏天具有短的休眠期,宜保持荫蔽和空气流通的环境。

仙人掌和多浆植物大部分生长速度缓慢,因此施肥的时间和施肥量必须掌握好。对健壮的植株在生长较旺盛的时候进行,而且施肥的浓度均不宜过高。夏季高温时绝大多数种类不需施肥,冬季不休眠的种类可酌情施薄肥。

12.6 药用植物专类园

药草是早期人类利用植物最重要的方式之一，中外民族皆是如此。在西方，公元前3000年苏美尔人就有关于药草的记载。大约公元前2700年，埃及人就认识、种植和记载了500种药草。西方花园中辟专区栽培药草及香辛料植物的传统一直延续至今。在中国，《离骚》中记载的滋兰九畹、树蕙百亩，表明当时已有较大规模的香料植物的栽培，在此后几千年的历史中对于中草药的研究和利用就从来没有中断过，成为中华传统文化的重要组成内容。因此，服务于中药学的研究、教学、收集植物资源及弘扬传统中医药文化为宗旨的药用植物园，全国各地均有建设，如北京药用植物园、广西药用植物园、南京药用植物园、黑龙江药用植物园等。除了专业的药用植物园，服务于科普教育并具有一定观赏和游乐功能的药用植物专类园，或称观赏药草园（我国许多城市的植物园或旅游景区设有百草园即为此类）也是群众喜闻乐见的专类花园的形式。通常以园中园的形式设于综合性植物园、教学植物园以及公园中，也可以作为花园的组成部分。

12.6.1 药用植物专类园的概念

药用植物专类园（herb garden）是指通过花园设计的手法，将具有观赏价值的药用植物布置于一定的区域，供收集、展示和普及中药学知识及传统文化，并提供休息、观赏和游览功能的专类花园。

12.6.2 药用植物专类园的设计

12.6.2.1 布局形式

药用植物专类园通常作为植物园、综合性公园中的园中园，也可以独立设置于城镇、风景区等处，在花园中专辟一区进行小范围的布置，也是常见的应用形式。布局方式一般如下。

①规则式　花园常被纵横交叉的规则的道路分割成规则式的种植床，药用植物材料单独或与蔬菜、香料植物等搭配种植。大型药草园常在特定区域采用规则式栽培展示药用植物标本，西方传统的药草园也常呈规则式布置。

②自然式　采用自然式园林布局的手法，按照药用植物的特点采用适宜的分区和组景方法展示药用植物及其他相关要素组成的景观。我国的药草园大都采用自然式布局的形式。

12.6.2.2 药用植物的类型及布置方式

许多药草具有观赏价值，或者说目前园林栽培的花卉中许多都具有药用价值，这些都是观赏类药草园可以选择的材料。药用植物种类丰富，不仅有水生、湿生和陆生种类，而且乔、灌、草齐全。观赏药草园设计时不仅要考虑景观的需要，而且也要考虑科普的需要，因此，具有不同药效的植物、药用部位不同的植物等以及特有、珍稀濒危药用植物也都是药草园展示的内容。

（1）药用植物的类型

除了采用植物自然分类方法及栽培方法分类之外，药用植物常按照药用部位和药效分为以下几类。

①按药用部位或器官　可分为8类，分别为：

全草类　如穿心莲、藿香、薄荷、佩兰、荆芥、紫苏、颠茄等。

叶类　如甜叶菊、艾蒿等。

花类　如红花、菊花、忍冬、洋金花、番红花等。

种子及果实类　如枸杞、山茱萸、木瓜、决明、佛手等。

根和根茎类　如人参、三七、天麻、白芷、当归、地黄、伊贝、延胡索、板蓝根等。

皮类　如牡丹、杜仲、金鸡纳、肉桂、厚朴、黄柏等。

木材及树脂类　如儿茶、安息香等。

菌类　如灵芝、茯苓、银耳等。

②按药理功能或药效　可分为8类，分别为：解表类；化痰止渴类；清热类；祛风湿类；

利尿逐水类；理气活血、补养类；消导泄下类；驱虫类。

（2）药用植物的布置

结合景观效果和药用植物的功能特点，药草植物常有以下布置方式。

①按植物的进化顺序布置　主要用于大型药用植物园，分类区按照植物自然分类系统展示药用植物。

②按药用植物的特点　如常用药草、珍稀和濒危药草区、民族药草区、抗衰老保健药草区、药用花卉区。

③按生态类型布置　如岩生药用植物区、水生药用植物区、沼生和湿生药用植物区、阴生药用植物区等，有时也结合生活型，如草本药用植物区、藤蔓药用植物区、木本药用植物区等。以这种方式最容易营造各具特色的主题花园式的景观效果，如布置水生药用植物的水景园景观和布置阴生药用植物的阴生植物景观等。

④按药效特点布置　如芳香植物区、祛风湿药草区、活血止血药草区、降压药草区、清热解毒药草区、抗衰老药草区等。

⑤按药用专类花卉布置　如牡丹芍药区、鸢尾区等。

⑥随意布置　小型药草园或家庭花园中的药草种植区，种植家庭常用的药草和芳香植物，不必遵循严格的药用植物的分类特点。常根据药用植物本身的生态习性、观赏特点以及花园的环境特点而布局，如池中点缀水生和湿生药用植物，背阴处或林下点缀阴生药用植物，花架和篱笆围墙上可攀缘蔓性药用植物等。还可将不抗寒的栽植于容器内，陈设于花园中。植物选择取决于园主人的需求和喜好，布置较为随意。

各地根据当地的气候特点、资源特点、特色药用植物等，药草园的布局可以有各自的特点，还可参考药用植物园的布局方式。如黑龙江省药物园布置有能在哈尔滨越冬的药用植物389种，按照旱沙岩生植物区、水生植物区、沼生植物区、阴湿植物种植池、阳湿植物种植池、耐阴植物种植池、喜光植物种植池、专类花园、药用木本植物区、参园、藤本植物区等进行种植组景。北京药用植物园规划中将药用植物景区分为草坪区、秋景区、中药区、民间药区和抗衰老药区、植物系统排列区（翠芳园）、畅爽园、水生植物和湿生、沼生植物区、藤蔓植物区、小花果山春景区、友谊林与牡丹芍药园、月季珍品园等。其中中药区、民间药区和抗衰老药区，是全园科研活动、科普活动及参观游览的中心。中药区以收集《药典》植物为主，大体按照药用部位的不同而顺序排列，如有全草类、叶类、花类、根及根茎类、果实和种子类等药用植物。民间药区划分为8个小区：芳香植物药区、祛风湿药区、活血止血药区、利尿驱虫药区、降压药区、清热解毒药区、抗感冒气管炎药区、药用花卉小区。该区以自然式布局为主，以药用花灌木结合不同草花、地被植物等相互搭配，成自然景观。抗衰老保健药区，在道路开阔处形成太极图案，以五加和三叶五加分别定植于鱼眼位置上，周围布置有宁夏枸杞、四季参、沙参、黄芪、黄精、麦冬、补骨脂等40余种抗衰老保健植物。其他如日月星辰草坪区，除了以道路等表达传统中医药文化外，根据传统文化中万物类象和五行、归经的观点，选取分别代表"五行"的植物种类配置成四方花境；西岭红霞秋景区以秋季观叶、观花、观果植物为主，创造突出的季相变化；畅爽园是以荫棚为主体，人工假山环绕而形成的园中园，主要由3个种植区组成：阴生植物药区、珍稀濒危药区及岩生植物药区；水生沼生植物景区布置有睡莲、荷花、香蒲、凤眼莲、泽泻、千屈菜、水葱、菖蒲等；藤蔓植物区结合廊架配置以各种藤蔓植物，如花蓼、藤萝、忍冬、凌霄等，并以树木、山石、拱桥作为攀缘对象，布置爬山虎、扶芳藤等，还利用耐阴藤本植物作为地被；小花果山春景区则以桃柳为主体表现春景。以上两个虽然都是大型综合性药用植物园，但其设计思想和布局方式对于规模较小的观赏药草园的布局无疑是有借鉴意义的。

12.6.2.3 观赏药草园中其他要素

除了地形外，为了提高药草园的景观效果以及普及传统药草文化，药草园中还可以布置雕塑、浮雕、置石、亭廊、花架等景观元素，如李时珍雕像及与李时珍研究药草相关的典故的雕像、浮雕等，太极和八卦为主题的雕塑、铺地等都是具有鲜明民族特色的文化和景观内容。面积较大的药草园还可以设置诸如本草馆等建筑，展示文字、图片、标本、实物等资料，普及科学和文化知识。

12.6.3 观赏药草园实例

12.6.3.1 自然式观赏药草园——昆明世博园药草园

药草园占地面积 8000m²，其主题是药草与人类健康。该园设计体现中国传统的江南园林风格，表现出立体山水画模式，以名贵珍稀、常用中药种植为主。在布局上以自然式为主，辅以规则式，力求体现其"处处是药草，月月有花开，株株能治病，步步出景观"的观赏、游览与科普教育为一体的特色。通过药用植物及非植物材料的配置，力求营造3种景观：①文化景观：精选药用植物，利用阴阳太极药葫芦来体现源远流长的中国传统历史文化及内涵；②生态景观：根据植物的生态习性进行集中种植，形成特有景观，如旱生区（仙人掌、芦荟、剑麻等），亚热带棕榈蕨类区（桫椤、龙血树、杜仲、假槟榔等），姜科植物区（如砂仁、草果等）；③传统园林景观：强调因地制宜，通过叠石引泉，增加景观的层次感、立体感，达到朴实疏落、宛自天成的效果。

该园药用植物种类繁多，为便于观赏，在布置上重点突出名贵珍稀药材和较大规格的药用植物。种植珍稀植物有人参、三尖杉、红豆杉、银杏、杜仲、黄柏等23种，名贵中药有三七、黄连、云荟、肉桂等。

药草园共分下列7个景区（图12-26）。

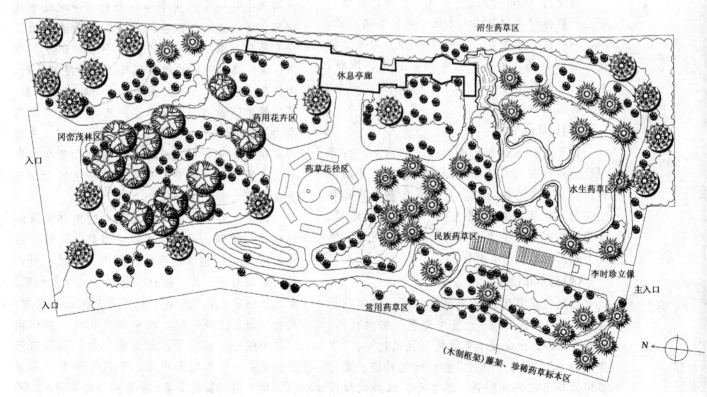

图12-26 世博园药草园平面图

(1) 入口及珍稀药草标本区

在药草园入口内院，正面设汉白玉镌刻李时珍全身立像，墨黑大理石基座。以圆柏、龙柏球构成厚密常青的雕塑背景。塑像两侧各配置一株大木本曼陀罗。像前矩形花坛以本地灰色花岗石为缘饰。花坛内遍植郁李和寿星桃，下铺麦冬，寓"桃李不言，下自成蹊"之意。内院两侧对称配置银杏树桩，树桩主干各为半片，虬枝横展，生意盎然。

背景树坛后为一组带皮杉木构筑的棚架，棚架端头以蟠扎的木瓜海棠为篱门。棚架两侧立柱上有吊花槽，开间中有落地花槽，皆用带皮杉木制作。棚架内畦、吊花槽、立桩、落地花槽等处栽有人参、三七、天麻、石斛等近50种珍稀药草。棚架的设置既有利于珍稀药用植物的栽培与管理，又便于游客驻足观赏，更使入口区空间又一次得到了分隔，可谓"略成小筑，足徵大观"，使人不知园林深深深几许。

(2) 山水药草区

这是由350m^{2}水面和主峰、立峰、石驳岸等山石群体组合的自然山水区。水体有瀑、泉、潭、涧、溪、池等类，山石有峰巅、洞穴、汀步、石梁、岛、半岛、矶等种。孔穴、隙缝、水边、矶头等处遍植岩生、攀缘、水生、沼生、湿生、阴生等药用植物。

(3) 民族药草区

位于入口区北侧和山水区东侧两处。后者用迂曲的卵石园路将本区划分为大小不等的围地，内植各种民族药草。前者则在隆起的丘阜上遍植云南野生的药用大乔木、灌木及地被，既集民族药草精品之大成，又以其郁闭的空间成为入园后的又一道障景。

(4) 药草花径区

为深化药草园的历史文化内涵，药草花径区采用"先天八卦图"为基本造型，将太极圆、两鱼及八卦，做成便于观赏的下沉式花池，"黑鱼""白鱼""阳爻""阴爻"各以叶色鲜艳、繁花匍匐的药用花卉来配置，游客可在八卦太极间信步游赏。

(5) 药用花卉区

在原有的休息亭廊前，布置药用花卉区，供游客小憩赏花。

(6) 常用药草区

在园西隅纵长地带上配置了丰富的常用中草药植物，使人能一睹常用中草药植物的生长形态，从只知其名到能亲见其实。

(7) 冈峦茂林区

高耸、蜿蜒的冈峦上遍植核桃、枇杷等乔木，中植鸡骨常山、结香、石楠、枸骨等中木，下铺玉竹、石蒜、鸢尾、马蹄金等地被，各类草本、木本攀缘药用植物藤蔓其间，形成多层次混交的生态群落。冈峦茂林区是药草园外园总的背景，将内园建筑掩映其后。在正对内园入口月洞门的山麓处特立一座高达4.5m的用红苋草缀植而成的"药葫芦"，既作为园中院月洞门对景、框景，又表征出"药葫芦"在中国传统中草药学中的特有地位和意义。

药草园建筑面积568.64m^2，其亭廊建筑设计构思中将一个六角亭和一个长方亭通过半边空廊、半边景墙加以空间组合。从功能上满足观赏药草风景、停歇、小憩、科普、中草药布展、避风雨、避阳纳凉等需要。通过雕刻牡丹、木芙蓉、菊花、三七、玉簪花等药花木雕景窗，不仅使建筑景墙、空廊，空间有丰富的文化艺术内涵，而且游人在亭廊内漫游行进中，通过动态观赏，镂空雕刻变化，窗框外形变化，丰富的光影变化，使整个亭廊园林建筑富于动态变化、富于生命力。

园中院由4种不同立面形式的园林建筑通过景墙、景洞、漏窗、甬道、园路、花径小路和园中麦冬、枸骨、缅桂、拐枣、苏铁、罗汉松、黄金间碧玉竹、棕竹、芭蕉、大叶黄杨球、黄花杜鹃、大红叶子花、栀子等药用园林植物，融会贯通，组成一体。由4种变化统一在江南园林小院一个格调下。从南向北看，从西向东看，居高临下鸟瞰园中院，不仅立面形式多变化，而且空间层次丰富（据易林、胡其舫，2000年整理）。

12.6.3.2 规则式药草园——小型观赏药草园

这是一个以西方传统的规则式布局的小型药草花园。花园为四周有围墙的封闭式，这样的环境适合药草及芳香植物的布置。墙面可以起到一定的遮阴作用，花台可以保证良好的排水。花园主要有以下几部分（图12-27）。

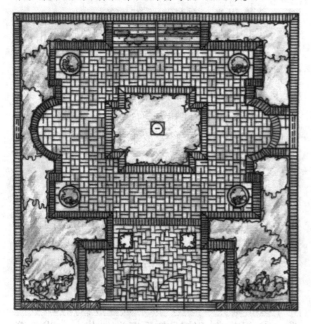

图12-27　规则式小型观赏药草园
（引自 Robin Williams，1990）

(1) 入口区

与住宅相连，通过与别处不同的席纹铺装将空间区分开来。两边的花台中分别种植苹果和梨树加强花园的竖向景观，并强调该园实用的特点。花台的基部种植低矮的香辛类植物。入口区与园中央通过一组容器栽植的迷迭香来过渡，容器的颜色为白色，与花园另一端的亭子的颜色相呼应，迷迭香直立向上的株型在此起到分隔空间的作用。

(2) 中央花台区

花台中央设一日晷，但不能太高，以免与远处的亭子相冲突，周围种植低矮的药草。本区是园子的中心区，供休闲散步时随意欣赏。4棵修剪整齐的月桂树点缀于中心广场的四角，软化四周墙面形成的生硬的夹角。月桂树种于褐色的陶器中，与铺地的砖在颜色和质地上协调一致。

(3) 反射拱形门

中央区域凹进的一侧，设置拱形门，镶嵌玻璃镜，由于镜面对光线的反射，使得狭小、封闭的空间增加亮度和通透感，利用视错觉的原理创造一个别有趣味的景观效果。与之呼应，在镜面拱门对面的墙上开一圆形窗洞，按照需要这个窗洞可以是一个真正的开口，也可以做成镜面，与对面的拱门互相辉映。

(4) 药草花境区

与入口区种植苹果和梨树的花台相结合，沿花园四周的围墙设花台，其上以花境的方式种植多种药用植物，主要为矮型的灌木和草本植物，既有观花，也有观叶植物，色彩丰富或芳香宜人。包括薰衣草类、鼠尾草类、牛至、迷迭香、蜜蜂花、蒿、细香葱、牛膝菊及甘菊等。

(5) 廊亭区

在园子轴线的末端，设置廊亭，其下设椅，形成全园的视觉焦点，尤其是当从轴线另一端的房子内部观赏时，形成一种既静谧又浪漫的景观效果。廊亭上攀缘有蔓性药用植物，增加景深，而且形成高处的花色效果。

12.7　观赏果蔬专类园

正如12.1节所述，西方园林的起源与近东炎热干旱地区人们对遮阴的需求有关。人们在户外种植葡萄、无花果等遮阴，围篱种蔬则满足基本的生活需求。在中国古代的园林中，种植果树也极为普遍。后来随着社会的发展，园林逐渐摆脱了实用为主的功能，而变成以观赏和娱乐为主。但园林天然就与果树、蔬菜的种植相联系。在人们的私家花园或宅前屋后，种植果蔬从未间断过。尤其是近些年来，随着农业观光的发展，具备公共游览、娱乐及科教功能的果蔬园越来越引起人们关注。

12.7.1　概念

观赏果蔬专类园(ornamental vegetable and fruit

tree garden)指以各种具有观赏价值的果树和蔬菜的野生原种及栽培品种，按照一定的布局形式，结合其他相关元素，以园林外貌布置于一园，展示果蔬自然资源、栽培技术、应用方式以及在育种、生产等方面的科学技术成果，供人游览、娱乐、学习，并适当结合生产的园林绿地（以下简称"果蔬园"）。

12.7.2 果蔬园的设计

12.7.2.1 类型

(1) 按植物类型分

包括观赏果园、观赏蔬菜园、观赏果蔬园等。

(2) 按展示内容分

包括专项栽培技术展示（如无土栽培技术展示）、原生资源及栽培品种活体展示、陈列性展示（标本、模型及图片文字资料等展示）、综合展示等类型。

12.7.2.2 植物材料

(1) 活体植物材料

观赏蔬果专类园一般均以活体植物展示为主。因此，对活体植物材料的选择和配置非常重要。植物材料选择应考虑当地的气候特点、建园目的、规模大小等要素，既要考虑一定的科学性，如类型的齐全或代表性，也要考虑蔬果植物的形态特点，保证景观类型丰富。由于蔬菜和果树种类繁多，乔、灌、草、藤、竹均有，花、果、叶等各具特色的种类也非常齐全，木本果蔬种类中既有落叶又有常绿，既有针叶树，也有阔叶树，而且物候期各异；蔬菜中除了草本、蔓性的种类之外，还有藕、菱、荸荠等水生、湿生种类，许多种类本身就是观赏价值很高的花卉，因此经过适当的配置，或者补充少量的其他植物材料如草坪草等，就可以创造出群落类型多样、风景优美的园林景观。

中国果树概况 中国果树大约包括59科158属670种，裸子植物与被子植物、双子叶植物与单子叶植物皆有，尤以蔷薇科、芸香科、葡萄科、鼠李科、无患子科种类较多，经济价值较高。既有常绿类，也有落叶类果树，乔、灌、藤、草齐全。

按照果实的构造可以将果树分为以下6类：①仁果类，如山楂、海棠等；②核果类，如桃、李等；③浆果类，如葡萄、草莓等；④柑果类，如柑、橘等；⑤坚果类，如核桃、板栗等；⑥杂果类，包括柿、石榴等。

农业生物学分类法按照生物学特性相近，栽培管理措施大体相似的原则，对果树进行综合分类，内容具体如下：①落叶果树，包括仁果类、核果类、坚果类、浆果类、柿枣类；②常绿果树，包括柑果类、浆果类、荔枝类、核果类、坚（壳）果类、荚果类、聚复果类、多年生草本类、藤本类等。

中国蔬菜概况 蔬菜的种类很多，仅我国就栽培100多种，普遍栽培的有40~50种，包括真菌门的伞菌科和木耳科及种子植物门的单子叶植物和双子叶植物的许多科，主要集中于十字花科、百合科、葫芦科、豆科、菊科、茄科、伞形科中。

按照蔬菜植物的产品器官可将其分为如下5类：①根菜类，包括肉质根类如萝卜、芜菁等和块根类如豆薯、葛类。②茎菜类，包括嫩茎类如莴苣、竹笋等，肉质茎类如榨菜、球茎甘蓝等，块茎类如马铃薯、菊芋等，球茎类如荸荠、芋头等，根茎类如藕、姜5类。③叶菜类，包括普通叶菜类如小白菜、芹菜等，结球菜类如大白菜、结球甘蓝等，辛香叶菜类如葱、韭菜等，鳞茎菜类如大蒜、洋葱4类。④花菜类，常见的有花椰菜、金针菜等。⑤果菜类，包括瓠果类如南瓜、冬瓜等，浆果类如茄子、番茄等，荚果类如豇豆、菜豆、蚕豆3类。

(2) 陈列展示非主体植物材料

专类园中通常都包括陈列展示的场所，所陈列展示的材料主要包括两部分：

①植物的标本、模型及图片 植物的化石、浸泡或干制或蜡叶标本、塑料或蜡制模型以及图片资料等。

②直接及加工产品的实物、标本、模型及

图片，如干果实物、鲜果的标本或模型，加工产品如干制品、腌制品、罐头及酿造产品等。

(3) 相关产品

包括蔬果作为食源以外的其他用途的产品，如实用的器具、观赏和装饰用的工艺品等。

12.7.2.3 其他造园要素

为了营造观赏内容丰富、娱乐性强的景观效果，并具备专类园应有的科普教育功能，在观赏蔬果园设计时，不仅要有丰富多样的活体植物材料，还可以结合其他相关设施及造园要素，充分体现科学和文化的内涵以及优美的园林外貌。主要包括以下几方面。

(1) 栽培设施

结合蔬菜和果树的栽培设施，如蔓性果蔬需要的支柱、篱垣、棚架、格栅等；附生类蔬菜栽培所需的枯树、倒木等；湿生种类可结合湿地、滩涂景观，水生种类则结合水景布置；还有无土栽培设施、灌溉设施等；也可结合特定果蔬种类的栽培展示国内外不同历史时期的栽培容器如桶、缸、钵等。

(2) 生产及加工工具

生产工具如耙、犁等，加工设施如磨、碾、碓等及贮藏、窖制、酿造等设施和器具。

(3) 展示场所

结合农舍甚至棚屋地窖等展示农业历史及相关资料和实物。

(4) 富有田园风光或科技幻想等的雕塑、小品等

表现农业历史中相关的重要人物、事件、发明等的雕塑和小品，现代科学技术成果的雕塑小品以及表现科学幻想的雕塑小品，如转基因技术在蔬果育种中的成果及幻想景观。

12.7.2.4 布局形式

(1) 规则式果蔬园

按照不同品种，蔬菜整齐种植于畦中，果树成排成行栽植于园中，分门别类，简洁清晰，然而观赏性较低。适宜于规模较小的果蔬园，

主要用于活体植物资源的收集、种或品种的展示等，常常单类展示，如果园、蔬菜园以及校园或教学植物园中的果蔬园、相关研究单位的资源及品种展示园等。

(2) 自然式果蔬园

根据不同种类的形态、观赏特点及物候期等，进行合理配置，并结合地形、自然式园路、建筑、园林小品等其他造景元素，组成观赏内容丰富，可赏、可游的自然园林式绿地。适用于规模较大，展示植物种类较多的综合性蔬果专类园。有的专类园还结合种植、管理，尤其是采摘等参与性强的活动提高娱乐功能、教育功能以及经济效益。自然式果蔬园最能体现田园风光，营造返璞归真的园林意境。

12.7.3 实例介绍：昆明世博园蔬菜瓜果园

12.7.3.1 概况

全园占地4900m^2，位于世博园主入口大道南侧、水景园北侧的缓坡地段，东与盆景园相连，南靠红塔园，西北面是中心广场大温室，与中国馆隔路相望，是进入世博园主入口后沿湖游览的第一个专题园。

12.7.3.2 造园总体构思及布局

蔬菜瓜果园以世博会"人与自然"展览主题为指导思想，选择精品材料，采取室外活体栽培为主，室内实物产品，标本模型及图片、文字材料为辅的展览方式。充分展示蔬菜瓜果丰富多彩的资源及其科技、生产水平，让人们了解蔬菜瓜果园艺文化的历史渊源和延伸内涵，促进蔬菜瓜果科技和生产的发展。

该园在总体布局、园林栽培上充分融入园林设计的艺术手法，把园艺棚、架、篱作了园林艺术处理，布展时根据环境、地形、植物的物候期、色彩、高矮等生态习性以园林布局手法，把瓜、果、蔬菜三大类有机地布置在园内，使整个园体现出人与自然、人与食源、人与园

艺紧密、亲切、和谐的关系。

12.7.3.3　主要展示内容

蔬菜瓜果园主要展示内容由3个部分组成。

(1) 资源宝库——活体庭院栽培展示

①选材依据　以丰富多彩的蔬菜瓜果品种庭院栽培种植，展示作为园艺发祥地的中国，尤其被美誉为"植物王国"的云南园艺资源的特色。在选择活体材料时侧重如下几个方面：

——起源于我国，具有较高学术价值的蔬菜瓜果种类；

——珍稀濒危物种，属重点收集保存的蔬菜瓜果种类；

——云南特有或独有，具有某些优异性状的蔬菜瓜果种类；

——观赏性、趣味性、新闻性极强的蔬菜瓜果种类；

——利用高科技培育的在生产上占有重要地位的优良品种；

——野生及其近缘种类，民间食用或待驯化开发运用的特有蔬菜瓜果种类；

——改革开放后引进的蔬菜瓜果种类。

②展出主要种类及品种

蔬菜类　茄类有红茄、黑茄、昆明紫长茄、苦茄、观赏茄（金茄、巴西茄、乳茄）、大树茄等；辣椒类有长牛角椒、大灯笼椒、大米椒、小米椒、涮椒、观赏椒（朝天椒、看椒、彩色椒、五色椒）等；甘蓝类有'津甘8号'、'京丰1号'、青花菜、紫花菜、昆明茎蓝、白花菜、观赏甘蓝（抱子甘蓝、粉红、鹅黄）等；野菜类有大车前草、龙葵、山毛野菜、灰条菜、抽筋草、金针菜、绿蒿、则耳根等；豆类有长豇豆、荷苞豆、甜脆豌豆、法国青刀豆、黄豆、白云豆；其他还有樱桃番茄、西芹、生菜、地涌金莲、山药、红苋菜、红牛皮菜、胡萝卜等约85个种类。

果树类　红川梨、砂梨、滇梨、红梨、杨梅、银杏、石榴、中华猕猴桃、西番莲、葡萄、佛手、金橘、香蕉、窄叶火棘、桃、红叶果李、枇杷、枳、矮化苹果等约99个种类。

瓜类　黄瓜（津春列、片纳黄瓜、扬州乳黄瓜）、玉溪大白苦瓜、金荔枝、金瓜、无棱南瓜、黑籽南瓜、辣椒瓜、佛手瓜、长丝瓜、蛇形丝瓜、棱角丝瓜、梧州节瓜、大葫芦、小葫芦等约20个种类。

(2) 再现辉煌——陈列展示

通过对蔬菜瓜果实物产品、标本模型及图片文字材料等的展示与宣传，让人们更加了解人类与蔬菜瓜果园艺文化的历史渊源，增加知识，倡导绿色食品、无公害食品以及促进名特优产品的开发。重点突出蔬菜瓜果的绿色产品精品、极品展示；标本（浸泡、蜡叶）展示；传统或地方名特加工产品展示；优良品种展示；蔬菜瓜果园艺科普图文资料展示，如蔬菜瓜果营养成分与人体健康，以及世界主要国家、中国及云南省蔬菜瓜果的生产、销售、消费状况和发展趋势等。

(3) 智慧的绿洲——专业化、集约化生产雏形

该园以西芹和矮化苹果集约生产"模型"为主，集中展示我国蔬菜果树生产的科技水平。

12.7.3.4　景观序列设计（图12-28）

蔬菜瓜果园西侧的主入口以7个高低错落的棚架和古朴的木匾拉开序幕。入口处为盆栽菠萝和五彩辣椒的圆形造型，旁边的方架上挂满了马尾丝瓜、姜柄瓜、佛手瓜及黑籽南瓜。最让人难忘的是S形架上挂有各种颜色（黄、黑、绿、乳白等色），各种形状（佛手、香炉、瓢、秤砣等状）的观赏南瓜（如鸳鸯南瓜、龙凤南瓜、玩具南瓜、金童南瓜、佛手南瓜、香炉南瓜、金瓜等）。靠近农舍展室的棚上有绿、乳白、紫等色泽的多花菜豆及云南特产荷包豆。篱上有辣椒状的瓜类——云南特产辣椒瓜。

主入口北侧为农舍展室，其门口两边挂满了紫、红、黄色的玉米及红辣椒，门前还有磨、碾、碓、耙、犁，充分体现了农家风采。室内有木耳、金耳、平菇、竹荪等新鲜食用菌的花篮造型，有玉米、紫甘蓝、茎蓝、番茄、胡萝卜、大白菜、黄瓜、姜柄瓜、茭白等新鲜蔬菜的造型，有48种豆类的造型，有特产蔬菜瓜

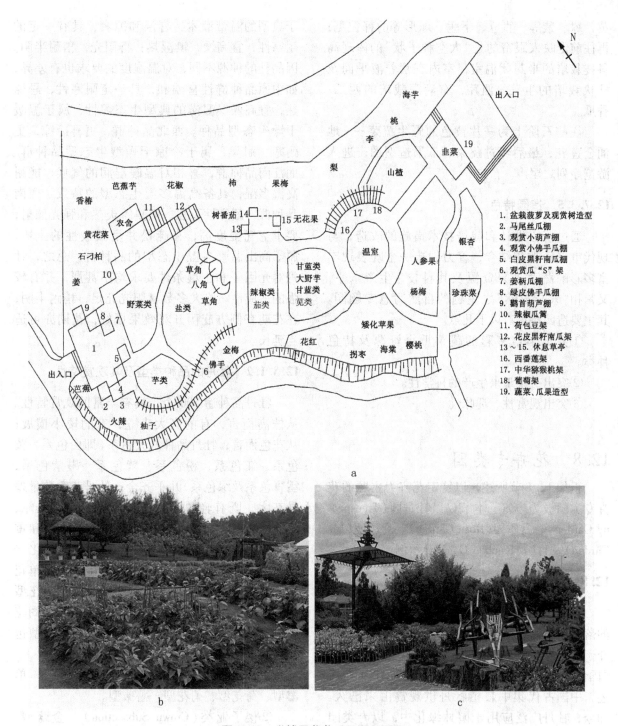

图 12-28　世博园蔬菜瓜果园平面图
a. 平面图　b. 蔬菜景观　c. 农具的展示增加田园气息

果、野生蔬菜瓜果图片及文字说明,有真丝蚕茧制作的花,有蔬菜瓜果极品等,以补充室外活体展示的不足。

从展室出来,穿过棚、架,可看到各种红、黄、绿、紫、乳白等色,圆锥、樱桃、灯笼、线形、指形、簇生等的辣椒;绿、红、白、紫、圆形、棒形、蛇形等的茄子,还有以紫甘蓝为纽带连成波状的羽衣甘蓝;同时也能看到红、黄、绿、紫等、直立、下垂、球形等的籽粒苋；再往前走映入眼帘的是"太空种子状"的体现高科技栽培的半封闭温室，室内有营养液平面及柱状栽培的生菜、西芹，有滴灌栽培的西瓜、香瓜。

往前石阶上为一片黄色的野生蔬菜——地涌金莲花，最后经过蔬菜、瓜果造型图，进入游览序列之尾声。

12.7.3.5 造园特色

通过精心设计和栽培技术措施的改造，与现代审美情趣相结合，着力创造一个既表现丰富多彩的蔬菜瓜果资源及其科技、生产水平，又紧扣"人与自然"之主题的自然写意专题园。其主要造园特色有以下几点。

①突出丰富多彩的蔬菜瓜果资源及特色种类。

②突出蔬菜瓜果生产的科学性。

③突出观赏性、趣味性。

12.8 花卉专类园

正如12.1节所述，以特定花卉为主题的花卉专类园极为丰富。本节仅以牡丹园（Tree-peony Garden）、月季园（Rose Garden）、鸢尾园（Iris Garden）及竹园（Bamboo Garden）示例。

12.8.1 牡丹园

牡丹（*Paeonia suffruticosa*）是芍药科芍药属的落叶灌木。春季开花，据品种及气候之差异，介于3~6d。牡丹花雍容华贵，富丽端庄，素有"国色天香""花中之王"的美誉。正如12.1节所述，中国古代集中栽植牡丹供观赏由来已久。如今，牡丹广泛应用于园林绿化中，以专类园的形式展示也越来越受到欢迎。

12.8.1.1 牡丹的生态习性

栽培牡丹品种群来源于野生种类。牡丹野生种类集中分布于我国西南部高山与中北部黄土高原和丘陵地带的温带型环境中，因此，属于典型的温带灌木，喜温和凉爽，具有一定的耐寒性；宜高燥，惧湿热；喜阳光，稍耐半阴。因品种的种源不同，对温湿度的要求也有差异，如中原品种群性喜温和，具一定耐寒性，忌酷热，宜高燥惧湿涝的典型生态习性，属于温暖干燥生态型品种。西北品种群，更喜冷凉，更耐寒、耐旱，属于冷凉干燥型生态型品种群。而江南品种群，喜相对温暖湿润的气候，能耐高温多湿，具备高温多湿生态型的特点。西南品种群，耐寒性不强，惧夏季炎热和强光照射，要求空气湿度高，喜疏松并呈微酸性的土壤，属于高山温暖多湿生态型的品种群。总之，牡丹对光因子和土壤条件要求均不甚严，并有较强的适应性。绝大多数喜阳光充足，稍耐半阴，在花期有侧方庇荫开花效果更好，花期亦可适当延长。

12.8.1.2 牡丹的品种类型及其观赏特性

牡丹品种逾500个，具有丰富的观赏特性。从株高而言，有的高大直立，有的矮小横展；从花色而言，牡丹品种八大色系（即白色系、黄色系、红色系、粉色系、紫色系、墨紫色系、雪青色系及绿色系）几乎齐全；牡丹花瓣数量差异甚大，既有轻盈雅致的单瓣花，又有经雌、雄蕊瓣化及花瓣自然增生而形成的半重瓣和重瓣花，花瓣多者可达数百枚。牡丹花型变化丰富，主要有2类4亚类16型。其中花型由单花组成的单花类包含千层亚类和楼子亚类，花型由2朵或2朵以上的单花上下重叠而成的台阁花类包含千层台阁亚类及楼子台阁亚类。花型包括以下16种。

①千层亚类（Hundred-Petals Subsection） 单瓣型、荷花型、菊花型、蔷薇型。

②楼子亚类（Crown Subsection） 金蕊型、托桂型、金环型、皇冠型、绣球型。

③千层台阁亚类（Hundred Proliferate-Flower Subsection） 荷花台阁型、菊花台阁型、蔷薇台阁型等。

④楼子台阁亚类（Crown Proliferate-Flower Subsection） 托桂台阁型、金环台阁型、皇冠台

阁型、绣球台阁型。

如此多变的花型极大地丰富了牡丹的观赏效果。在众多的牡丹品种中,有部分是传统名品,如充满传说的'姚黄'、'魏紫'、'首案红'等,也有优良新品种'雪莲'、'丛中笑'等。设计牡丹园,就是通过巧妙的组合,将不同牡丹品种的观赏特征充分展示给游人,同时品种布局还要有利于品种的收集、杂交育种等科学研究。

12.8.1.3　牡丹简史及花文化

牡丹是世界上园艺化栽培最早的花卉之一。在中国的花文化中,牡丹花文化极为丰富,不仅文人墨客留下诸多歌赋咏唱,而且在人们的衣、食、住、行诸多方面同样可以觅其芳踪,如牡丹丹皮之药用价值;自古即有的牡丹花瓣做美食佳肴;以牡丹为图案的各种工艺品可谓应有尽有,备受人们喜爱;绘画艺术中牡丹是长久不衰的创作题材;围绕牡丹的传说故事,如武则天贬牡丹、葛巾和玉版(牡丹品种)等脍炙人口的民间故事从不同侧面赞扬牡丹贫贱不移、富贵不淫、不畏强暴的美德。

牡丹在园林中的应用早在隋朝就有了,如《海记》中记载:"炀帝辟地二百里为西苑,诏天下花卉,易州进二十箱牡丹。"至唐朝,栽培牡丹尤盛,长安城中"帝城春欲暮,喧喧车马度;共道牡丹时,相随买花去。贵贱无常价,……家家习为俗,人人迷不悟"(白居易《买花》),这足以说明当年盛世长安买花及赏花的盛况了。在12.1节中提到的唐时长安兴庆宫的牡丹观赏区就已经具备了专类园的特点。开元年中,玄宗偕杨贵妃在沉香亭赏牡丹,李白的《清平调》三章对牡丹国色天香的描绘传诵千古。白居易的"千片赤英霞烂烂,百枝绛点灯煌煌。照地初开锦绣缎,当风不结兰麝裳。"徐寅的"看遍花无胜此花,剪云被雪蘸丹砂。开当清律二三月,破却长安千万家。"均淋漓尽致地描述了牡丹的琼姿艳态和独特的神韵气质。自古牡丹就被誉为花中之王,视为中华民族兴旺发达、繁荣昌盛的象征,不仅唐、宋两代定为国花,如今又名列中国十大传统名花,足见中国人对牡丹之钟爱。中华民族对牡丹的喜爱以及由来已久的赏花习俗,也是配置牡丹专类园的文化基础。

12.8.1.4　牡丹园的设计

充分考虑牡丹的生物学特性、生态习性、观赏特点以及蕴涵的花文化内涵,根据地区气候特点选择适宜的品种是牡丹园设计中的基本原则。牡丹园布置方式一般分为规则式和自然式。

(1) 规则式牡丹专类园

主要应用于地形平坦、便于做几何式布置的区域。一般以品种圃的形式出现,即将园圃划分为规则式的几何形栽植床,内部等距离栽植各种牡丹品种。其优点是突出了牡丹主体,便于品种收集、比较和育种等科学研究及栽培管理。缺点是景观单调,难以体现牡丹与环境相互衬托、相得益彰的观赏效果。

(2) 自然式牡丹专类园

采用以牡丹为主要植物材料,结合其他树木花草的配置及地形、山石、雕塑、建筑、壁画等造园要素,自然和谐地配置在一起,展示综合园林景观的外貌。自然式的牡丹专类园可以通过地形与道路的设置,不同花期与不同观赏特征的品种的组合,恰当地运用花台、花带、孤植、丛植、群植等配置手法,尽量延长群体观赏期。合理地改造地形,并通过结合其他植物材料搭配组成群落,既给牡丹创造最佳的生长环境(如高大乔木对牡丹的侧方庇荫),或在花期对牡丹起到衬托作用(如以常绿植物为背景和底色,可以更好地衬托牡丹的繁花似锦),还可补充牡丹花期前后的景色欠缺,做到四季(三季)有景。配景植物材料的选择要与牡丹园整体风格协调,且不宜喧宾夺主,如具有中国园林特色的白皮松、侧柏、圆柏、银杏、槐树、玉兰等乔木,早春开花的迎春、秋季果实累累的金银木、冬青类等灌木,以及书带草、玉簪、萱草等花卉,充分烘托出牡丹的雍容华贵和天生丽质并延长观赏期。充分开发牡丹花文化资源,结合园林建筑、壁画、置石、雕塑等园林小品及其他造园要素,创造高低错落,

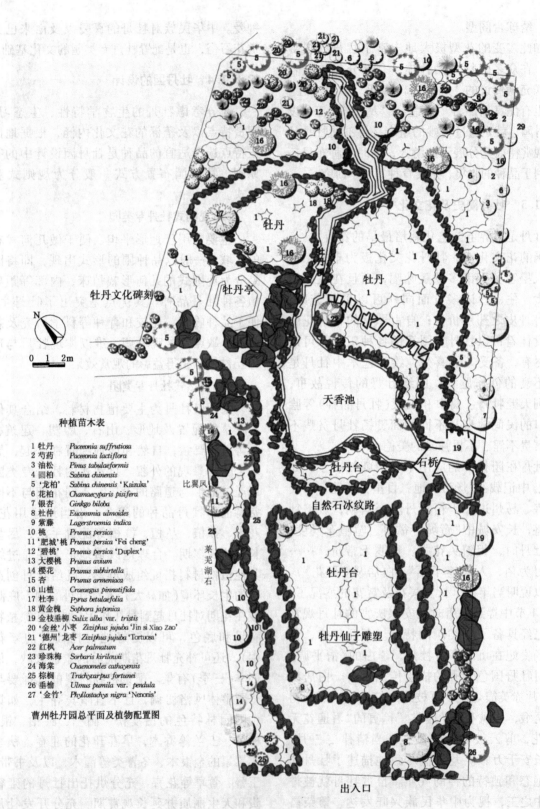

图 12-29 昆明世博会曹州牡丹园平面图
（据张学峰等，2000年整理）

步移景异，可游可赏之丰富的园林景观，又可增加观赏性和文化内涵，同时起到科普及审美教育的作用，使人在欣赏牡丹花的同时能做到赏花怀古、陶冶情操等多方位的美的享受。

12.8.1.5 实例1：昆明世博园曹州牡丹园（图12-29）

(1) 总体布局

园门国色天香区——靠四号路边，巨形障景石，既隔断了路人的嘈杂感，又可提高园内赏花效果。高大乔木和牡丹花相互衬托，形成具有画意的园林空间。

醉颜谷雨区——位于园中部，以平地栽植牡丹为主。主要景点有牡丹亭、天香池等。

林泉高致区——位于园北部，经地形改造成山涧谷地叠石成瀑，加上密植的乔灌木，形成林泉高致的景观。该区为坡地栽植牡丹。由于高度不同，开花时节，花丛高低错落，构成丰富的立体景观，游人可平视、俯览或仰观，目不暇接。

按照我国目前对牡丹的种群分类，将全园划分为中原牡丹、紫斑牡丹、南方牡丹、寒牡丹和特色牡丹五大品种群区，以增加牡丹园的科普价值。特色牡丹为我国有代表性的传统牡丹和有丰富文化内涵的牡丹品种。

(2) 景点设计

①牡丹亭　为六角攒尖顶木质古亭，兼糅南北风格，屋面覆盖孔雀蓝琉璃瓦件，檐部彩画选用富贵牡丹图案，突出自身特色。该亭选址位于院墙转弯处，置于挡土墙之上，四周用山石叠砌，形成上亭下洞之态，可上下游览。既利于观赏本园牡丹，又可借它园之景，本身还是居牡丹园的中心景点和构图中心。牡丹亭楹联为"竞夸天下无双艳，独占人间第一香"，亭边"国色天香"石刻，点出牡丹富贵高雅的神韵。

②天香池　在园中部挖池，形成山溪之下的水潭。水潭边山石驳岸，水中栽植少量荷莲，潭周围配置牡丹。清清潭水，涓涓溪流，小亭花影，如诗如画。

③牡丹溪　用山石在山谷内堆砌三跌瀑布，一跌为布落，二跌为挂落，三跌为石上滑落，形成"清泉石上流"的诗境。溪岸广植牡丹，瀑布两侧植花灌木。远眺可见蓝桉林的雄伟高耸，近视溪边繁花似锦，更有潺潺水声相伴。瀑布下清潭相映成趣，形成牡丹溪的景观。

④牡丹文化碑刻　改造原有红院墙，镶嵌铭碑7块，其上铭刻舒同、启功、沙孟海、欧阳中石、沈鹏、黄苗子、刘炳森等当代著名文人、书法大师歌颂牡丹的书作。使游人观赏牡丹的闲暇，更感受中国牡丹文化的深厚。

⑤牡丹园石刻　在入口处小广场内立巨石障景，达到"先抑后扬"的目的。巨石上刻"牡丹园"，并作建园简介，下做牡丹池栽植数株造型牡丹，形成一处优美的景点。

幽香洞天——在牡丹亭下叠石成自然洞穴，增加游线的延长度和游览情趣。

(3) 牡丹配置

曹州牡丹园以菏泽牡丹的九大色系、120多个代表品种为主，适当配置我国不同产区的代表品种，以展示我国牡丹品种资源之丰富。按照牡丹不同品种之特性，有的群植，使游客赏其雍容华贵；有的孤植，赏其花大悦目，色可销魂，香可醉心之美，尽显牡丹花的风姿。

为弥补牡丹花期之不足，还在园内种植芍药，并夹植大丽菊，其花期紧随芍药之后，花色花型之丰富，花期之长也受到国人的广泛喜爱。其他树木及花卉，将本着适地适树、不与牡丹争艳的原则，加以配置。

12.8.1.6 实例2：北京植物园牡丹园

北京植物园的牡丹园位于卧佛寺西南，在南北主路西侧，面积约70 000m²。该园设计中保留了南部原古坟地的白皮松古树群及零散的侧柏、油松以及起伏的地形。园之南、北、东均设有入口。全园采用自然式布局的手法，道路迂回蜿蜒，地形因势而筑，变化丰富。全园的建筑和小品主要在北入口内的较大的自然广场上，一侧布置表现与牡丹有关的神话故事的牡丹壁，另一侧有亭、阁组成的休息和服务建筑，广场中有叠石假山。园北部花丛中有体态端庄的汉白玉石雕牡丹仙子，南入口内阶而上后布局一古建六角亭，结合几组建筑和小品留出了大小不等的广场供游人停留休息和观景（图12-30，见彩图27）。全园地形起伏，山石错落，植物葱茏，古木疏朗。古槐、白皮松、油松等乔木不仅构成全园基本的植被骨架，而且可以给牡丹提供侧方庇荫，满足牡丹的生态习性。全园植有数百个不同品种的牡丹上万株，或丛植、或片植、或与山石搭配、或夹路而植，每当春季花期，游人如进入花的海洋，尽情欣赏牡丹的雍容华贵和国色天香。为了延长牡丹园的观赏期，园中还适当种植有牡丹的"姊妹花"——芍药。除此之外，园中还植有迎春、金银木、太平花、六道木、锦带花等花木，以弥补牡丹无花时园中景色之

图12-30　牡丹园中的牡丹仙子雕像掩映于花丛中

缺。下层除牡丹外，还种植有土麦冬、荚果蕨等耐阴性地被及草坪，山石上攀缘有地锦、紫藤等，使得全园植物群落丰富，表现出良好的植物景观（图12-31）。

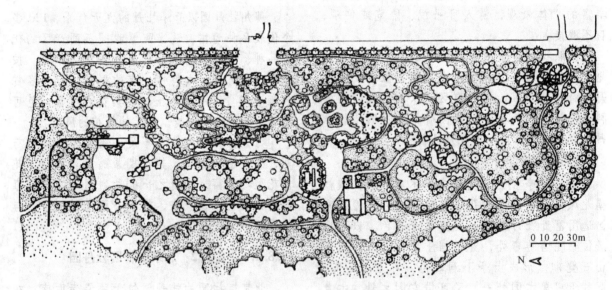

图12-31　北京植物园牡丹园平面图
（引自北京市园林局，1996）

12.8.2　月季园

月季园通常是以现代月季为主，结合蔷薇科蔷薇属其他种和品种布置而成的花卉专类园。

现代月季是通过蔷薇属内种间反复杂交，经长期选育而成之四季开花的杂交品种群（陈俊愉，2001）。现在园林中应用的月季品种大部分都属于现代月季。通常所说的月季则不仅仅包括植物学上的月季，还包括蔷薇、玫瑰及该属中其他的种。月季园以其株型多样，花形优美，

花色丰富,观赏期长而深受喜爱,世界各地多有应用。

12.8.2.1 月季

现代月季从系统上可分为6类。

①杂种香水月季(Hybrid Tea Rose) 灌木类。此类月季花朵大,重瓣性强,花蕾秀美,花色丰富,香味馥郁,四季开花不绝。品种极多且层出不穷。著名的有墨红('Crimson Glory')、'和平'('Peace')、'自由神'('Freedom')、'月季中心'('Shreveport')、'埃斯米拉达'('Esmeralda')等。杂种香水月季是月季园的主要观赏类型。

②丰花月季(Floribunda Rose) 灌木类。特点是花为中小型,花序聚簇成团,四季开花,耐寒耐热,群体效果极佳。常用品种如'杏花村'('Betty Prior')、'无忧女'('Carefree Beauty')、'冰山'('Iceberg')、'太阳火焰'('Sun Flare')、'金玛丽'('Goldmarie')、'曼汉姆宫殿'('Sohloss Mannieim')、'金色荷尔斯坦'('Golden Holstein')、'花房子'('Hanabusa')等。

③壮花月季(Grandiflora Rose) 灌木类。特点为生长势旺盛,高度多在1m以上,一茎多花,四季开放,适作花坛、花境背景。常用品种如'杏醉'('Mentezuma')、'雪峰'('Mount Shasta')等。

④杂种长春月季(Hybrid Perpetual Rose) 特点为植株高大,枝条粗壮而直立,有略带蔓性者。花朵硕大,多为复瓣至重瓣,花色丰富,香味浓烈。花期以晚春一季为主,其余季节零星开放。抗寒性强。主要品种有'德国白'('Frau Karl Druschki')、'阳台梦'('Paul Neyron')及我国育出的粉团等。

⑤微型月季(Miniature Rose) 为极矮型灌木,高约20cm,花径1~3cm,常为重瓣,枝繁花密,秀雅玲珑。常常用作花带、花坛等。代表品种有'红婴'('Baby Crimson')、'小古铜'('Margo Koster')等。

⑥藤月季(Climber & Rambler) 为藤本或蔓性花卉。花色丰富,花朵较大,有两季或四季开花的品种,如自仲夏至秋季开花的'美人鱼'('Mermaid')、四季开花的'藤和平'('Peace Climbing')、'藤乐园'('Eden Rose Climbing')、'美利坚'('America')、'约瑟彩衣'('Joseph's Cost')及目前园林中常用的'多特蒙德'('Dotmund')、'怜悯'('Compassion')、'金绣娃'('Golden Shower')、'光谱'('Spectra')等品种,适用于篱垣棚架的美化,是月季园中垂直绿化的主要材料。

另外,在杂种香水月季和杂种长春月季中,有些品种主干性强,通过栽培措施可得到小乔木形态的月季,称为树月季,具有独特的景观效果,如'雪山骄霞'。藤本月季中有些品种茎的基部20~40cm高部分直立,之后开始横卧,向水平方向伸展,枝叶繁盛,花朵丰盛,有的则茎蔓贴地而生,节间着地后可自行生根,均为观花地被的优良材料。

12.8.2.2 月季的应用历史及花文化

中国应用月季、蔷薇具有悠久的历史。早在汉武帝时代(公元前140—前87年)宫苑内就有蔷薇栽培,至五代、唐应用益盛,并出现许多优秀品种。在宋代迁叟《月季新谱》中就已记载41个品种。明以后,月季栽培和新品种选育停滞不前,老品种逐渐遗失,开始走向衰落。然而,中国人自古对月季和蔷薇类花卉的喜爱不容置疑。月季花姿容清丽优雅,芳香宜人,更为难能可贵的是花期尤长。宋人杨万里有诗"只道花无十日红,此花无日不春风。一尖已剥胭脂笔,四破犹包翡翠茸。别有香超桃李外,更同梅斗霜雪中。折来喜作新年看,忘却今晨是冬季",描写了月季常开不败、四时花不绝的特点,而且道出了月季"自有娇红间苍叶,不随凡卉绿春回"的高贵品质。宋代徐积咏月季:"谁言造物无偏处,独遣春光住此中。叶里深藏云外碧,枝头常借日边红。曾陪桃李开时雨,仍伴梧桐落后风。费尽主人歌与酒,不教闲却卖花翁。"也对月季花开四时不绝的特征作了细致地描写。

西方人民对于月季花之钟爱同样深厚。1800年前后中国月季和蔷薇开始传入欧洲，欧洲人迅即用于和欧洲原有之蔷薇杂交并多次回交，终于创造出许多优秀的月季、蔷薇的现代新类型和新品种，栽培遍及世界。据载1780年前后在中国的4个月季品种'中国朱红'、'中国粉'、'中国黄色'茶香月季、'中国绯红'茶香月季经印度带到欧洲的过程中，为了保证最后一个品种安全经英国传入法国，在当时两国正交战的情况下双方海军竟达成协议暂时停战，由英国派船护送过海峡，使中国月季安全到达法国，培育在拿破仑一世的妻子约瑟芬皇后所建的玛尔梅森月季园中。在欧洲各国的文学、诗词中都对月季有过动人的描写，英国还发生了历时30年的各以红、白月季为标志的封建家族之间的"玫瑰战争"（1455—1485）。在1848年有了月季园的专著（William Paul, *The Rose Garden*）。月季在欧洲被誉为"花之皇后"，成为幸福、美好及和平的象征。世界各地有许多著名的月季园，如美国纽约的杰克逊和柏京斯月季园、西班牙的马德里西郊公园、法国巴黎的巴卡代尔公园等。

12.8.2.3 月季园种植设计

(1) 月季园的选址

蔷薇属的植物多喜欢充足的光照，耐干旱、怕积水、畏严寒。因此，在月季园选址上应考虑其生态习性，以阳光充足、地势较高处为宜。若地势低洼，则宜布置于斜坡或台地上，并构筑完善的排水。北方寒冷地区选择背风向阳之地，有良好的小气候可以为品种选择及延长观赏期提供有利条件。

(2) 布局

月季园的布置形式可分为规则式、自然式和混合式。规则式月季园适于建在地势平坦之处。根据不同品种、花色、花期等因素在规则式布局的种植床上等距离栽植月季，主要便于进行月季的品种收集、展示、育种等研究，花池之间设踏步及小径，也便于游赏。偏重于观赏性的规则式月季园则可以利用花坛、花带、花境、花台等规则式和半规则式种植形式的组合，结合花架、花廊以及喷泉、叠水、雕塑等营造出更为丰富的景观。

自然式月季园是以月季和蔷薇属其他种类为主要观赏对象，结合其他植物材料及景观要素而建造的综合性园林景观。面积可大可小，地势平坦或有起伏。选择起伏的地形更有利于营造丰富的景观。

规模较大的月季园通常以规则式和自然式相结合。既可以规则式布局为主，作为整个月季园的景观中心，外围成自然式布局；也可以整体以自然式布局为主，而结合入口、广场、主干道、雕塑小品等在局部空间做成规则式布局，过渡地段以花境、花带等种植形式及攀缘类月季装点的花架、花廊相连接，形成丰富的园林景观，既满足功能要求，又具有较好的景观效果，做到可游、可赏。

(3) 植物配置

在植物配置上，首先应选择不同花色、不同花期以及不同株型等月季和蔷薇的种及品种合理搭配，如花丛、花带及花坛宜选花朵中小型、花序密集、开花繁茂之品种，如丰花月季类和微型月季类；花境可选不同高矮、花色、大小中等的品种成丛配置；墙垣、棚架、篱笆拱门、花柱等选花朵繁密、花色艳丽的蔓性月季及蔷薇品种，可以营造出繁花似锦的效果，结合花架及廊柱等的座椅，游人即可赏其形；树状月季可对植、列植或成丛配置于园路旁或草坪上；杂交香水月季花朵硕大、花形优美，便于近赏，可将相同品种或不同品种合理搭配，种植于大小不同的花坛或以花丛、花群的形式种植于草坪上，作为人们观赏的重点。以常绿树作背景和绿色的草坪作底色，更能衬托月季艳丽且丰富的花色。冬季寒冷地区，即使四季开花型品种冬季也被迫休眠，或花期缩短，因此更需配置常绿类、常年异色叶类及装点早春及晚秋景色的植物材料，同时结合花架、雕塑、置石等小品使得月季园终年有景可赏。

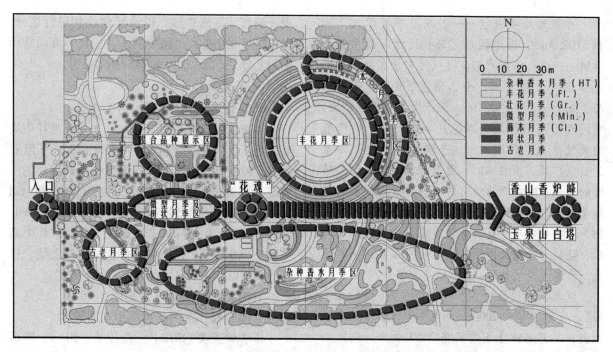

图 12-32　2008 北京植物园月季园月季文化节品种展示布局总平面图

12.8.2.4　实例：北京植物园月季园 2009 年月季展示区分析（图 12-32，见彩图 28、彩图 29）

北京植物园于 1993 年建成，总面积 7.6hm^2，其月季园位于园区南部，紧邻植物园东南门和西门，南邻香颐路，北靠科普馆和南湖，西至植物园南门，共收集蔷薇属植物种和品种 1000 余个，栽植月季 10 万余株，是集科研、科普及观赏为一体的大型综合性月季专类园。

全园采用规则式和自然式相结合的布局方式，设计因地制宜，最大限度地保留原场地的古树、大树，如圆柏、侧柏、槐及刺槐；充分利用原地形东低西高、北部有洼地带的特点，巧妙地设计"自然与对称结合，中式与西式结合"的景观，以远处的香山炉峰、玉泉山的白塔构成空中的轴线，形成月季园的主入口；主要观赏区按月季园艺品种分类为微型月季与树状月季展示区、现代品种展示区、古老月季展示区、丰花月季展示区、藤本月季展示区及杂种香水月季展示区 6 个大区，分别展示微型月季、树状月季、现代品种月季、古老月季、丰花月季、藤本月季及杂种香水月季等主要月季类别。

月季园的主入口布置规则式拱形廊架、花柱、花球等，两侧巧妙地设置轴线，烘托入口氛围，与"花魂"雕塑形成对景。"花魂"雕塑为月季园的构图中心和转承点，西与主入口形成对景，东向香山炉峰、玉泉山的白塔借景，完成全园主轴线的布置；自雕塑东北引出月季园的次轴线，巧妙地将主轴线与偏于一侧的规则式喷泉广场连接起来。

微型月季及树状月季展区，采用轴线对称布局，边界以树状月季作背景，沿中轴线上的园路密集栽植微型月季—杂种茶香月季—丰花月季，形成由低到高的带状花坛，自然地连接月季园主入口与"花魂"雕塑。现代品种展示区以展示近年来国内外培育的现代月季品种为主，面积约 500m^2，多采用规则式布局，主要采用花境、花坛的形式，展示来自北京及其周边地区的一些月季公司、研究机构的新优月季品种。古老月季展示区（中澳友谊园）采用自然式布局，面积约 600m^2，园路结合地形布置，迂回自然，展区的布置充分展示了现代月季品种起源历史，收集了大马士革蔷薇、法国蔷薇、月月红以及月月粉等现代月季的重要亲本。

月季园的主景区——丰花月季展示区，面积 5102.5m²，采用圆形沉床式设计，最大直径为 90m，轴线布局严整。沉床园充分利用原有低洼地形，上宽下窄，全园落差 5m；地势西南高、东北低，高差约 3m。沉床园共分 3 层缓坡，中间栽植不同色块的丰花月季，形成环形色带的栽植效果，色彩统一、气势庞大。中心为音乐喷泉广场，直径 40m，面积 1256m²。其间有暗设的喷泉，随着音乐喷出的水柱与顺阶而下的层层叠水瀑布交相辉映，喷水高达 7m。沉床园东北侧为藤本月季展示区，结合沉床园的主干道、花台、花架、花廊及栅栏布置大量的藤本月季及蔷薇，为游人提供纳凉、休憩的小空间。

沉床园周边杂种香水月季展示区（和平月季园），占地面积约 2000m²，主要栽植和平月季以及由和平月季衍生出的品种 2000 余株。该区采用自然式的布局形式，展示各种香水月季，巧妙运用原有的地形设计园路、品种展示区域，配置各种树群、常年异色叶类乔、灌木，形成层次丰富的群落，延长了月季的观赏期并丰富了其他季节的景观。

12.8.3 鸢尾园

鸢尾类花卉属鸢尾科鸢尾属（*Iris*）多年生草本植物，本属约 300 种，多数分布在北温带。鸢尾不仅种类丰富，而且由于其悠久的栽培历史，园艺品种也极其繁多，加之鸢尾花形奇特、花色丰富，成为世界范围内广泛应用的园林花卉。把鸢尾属的不同种，或同一种鸢尾的不同园艺品种进行种植设计，组成鸢尾专类园，则是人们喜闻乐见的春夏季观赏的花卉应用形式。

12.8.3.1 鸢尾的观赏特点及园艺类型

鸢尾类花卉不仅包括宿根类，也包括球根类；既有常绿，也有落叶；植株高低不同，叶片宽窄各异；花色齐全，白、黄、粉、红、蓝、紫、褐、肉色甚至黑色等皆备，而且具有各种色相和色调的复色类。鸢尾的花形变化万端。由于地下器官及花被片形态不同的类型都有不同的习性和园林用途，因此，有必要将鸢尾类花卉结合地下器官、花被片形态以及其他性状进行区分，这也是鸢尾在生产、品种展示、销售等方面常用的园艺分类方法，便于园林应用时参考。

(1) 根茎类

叶剑形，常绿或落叶。分为 3 类：

① 有髯毛类（bearded irises） 外花被片中央具髯毛。通常根状茎粗大，叶片宽；原产于欧亚中部，种植园艺品种繁多，为园林中最重要的一类花卉。通常根据株高分为高型髯毛类（tall bearded，TB）、中型髯毛类（intermediate bearded，IB）、矮型髯毛类（dwarf bearded，DB）。其中高型髯毛类品种最多，使用最广泛。园艺上结合株高、花径以及花期又可详细分为如下类型。

小花矮茎类（MDB） 花径 5～8cm，株高 <20cm，不分枝，髯毛类鸢尾中花期最早。

标准矮茎类（SDB） 花径 8～10cm，株高 21～40cm，通常有分枝，花期在 MDB 后。

中茎类（IB） 花径 10～13cm，株高 41～70cm，花期在 SDB 和 TB 之间。

小花高茎类（MTB） 花径 <7.5cm（高和径之和小于 15cm），株高 41～70cm，多分枝，茎纤细。花期同 TB。

中花中茎类（BB） 花径 10～13cm，株高 41～70cm，花期同 TB。

高茎类（TB） 花径 10～18cm，株高 >70cm，髯毛类鸢尾中花期最晚。

② 无髯毛类（beardless irises） 外花被片无髯毛。通常根状茎较细，叶长而狭窄，最著名的有原产东亚的燕子花类或水生鸢尾类（Laevigatae or water irises）、原产于美国东南部的路易斯安那鸢尾类（Louisiana irises）、原产于北美西部的太平洋海滨鸢尾类（Pacific coast irises）、原产于欧亚的拟鸢尾类（Spuria irises）及西伯利亚鸢尾类（Siberia irises）。每类都具许多种及杂交种。常见的如 *Iris sibirica*，*I. spuria*，*I. laevigata*，*I. ensata*，*I. lactea*，*I. sanquinea*，*I. pseudocorus*。

③ 冠状类（crested irises） 外花被片中央具鸡冠状突起。根状茎介于前两者之间，常见种类有饰冠鸢尾（*I. cristata*），蓝蝴蝶（*I. tectorum*）及蝴蝶花（*I. japonica*）。

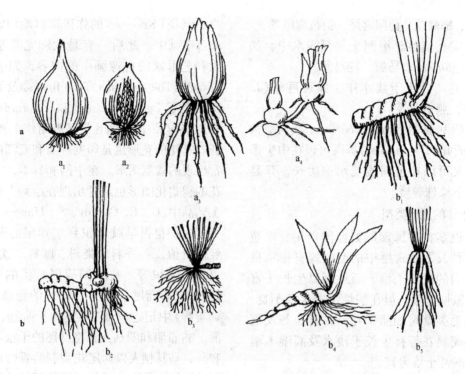

图 12-33 鸢尾类花卉的地下器官（引自 G. E. Cassidy and S. Linnegar, 1982）

a. 球根鸢尾的地下器官

a_1. 西班牙鸢尾的鳞茎（*Iris xiphium*）　a_2. 网状鸢尾的鳞茎（*I. reticulata*）

a_3. 朱诺鸢尾类（Junos）具肉质根系的鳞茎　a_4. *Regelia* 鸢尾的根状茎和匍匐茎

b. 非球根鸢尾的地下器官

b_1. 有髯鸢尾的根状茎　b_2. 拟鸢尾（*I. spuria*）的根状茎

b_3. 西伯利亚鸢尾（*I. sibirica*）的根状茎　b_4. 饰冠鸢尾（*I. cristata*）的匍匐茎

b_5. 尼泊尔鸢尾（*I. decora*）的肉质根

(2) 球根类

球根鸢尾几乎都是无髯毛类。地下部分为鳞茎。主要包括西班牙鸢尾类（Xiuphiums）、鳞茎有网状被膜的网状鸢尾类（Reticulatas）及鳞茎下部具粗壮肉质根的朱诺鸢尾类（Junos）3 类。其中西班牙鸢尾类栽培容易，品种繁多，主要作为切花栽培，气候温和地区也可用于园林绿化。其他两类园林中应用较少。

除了根状茎和球根两大主要类型外，鸢尾类花卉中还有个别种类，既非球根，亦非根茎，而是具有成簇的肉质根系，如高原鸢尾（*Iris collettii*）和尼泊尔鸢尾（*I. decora*），不过园林中应用较少（图 12-33）。

12.8.3.2 鸢尾的生态类型

鸢尾类花卉不仅观赏性强，其生态类型也极为丰富。了解这些生态类型对于设计出景观优美的鸢尾专类园极为重要。

(1) 对光照的适应类型

① 喜光类　根茎类鸢尾中除冠状鸢尾外，大部分要求日照充足，庇荫条件下开花不良，包括花菖蒲、燕子花、德国鸢尾等。球根鸢尾也喜光照充足。

② 耐半阴类　鸢尾既可在全光下生长，也可适应稍为庇荫的条件。

③ 耐阴类　蝴蝶花需在半阴处生长。

(2) 对水分的适应类型

① 中生类　喜生于排水良好，适度湿润土壤

中，如鸢尾、蝴蝶花、德国鸢尾、银苞鸢尾等。

②湿生类 喜生于湿润土壤至浅水中。如溪荪(*Iris sanguinea*)、马蔺、花菖蒲等。

③水生类 喜生于浅水中。如黄菖蒲(*I. pseudacorus*)、燕子花等。

其中西伯利亚鸢尾(*Iris sibirica*)、溪荪、黄菖蒲、变色鸢尾(*I. versicolor*)等既可以在中生条件下生长，又可以在湿润或浅水中生长，只是在中生条件下植株较矮。

(3)对土壤的适应类型

大部分根茎类有髯鸢尾如德国鸢尾、银苞鸢尾及杂交种及冠状鸢尾中的蓝蝴蝶喜排水良好而适度湿润的肥沃土壤，而且可以生长于富含石灰质的碱性土壤，但在酸性土中生长不良。大部分无髯毛类鸢尾如燕子花、花菖蒲等及冠状鸢尾类的蝴蝶花等喜生长于浅水及潮湿土壤中，且以微酸性土壤为宜。

12.8.3.3 鸢尾的应用简史及花文化

鸢尾类是园艺化较早且久负盛名的花卉。鸢尾因其鲜艳而丰富的花色而为人们所喜爱，也因此得其名自希腊女神伊利斯(Iris)，意为"彩虹之花"。伊利斯(Iris)是希腊神话中彩虹的化身和神的使者。她将彩虹作为通向天空的路。她踏过的地方就生长出了这种美丽的花，因而称为鸢尾(Iris)。古埃及人将鸢尾花视为雄伟和权威的象征，将它放在思芬克斯的眉上及国王的节杖上，用鸢尾的3个花瓣代表信心、智慧及勇猛。罗马人将鸢尾比作月亮女神朱诺(Juno)。在4000年前的克里特(Crete)，鸢尾花被认为是王子和牧师之花。《圣经》中提到的百合(lilies)经考证后普遍认为是指鸢尾，尤其是黄菖蒲，因为百合并不是原产于圣地(Holy land)，而那里的黄菖蒲却极为丰富。对百合和鸢尾的混淆一直延续至中世纪。在法国，从1180年开始作为国王徽章之一的鸢尾花形的徽章，一直被称为"法国的百合"。但有考证认为是黄菖蒲。Chloris国王和Louis七世都曾以黄菖蒲花型作为他们的徽章图案。

鸢尾花图形的绘画最早出现在古科里特克诺索斯(Knossos)的弥诺斯宫殿(Palace of Minos)壁画中。此后一直是欧洲尤其是荷兰和意大利艺术家的肖像画中的内容，如著名的达·芬奇的《The Madonna of the Rocks》及Hugo van de Goes 的《Virgin and Child》和《Adorrazione》。在所有这些作品中，鸢尾花都被用作耶稣降生的象征。鸢尾的花形也是印度寺庙和亚洲的宫殿中经常出现的雕刻图形。在中国和日本，马蔺和燕子花的程式化图形也经常出现在绘画、刺绣及漆器工艺品中(G·E. Cassidy、S. Linnegar, 1982)。

人们也很早就认识到了鸢尾的药用和其他经济价值，如香料、染料、颜料、饮料、饲料、美容、编织等。在中国战国时代的《神农本草经》上已有鸢尾及蠡实(马蔺)的记载。《颜氏家训集解》中记述马蔺"人或种于阶庭，但呼为旱蒲。"古希腊和罗马人都将鸢尾的干根茎用作香料和药，马其顿人以鸢尾花调制的香膏而著称。鸢尾油还被记载在3世纪时埃及国王的稀有调味品的名单中(G·E. Cassidy、S. Linnegar, 1982)。

所有这些关于鸢尾的历史和传说以及鸢尾的诸多用途都可以为鸢尾专类园增添无穷的魅力。

12.8.3.4 鸢尾园的设计

(1)规则式布局

鸢尾花由于品种繁多，高矮皆有，花色齐全，因此在规则式布局中可以布置成花坛、花台、花带等形式。这些布置形式尤其适合展示品种。如在组合式花台或阶式花台中，按照不同种类鸢尾株高及花色的差异以及花期早晚不同，并兼顾鸢尾分类上的其他特点(如垂瓣上有无髯毛等)进行种植设计。通常是矮生的鸢尾花期较早，种植在阶式花台的最高层。阶式花台可分4～5层，最下层还可以临水池，把喜水湿类的鸢尾种植在池边。植台之间高差约30cm，边缘可用大块卵石护坡。这种形式能利用园内的起伏地形，并结合鸢尾的生态习性分类栽培，既便于品种收集、展示和科学普及，又有较好的景观效果。

如果面积较大，还可以通过将花坛、花台、花带等形式组合，结合装饰于阶旁路边的容器栽植及悬挂于墙面、窗台等处的种植槽，构成一个规则式或半规则式的鸢尾花园。

(2) 自然式布局

自然式布局的鸢尾园可以通过鸢尾花丛、花群、花境等形式以及沼泽园和水景园，结合自然式园路、地形及其他植物材料及园林小品，营造丰富的景观。

① 花丛、花群、花境　鸢尾类花卉花枝挺拔，叶色美丽，是布置花境的较好花材。鸢尾园中在墙基或沿道路等带状种植地段，选择不同株高、花色及花期的鸢尾品种搭配成鸢尾花境，也可以鸢尾与其他种类花卉配置成花境，延长花境的观赏期。花丛则与小径、踏步、台阶、置石、水岸、汀步等相结合作为点缀。面积较大之向阳平地或坡地，可以选择喜光品种布置花群，建筑背阴面或林下，则选耐半阴的种类成花群式配置，兼有地被的效果。花丛、花境及花群的布置犹如点、线、面的结合，使得景观妙趣横生。

② 鸢尾水景园　由于鸢尾类花卉有丰富的湿生、水生种类，使得在鸢尾园中布置水景园具备得天独厚的优势。鸢尾中只有极少的种类是必须在水生条件下才能生长，而更多的种类既可以生长在中生条件下，又可以生长在土壤潮湿至沼泽条件下，因此鸢尾可以布置任何形式的水景园，而且最适宜从岸上到水中连续构图的应用（图12-34）。根据对水分条件的要求，自然式鸢尾园中可设置自然式水体，最好为坡岸形式，可以有不同的水位及土壤水分条件，来布置不同的鸢尾种类；也可以构筑溪流、沼园，甚至滩涂景观，将湿生和水生的鸢尾与驳岸、散石、汀步等结合，再搭配少量其他浮水类花卉增加线条的对比，就可以布置出景观优美的水景园。

③ 鸢尾岩石园　许多鸢尾种类或品种，尤其是根茎类的矮型有髯品种，耐干旱和石灰质土壤，非常适宜与岩石景观结合布置成岩石园。在自然式鸢尾园中，可结合碎石坡、岩墙、石槽等营造一个岩石角。

设计鸢尾园时需注意，大部分鸢尾种类喜光。因此，园中不宜有大量乔木，如果为了丰富

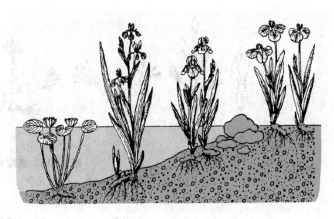

图12-34　水生鸢尾配置示意图（引自吴涤新，1994）

景观和为喜阴类鸢尾营造适宜条件，则在花园的北边种植适量乔木，其他位置可布置适量低矮的灌木。配置的植物种类宜考虑在观赏期上与鸢尾互补，而不宜与鸢尾同期，以免喧宾夺主。

鸢尾科其他属的花卉如射干（*Belamcanda chinensis*）、小苍兰（*Freesia refracta*）、唐菖蒲类（*Gladiolus* spp.）、鸟蕉花属（*Ixia*）及雄黄兰属（*Crocosmia*）的种类与鸢尾在花形或叶姿上均有某些相似之处，条件适宜地区可以适当配置，既可以保持景观上的协调，又可以增加观赏内容。

12.8.3.5　鸢尾的种植及养护

用于园林绿化及布置专类园的主要是根茎类鸢尾。这类鸢尾生长旺盛，地下根茎蔓延的速度很快，也因此常用分割根茎的方法繁殖，布置鸢尾园也主要栽植鸢尾的根茎，因此了解其地下根茎的生长规律非常重要。

鸢尾类通常春季萌芽较早，春至初夏开花。开花期间，在原根茎的先端就会发生两个或数个侧芽，侧芽在当年形成新根茎，先端于秋季分化花芽，供翌年开花。如此增生的方式每年进行，3~4年后，一丛植株的根茎就会变得拥挤，甚至互相穿插而不利生长。因此，通常3年就须挖起分栽（图12-35）。

由于鸢尾根茎增生快，种植时品种之间以丛为单位集中栽植。在规则式布局中，一个品种最好以三五或七株为一丛，株距30cm，丛距50cm；在不规则式布局中，每一个品种的植株

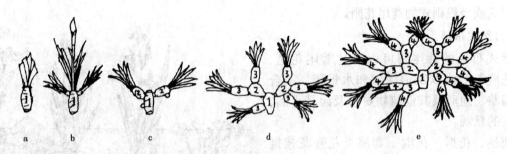

图 12-35　鸢尾根茎的增生
a. 最初栽植的根茎　b. 开花期　c. 1 年后　d. 2 年后　e. 3 年后

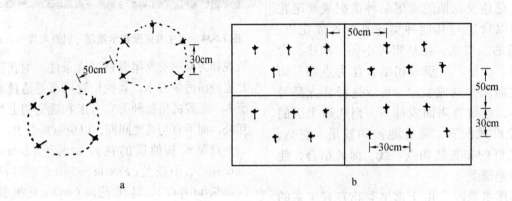

图 12-36　根状茎栽植方式示意图
a. 非规则式栽植　b. 规则式栽植

以不规则的圆形来种植形成一丛，如此当数年后根茎互相交叉时便于区别不同品种进行分栽和繁殖（图 12-36）。

栽植时，叶丛应修剪至 20cm 以下。黏重的土壤可浅栽，使根茎上部与土面齐平，轻松的土壤根茎上部覆土可达 5~10cm。

鸢尾类生长强健，不需特殊养护管理。通常于春秋季花前花后追肥。根茎类鸢尾抗旱性较强，但久旱不雨时需进行人工灌溉。秋后叶片枯黄后修剪至 20cm，使得地面接收较多的光照以利根茎部生长发育。

12.8.3.6　实例

由于鸢尾品种繁多且新品种层出不穷，以下实例中的品种虽然可能已经不再应用或者在我国并无此品种，但其花色、株高之间的搭配仍可以作为借鉴，而且可从中领会作者对鸢尾应用设计的思路。

（1）鸢尾的花色搭配

由于鸢尾花色丰富，鸢尾园以色彩斑斓而取胜，尤其是有髯类鸢尾特有的株型姿态及花序形状的高度协调性，使得鸢尾类花卉可以布置出任何色彩搭配而不会失去协调。但如果注意某些色彩搭配的技巧，可以取得更为理想的效果。一般而言，较暗和较亮的品种应该远离建筑或视点。在下列三组色彩中：①浅蓝、浅粉、杏黄、乳黄、浅淡柔和的复色；②棕褐色、铜色、柠檬黄、中性蓝及混合色；③深蓝、金黄、红、黑色、白色及对比色形成的复色，最后一组应离视点最远（图 12-37，表 12-1）。

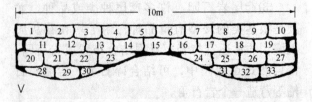

图 12-37　由 TB 和 BB 型鸢尾组成的鸢尾花境
（品种花期相近，气候温和地区；V 为主观赏点位置）

表 12-1　部分鸢尾品种的花色

编号	品种类型及名称	颜色	编号	品种类型及名称	颜色
1	TB 'Blue Sapphire'	浅蓝色	18	TB 'Missouri'	深蓝色
2	TB 'Primrose Drift'	淡黄色	19	TB 'Blue-eyed Brunette'	褐色
3	TB 'White City'	蓝白色	20	TB 'Golden Forest'	金黄、白
4	TB 'Shepherd's Delight'	粉红色	21	TB 'Patterdale'	淡蓝色
5	TB 'New Moon' lemon'	柠檬色	22	TB 'Benton Cordelia'	粉色
6	TB 'Shipshape'	中蓝色	23	TB 'Whole Cloth'	淡蓝、白
7	TB 'Tarn Hows'	蓝色	24	TB 'Allegiance'	深蓝色
8	TB 'Stepping Out'	紫中带白	25	TB 'Sable Night'	黑色
9	TB 'Winter Olympics'	白色	26	TB 'Ola Kala'	深黄色
10	TB 'Kilt Lilt'	红、黄	27	TB 'Tyrian Robe'	紫色
11	TB 'Pink Taffeta'	粉红色	28	BB 'Lace Valentine'	粉色带黄晕
12	TB 'Seathwaite'	浅蓝色	29	BB 'Junior Prom'	浅蓝色
13	TB 'Mary Randall'	玫瑰粉	30	BB 'Frenchi'	红色
14	TB 'Argus Pheasant'	褐色	31	BB 'Jungle Shadows'	灰白色
15	TB 'Golden Alps'	黄、白	32	BB 'Bride's Pearls'	白、黄
16	TB 'Constance West'	深紫蓝色	33	BB 'Bayadere'	金属褐色
17	TB 'Wabash'	紫、白			

(2) 鸢尾专类园

该鸢尾专类园为规则式布局，全园栽植的鸢尾类型及分区如下(图 12-38)。

A、B. 高茎类及中花中茎类(TB 及 BB);

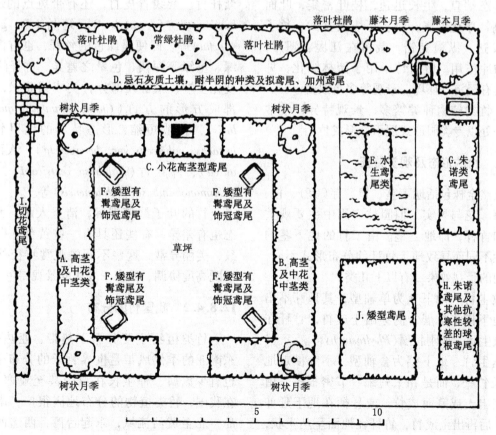

图 12-38　鸢尾专类园(引自 Cassidy & Linnegar, 1982)

C. 小花高茎型鸢尾（MTB）；

D. 忌石灰质土壤，喜半阴的种类及拟鸢尾、加州鸢尾；

E. 配置西伯利亚鸢尾、路易斯安娜鸢尾及花菖蒲类的规则式水池；

F. 配置矮型有髯鸢尾及饰冠鸢尾的下沉式石槽；

G. 栽植朱诺类鸢尾的花台；

H. 栽植朱诺鸢尾及其他抗寒性较差的球根鸢尾的阳畦；

I. 切花鸢尾花境；

J. 配置矮型鸢尾的规则式岩石园。

12.8.4 竹园

竹属禾本科竹亚科多年生常绿的单子叶植物。竹子神韵挺秀、潇洒飘逸、寒冬不凋、四时青翠，是东方美的象征。竹又是吉祥之物，古人很早就以竹子来美化宅院和周围环境。

竹形态端直，生长迅速，枝叶密集，叶面积指数高，净化空气，改善环境效益大。竹子的鞭根发达，纵横交错，栽植在江堤、湖岸，有固土防冲作用。所以竹子用于园林绿化，见效快并具有经济、环境、景观等多重效益。

由于竹类植物种类繁多，景观特异，常常集中于一处以专类园形式展示，形成竹园。

12.8.4.1 竹的形态及观赏特征

竹虽然全株包括地下茎、根、芽（笋）、枝、叶、竹箨、花与果实，但园林应用中主要观赏竹之叶和竹秆，即地上茎。由于竹的地下茎的生长习性不同而导致地上竹秆的分布形式不同，形成不同的景观效果。有以下几类。

①散生竹　地下茎为单轴型，其顶芽不出土，在地下横走扩展，侧芽出土成竹，竹秆在地面呈散生状，如刚竹属（*Phyllostachys*）。

②丛生竹　地下茎为合轴型，不为横走地下的细长竹鞭，而是粗大短缩、节密根多，由顶芽直接出土成笋而成竹，或秆柄在地下延伸一段距离后再出土成竹，竹秆在地面呈丛生状，如慈竹属（*Sinocalamus*）。

③混生竹　地下茎兼有单轴型和合轴型的特点，既有在地下作长距离横向生长的竹鞭，并从鞭芽抽笋长竹，稀疏散生，又可以从秆基芽眼萌发成笋，长出成丛的竹秆，如箭竹属（*Fargesia*）、箬竹属（*Indocalamus*）等。

竹之形态特殊还因为其既有乔木、灌木状，也有藤本及秆形矮小、质地柔软而成草本状的种类。高大如乔木者如毛竹（*Phyllostachys pubescens*）、龙竹（*Dendrocalamus giganteus*）；低矮密集呈灌木状者如箬竹、凤尾竹（*Bambusa multiplex* var. *nana*）；还有低矮宜作地被的菲白竹（*Arundinaria fortunei*）、菲黄竹（*A. auricoma*）和藤本状的小蓬竹（*Drepanostachyum luodianense*），均可作不同园林用途。

竹秆除绿色外，还有黄色、黄绿相间者如黄秆乌哺鸡竹（*Phyllostachys vivax*）、花秆早竹（*Phyllostachys praecox*）、金镶玉竹（*P. aureosulcata* f. *spectabilis*），紫色者如紫竹（*P. nigra*）、紫秆竹、紫线青皮竹，还有带斑点的斑竹（*P. bambusoides* f. *tanakae*）、筠竹（*P. glauca* f. *yunzhu*）等。即便是绿色的竹秆，也有翠绿、粉绿、墨绿等深浅、色晕之差异。竹秆的形状也变化多端，除了大部分种类成圆筒状，还有基部成方形的方竹（*Chimonobambusa quadrangularis*），竹节短缩、形态特异的龟甲竹（*Phyllostachys pubescens* var. *heterocycla*）、人面竹（*P. aurea*）、佛肚竹（*Bambusa ventricosa*）、龙拐竹（*Chimonobambusa szechuanensis*）等。

竹的叶子终年翠绿，清秀入画，大小、姿态也有差异，有些还具有一些黄色、白色等条纹，美丽异常，这些不同的观赏特征构成了竹子既高度协调、又富于变化的景观特色。

12.8.4.2 我国竹的分布

竹类植物主要分布于热带、亚热带地区，东南亚的季候风带是世界竹子的分布中心，但也有少数属、种生长在温带甚至亚寒带地方。在我国，竹类植物的分布地区很广，南自海南岛，北至黄河流域，东起台湾，西迄西藏的错那和雅鲁藏布江下游，相当于北纬18°～35°和东经92°~122°。在此范围内长江以南地区的竹种最多,生长最佳。由于气候、土壤、地形的变化及竹种生物学特性的差异,我国竹子分布具有明显的地带性和区域性,可划分为三大竹区。

(1) 黄河—长江竹区(散生竹区)

包括甘肃东南部、四川北部、陕西南部、河南、湖北、安徽、江苏等地区,山东南部及河北西南部,相当于北纬30°~37°之间。该地区年平均气温12~17℃,降水量500~1200mm。主要分布散生型的毛竹、刚竹、淡竹、桂竹、金竹、水竹、紫竹及其变种,混生型的有苦竹、箭竹、辽竹等。

(2) 长江—南岭竹区(散生竹—丛生竹混合区)

包括四川西南部、云南北部、贵州、湖南、江西、浙江等地区和附近西北部,相当于北纬25°~30°之间。该地区年平均气温15~20℃,降水量1200~1800mm。本地毛竹比例最大,另有散生型的刚竹、淡竹、早竹、哺鸡竹、桂竹、水竹;混合型的苦竹、箬竹;丛生型的有慈竹、料慈竹、梁山慈竹、硬头黄竹、凤凰竹等。

(3) 华南竹区(丛生竹区)

包括台湾、福建南部、广东、广西、云南南部,相当于北纬25℃以南的地区。该地区年平均气温20~22℃,年降水量1200~1800mm,有的高达2000~3000mm,是丛生竹集中分布的地区。主要栽培竹种有刺竹属的撑篙竹、硬头黄竹、青皮竹、车筒竹,慈竹属的麻竹、绿竹、甜竹、大头典竹、大麻竹,单竹属的粉单竹,思竹属的沙罗竹等。

设计竹园时,应充分考虑当地的气候特点,以当地分布的乡土竹种为主,营造竹园的主体景观,同时选择适宜该地的其他具有多种观赏特征的种类来丰富景观。

12.8.4.3 竹文化

我国利用竹子具有悠久的历史。早在殷商时代就用竹作箭矢、书简和编制竹器。秦代造笔,以竹作管,沿用至今。以竹子建造房屋也有2000多年的历史。用竹子造纸有1700多年的历史,各种竹的工艺品也举世闻名。另外,食用、药用竹子也极为普遍。

竹子自古以来即被文人墨客与梅、兰、菊合称"四君子",与松、梅合称"岁寒三友"。竹节中空具谦谦风度;拾级而上代表节节高升、高风亮节与进退有据;枝叶丰盛、飘逸不凡,其美德表征是人们追求的理想境界。历史上不少诗人、学者写过许多关于竹的诗文,以竹之态、竹之景写竹之情。如王维在《竹里馆》中曰:"独坐幽篁里,弹琴复长啸。深林人不知,明月来相照。"宋代大诗人苏轼对竹子十分喜爱,在《于潜僧绿筠轩》中写道:"宁可食无肉,不可居无竹。无肉令人瘦,无竹令人俗。"爱国诗人陆游盛赞:"好竹千竿翠,新泉一勺水。"素称"扬州八怪"之一的清代画家郑板桥,善画竹,爱竹如癖,与竹结下了深厚情感。他有首《题墨竹图》诗,曰:"细细的叶,疏疏的节;雪压不倒,风吹不折。"他赞赏竹是"秋风昨夜渡潇湘,触石穿林惯作狂。惟有竹枝浑不怕,挺然相斗一千场"。

我国竹文化的精神,核心是清高脱俗,虚心坚韧,高风亮节。随着时代发展,竹亦被赋予新的品格和精神,如坚忍不拔、艰苦奋斗、廉洁奉公以及无私奉献的品质都是竹的精神内涵。

12.8.4.4 竹园的植物配置

竹园是以竹为主体植物材料营造植物景观。由于竹子独特的形态特征,极宜与自然景色融为一体,无论单独群植成景还是与其他植物种类和造园要素结合,在园林空间构成、景点形成上都具有独特的效果,易形成幽雅清静的景观,令人赏心悦目。

(1) 竹的配置

①以竹为主创造竹林景观 以姿韵独特的竹子群植形成竹林,片植、丛植皆可形成或清幽或秀美的景色。林植的竹子须选取高大的竹种,并形成一定的面积,才有幽深之感,通常以散生竹的效果最佳。从外看,枝叶茂盛;置身其中,修竹挺拔,别有情趣。以较高大的丛

生竹形成的竹林则另有一番景色，大小不等的竹丛疏密有致地配置，既可形成郁闭的景观，又可在林中形成大小不等的林下空间供游人活动。如果能选用形态奇特或竹秆鲜艳的竹种，群植、片植于重要位置，更可以构成独立的竹林景观。

②与亭、堂、楼、阁及其他建筑配置　在亭、堂、楼、阁、水榭附近，栽植数株翠绿修竹，不仅能使色彩和谐，而且陪衬出建筑的秀丽。同时掩映在修竹丛中的"精舍"，亦可使人体会到白居易所说"映竹年年见，时闻下子声"的那种情境。

在房屋和墙垣的角隅，配置紫竹、方竹、凤尾竹、菲黄竹等，形成层次丰富的清秀景色，同时也对建筑构图中的某些缺陷起到阻挡、隐蔽作用，使环境更为幽雅。在颜色素雅的墙下植竹，更可营造国画一般的意境。

③阻隔空间、创造幽静环境　利用竹子的不同形态，分隔空间，中小型竹可形成实的分隔，高大的竹可用以半遮半掩形成虚的分隔。以竹来分隔成的环境空间，清幽宁静，别有情趣。另外，以竹子群植、丛栽来抑景、障景、框景，使园景幽深清静，富有野趣，形成引人入胜的景观。

④竹与山石组景　假山景石若适当配置竹子，能增添山体的层峦叠翠，呈现自然之貌、山林之美。以石笋与竹配置为我国古典文人园林常用的手法。竹园中的景石还可以镌刻与竹有关的诗文、书法，丰富竹园的文化内涵。

⑤竹与水组景　水边植竹，不仅可以表现"水可净身、竹可净心"的意境，而且倒映水中，也可形成独特的景观。

(2) 与其他植物配置

在竹园中，除了竹类植物外，为了丰富景观的内容，还需要配置其他植物材料。竹景观除了少量彩叶种类如菲黄竹、菲白竹以及一些具有色斑和条纹的竹秆外，主要以翠绿的叶色为基调，如此可以形成清幽、雅致的环境。但在特定的空间也可以点缀其他观花及彩叶植物，如竹丛间植以春花、秋实及红叶等植物，与竹相映，艳丽悦目，颇有特色。如竹与桃混栽，形成"竹外桃花三两枝，春江水暖鸭先知"的意境，青竹与桃花不仅带来浓郁的春意，而且具有美丽的色彩效果。或用数条茁壮的石笋若隐若现在几竿修竹丛中，再植以几株四季青绿的桂花，象征春意永存。

另外，运用我国传统花文化中的"四君子"梅、兰、竹、菊，"岁寒三友"松、竹、梅等都可进行竹与其他植物的搭配而形成特定的意境。

12.8.4.5　竹材造景

竹园中的功能性或非功能性建筑或小品等均可采用竹材。以竹为建筑的梁、柱、椽、壁等，在我国南方普遍应用。如云南的竹楼，瓦、墙、梁、柱等均以竹子制作，竹楼往往建在临水竹林丛中，竹楼依着水波，风光艳丽动人。

竹园还可以结合与竹文化艺术相关的诗词歌赋、绘画等以及竹工艺品及实用性竹制品的陈设展示等普及竹文化。

思考题

1. 什么是专类园？专类园有哪些类型？进行专类园的设计时遵循的一般原则是什么？

2. 水景园、岩石园、蕨类植物专类园、仙人掌及多浆植物专类园、观赏药草园、观赏果蔬专类园的植物材料选择包括哪些方面？如何进行各专类园的景观设计？

3. 试析牡丹园、月季园、鸢尾园、竹园等植物配置的特色。

推荐阅读书目

Growing Irises. G·E. Cassidy and S. Linnegar. Croom Helm London and Canberra, 1982.

中国古典园林史. 周维权. 清华大学出版社，1999.

An Illustrated History of Gardening. Huxley A. Paddington press LTD, 1920.

中国花卉品种分类学. 陈俊愉. 中国林业出版社, 2001.

中国牡丹品种图志. 王莲英. 中国林业出版社,

1997.

The Garden Planner. Robin Williams. Frances Lincoln, 1990.

仙人掌类及多肉植物. 徐民生,谢维荪. 中国经济出版社,2000.

观赏蕨类. 石雷. 中国林业出版社,2002.

For Great Gardening, Turn to Ferns. E. Gorden Foster and John T. Mickel. Garden, March/April, 1983.

Philip Perl and the Editors of Time-life Books, Ferns. Time-life Books (Nederland) B. V., 1979.

Rock Gardens. Wilhelm Schacht. Universe Books New York., 1981.

花卉应用与设计. 吴涤新. 中国农业出版社,1994.

Rock Gardens & Alpine Plants. David Joyce. Tiger Books International, 1991.

Landscape Design with Plants. Brian Clouston, William Heinemann Ltd., Institute of Landscape Architecture, 1977.

水生植物造景艺术. 李尚志. 中国林业出版社,2000.

第13章 屋顶花园应用设计

[本章摘要] 屋顶花园有着悠久的历史，是将艺术设计与工程技术手法相结合的在构筑物顶面营造绿色景观的形式。屋顶花园能增加城市绿地面积、提高绿化率、改善人们的生活环境。本章介绍了屋顶花园的产生与发展，屋顶花园的作用和特点，屋顶花园的设计、布局和类型，重点介绍屋顶花园设计时的植物选择、种植施工和养护管理，并以实例说明屋顶花园的设计。

13.1 概述

13.1.1 屋顶花园的概念

关于屋顶花园(rooftop garden, roof-garden, green roof)的称谓，目前尚无统一的表述，相近的名词有屋顶绿化、种植屋面或立体绿化(屋顶绿化和垂直绿化的统称)。在园林行业则"屋顶花园"与"屋顶绿化"二词最为常用。一般来说屋顶花园有广义和狭义两方面的含义。广义的屋顶花园可以理解为在各类建筑物、构筑物、城墙、立交桥等的屋顶、露台、天台、阳台、建筑立面和地下建筑顶板以及人工假山山体上建植的绿色景观或具有综合功能的花园式绿地。狭义的屋顶花园是指在高出地面以上，周边不与自然土层相连接的各类建筑物、构筑物等的顶部以及天台、露台上建植的绿色景观或具有综合功能的花园式绿地。而人们根据屋顶的结构特点以及其上的生态条件，选择相应的植物材料，通过一定的艺术设计及工程技术手法，营造绿色景观的造园活动过程可称为屋顶绿化。但业内对二者的使用并无明确的界定，有时"屋顶绿化"一词也被用来描述景观类型，如简单式屋顶绿化及花园式屋顶绿化。

目前行业对"屋顶花园"与"屋顶绿化"两个名词的使用没有严格的界定。

图13-1 亚述古庙塔

13.1.2 屋顶花园的产生与发展

屋顶花园的历史可追溯到4000多年前。大约在公元前2000年，古幼发拉底河下游地区（今伊拉克）的古代苏美尔人曾建造了雄伟的亚述古庙塔（图13-1），被后人认为是屋顶花园的发源地。据考证，亚述古庙塔是一座具层层叠进并种有植物的花台、台阶和顶部的"花园"般庙宇。因此，从严格意义上讲，花园式的亚述古庙塔并不是真正的屋顶花园，因为植物栽植在塔身上而不是在"顶"上。真正意义上的屋顶花园一般公认为是亚述古庙塔之后1500余年出现的巴比伦"空中花园"。

公元前604—前562年，新巴比伦国王尼布甲尼撒二世为了取悦娶自波斯国的塞米拉米斯公主，下令在巴比伦的平原地带堆筑土山，并用石柱、石板、砖块、铅饼等垒起每边长125m，高达25m的台子，在台上层层建造宫室，处处种花植树，同时动用人力将河水引上屋顶花园，除供花木浇灌之外，还形成屋顶溪流和人工瀑布。"空中花园"实际上是一个构筑在人造土石之上，具有居住、游乐功能的园林式建筑群。在"空中花园"上鸟瞰，城市、河流和东西方商旅大道等美景尽收眼底。其实用功能在当今亦称得上是建筑与园林结合的佳作（图13-2）。

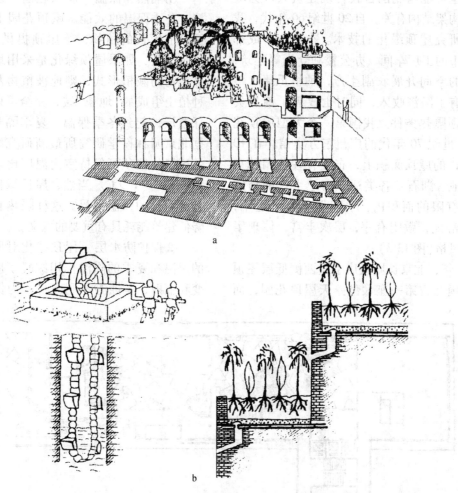

图13-2 巴比伦"空中花园"及空中花园中用于提水的辘轳和台地排水示意图
（引自郦芷若、朱建宁，2001）
a. 空中花园结构剖面示意图　b. 用于提水的辘轳和台地排水示意图

1959年，美国的一位建筑师在一座6层楼的顶部建造了一个景色秀丽的空中花园。此后，屋顶花园建设呈现出勃勃生机。20世纪60~80年代，西方一些发达国家在新营造的建筑群中，在设计楼房时把屋顶花园一并考虑，造园水平越来越高。在法国巴黎，一幢幢高楼大厦的平顶上，栽植着各种树木花草。在英国伦敦，人们修筑带有屋顶林荫道的住宅区。巴西的许多屋顶上绿草如茵，四季灰尘不扬，炎夏倍感阴凉。日本、德国、澳大利亚等发达国家在建筑屋顶花园上也都达到了较高的水平。

我国有着悠久的建筑历史和精美的古代建筑，但在屋顶上大面积种植花木营建花园的并不多见。这可能与我国古代传统建筑大多为坡屋顶、木构架结构有关。自20世纪60年代，我国才开始研究屋顶绿化的技术。在重庆、成都等一些城市的工厂车间、办公楼和仓库等建筑，利用屋顶的空间开展农副生产，种植瓜果、蔬菜等，既有了经济收入，同时也改善了南方炎热季节屋顶隔热条件。我国第一个大型屋顶花园建于20世纪70年代的广州东方宾馆。在10层楼900m²的屋顶面积上，布置有各种园林小品——水池、湖石及各类适于当地生长的精致花木。在有限的面积内，空间划分大小适中，布局简洁舒朗，敞闭有序，层次丰富，体现了岭南园林风格（图13-3）。

1983年，北京长城饭店主楼西侧低层屋顶上建起我国北方第一座大型露天屋顶花园，面积达3000m²，其中布置了各种形式的种植池及喷泉、瀑布、溪流、水池等水景，还建了一座具有中国特色的琉璃瓦四方亭，与饭店后庭院的建筑风格协调一致，园林树木掩映，花色鲜艳，置身其中宛若游览于露地的花园一般。

近十几年来，在一些经济发达城市屋顶花园越来越多。尤其是北京等地为了迎接2008年奥运会在大力改善环境的举措中，掀起建设屋顶花园的热潮。大量屋顶花园的建成有效地增加了城市绿化面积，提升了生态和景观质量。

13.1.3　屋顶花园的作用

(1) 生态和环保功能

①隔热和保温　屋顶花园可以起到夏季降温、冬季保温的效能。屋顶花园上的种植基质及其上生长的植物，给屋顶提供一个隔热层。研究证明，如果屋顶绿化是采用地毯式满铺地被植物的栽植形式，则地被植物及其下的轻质种植土组成的"地毯"层，完全可以取代屋顶的保温层，起到冬季保温、夏季隔热的作用。根据北京园林科学研究所最新研究结果，在北京地区绿化屋顶可保持室内温度比未绿化室温平均低1.3~1.9℃。当然，屋顶绿化在冬季则可起到明显的保温效果。这种隔热和保温效应对降低建筑能耗具有重要的意义。

②保护防水层　屋顶绿化对屋顶表面冬季的保温和夏季的降温作用减轻了屋顶的温度巨变和辐射、腐蚀等不利条件，为保护建筑顶部

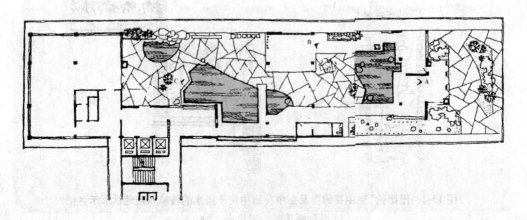

图13-3　广州东方宾馆屋顶花园平面图

外露的防水层，防止屋顶漏水，开辟了新途径。特别在北方地区，屋顶绿化不但可延缓屋面材料因太阳紫外线照射的老化进程，而且还可大大降低建筑结构及屋面材料因热胀冷缩所导致的安全隐患。根据北京市园林科学研究所测定，水泥屋顶表面年最大温差达到58.2℃，而绿化屋顶表面年最大温差仅为29.2℃，最大相差29℃左右，由此大大降低了建筑屋面结构及材料的热胀冷缩变化幅度。

③截留雨水　屋顶花园中植物种植基质对雨水的截留，使屋顶花园的雨水排放量明显减少。例如，在北京地区，屋顶绿化平均可截留年降水量的43.1%。屋顶花园对雨水的截流可使雨后通过屋顶排入城市下水道的水量将明显减少，大大缓解城市雨洪压力，节约市政设施的投资。不仅如此，屋顶花园中截流和储存的雨水，将逐渐地通过蒸发和植物蒸腾扩散到大气中去，改善城市的空气与生态环境。

④滞尘　屋顶花园与未绿化屋顶相比，其滞尘效果极为显著。同时，研究还表明在立地条件基本相同情况下，乔灌草结合的花园式屋顶绿化滞尘效果远远优于诸如铺满佛甲草等的简单式屋顶绿化。对屋顶绿化植物整个生长季节的滞尘结果分析表明，花园式屋顶绿化滞尘量平均为12.3g/m^2，滞尘比率平均为31.13%；佛甲草简单式屋顶绿化滞尘量平均为8.5g/m^2，滞尘比率平均为21.53%，前者比后者滞尘率高约10%。

⑤减少屋顶眩光　在鳞次栉比的城市建筑中，屋顶花园和垂直墙面绿化，替代了灰色混凝土、黑色沥青和各类硬质墙面，减少了硬质景观表面的眩光，增加了视觉感受的舒适度。

⑥有效增加城市绿地面积　城市的发展必然导致用于绿化的面积越来越少而使城区的生态环境日趋恶化。而建筑物的垂直绿化，特别是屋顶花园几乎能够以等面积的绿化偿还支撑建筑物所占的地面。因此，屋顶花园和垂直绿化是城市增加绿化面积的最有效途径。

(2) 美化环境

屋顶花园通过绿化覆盖率的提高、优美园林景观的建造，改善了屋顶原有的硬质和杂乱的景观。通过植物的形态及色彩的季相变化，赋予建筑物不同的季相美感，形成多层次的空中美景，使绿色空间与建筑群体相互渗透，融为一体，丰富和美化城市景观。

与主体建筑的几何空间相比，屋顶花园具有柔和、丰富和充满生机的艺术效果，屋顶绿化还作为中介协调不同类型的建筑物之间以及建筑物与周围环境的关系，使绿色空间与建筑空间相互渗透，使自然植物与人之建筑有机地结合和相互延续，从而极大地提升环境的景观质量。

(3) 增添自然情趣，有利于人的身心健康

现代人追求回归自然的生活方式。建造屋顶花园，会使人们更加接近自然。屋顶花园一般都与居室、起居室、办公室相连，比其他类型的绿地更靠近人们的日常生活。屋顶花园的发展趋势是将屋顶花园引入室内，形成绿色空间向室内建筑空间渗透。绿色园林环境的引进，会产生丰富多彩、舒适安静、生气勃勃的建筑空间，满足人的生理和心理需求，并丰富人们的生活情趣。

13.1.4 屋顶花园的特点

(1) 造园空间的局限性

由于屋顶结构及建筑结构承载力所限，屋顶上不能随心所欲地挖湖堆山、改造地形。为了减轻屋顶花园传给建筑结构的荷载，荷重较大的造园设施，如高大乔木种植池台、假山、雕塑、水池等应尽量放置在承重大梁、墙、柱之上，并注意合理分散荷重，这就限制了设计师对景点的布局。当然空间狭小也是限制屋顶花园布局的制约因素之一。

(2) 生态条件的不利因素

屋顶花园由于承重原因，土壤要质轻而薄，这样对植物种植造成很大限制，体大量重的乔木及深根性植物的应用就须慎重。土层薄也使其易受环境变化的影响，水分容量少却蒸发快，易干燥，且与大地土壤隔离，不能吸收水分，因此，须有均衡灌溉，否则植物生长受限。屋顶风大，再加上植物土层薄，根系分布浅，因此，一方面植物易倒伏，另一方面大风加剧植物蒸腾作用，增加干旱胁迫，也是影响植物生长的极为不利的因素。为了克服这些不利因素，就必须增加投资，如利用轻型优质基质、增加灌溉设施等，导致屋顶花园的造价提高。

(3) 空中环境的优越性

由于屋顶花园地处较高的位置，与地面相比空气流畅清新，污染减少。屋顶位置高，较少被其他建筑物遮挡，因此接受日照时间长，日辐射较多，为植物进行光合作用创造了良好的环境。夏季，屋顶上的气温白天比平地高3~5℃，晚上则低2~3℃，这种较大的昼夜温差也有利于植物积累有机物。

总之，屋顶花园与地面绿化相比有其有利的一面，也有不利因素和各种限制。

13.2 屋顶花园的设计

13.2.1 屋顶花园设计的基本原则

(1) 生态效益为主

建造屋顶花园的目的是改善城市的生态环境，为人们提供良好的生活和休息场所。虽然屋顶花园的形式不同使用要求不同，但是它的生态作用应放在首位。只有保证了一定数量的植物，才能发挥绿化的生态效益、环境效益和经济效益。因此，以植物为建园的主体要素，把生态效益放在首位，是屋顶花园的根本原则。

(2) 安全是前提

建筑结构的荷载、四周围栏的安全及屋顶排水和防水构造是屋顶花园建设要考虑的重要安全因素。如果屋顶花园所附加的荷重超过建筑物的结构构件（板、梁、柱墙、地基基础等）的承受能力，则将影响房屋的正常使用和安全。因此，屋顶花园中植物、基质及其他构筑物均必须为轻型材料。

屋顶上建造花园必须设有牢固的防护措施，以防人、物落下伤人。屋顶女儿墙虽可以起到栏杆作用，但其高度应超过1.1m才可保证人身安全，并按结构计算校核其悬臂强度。为了在女儿墙上建造种植池增加绿化带，可结合女儿墙修建砖石或混凝土条形种植池，但需注意花池、花斗会产生倾覆作用，在墙体验算时应增加倾覆荷载。屋顶花园四周使用漏空铁栏杆时，游人可扶栏杆观景，必须考虑人对栏杆产生的水平推力，应按80kg/m的水平荷载验算悬臂栏杆的结构强度。

屋顶花园虽然有保护屋顶防水层的作用，但是，屋顶花园的造园过程是在已完成的屋顶防水层上进行。在极为薄弱的屋顶防水层上进行园林小品土木工程施工和经常性的耕种作业，极易造成破坏，使屋顶漏水，这一点应引起屋顶花园设计、施工和管理人员的足够重视。

(3) 因地制宜，创造优美的园林景观

在以植物为主的前提下，许多屋顶花园都要为人们提供优美的游憩环境，加上场地窄小等不利因素，在景观设计上具有更大的难度。因此无论是各种景观要素的布置，还是植物的配置，都需精致而美丽。由于空间狭小，屋顶的道路可以迂回曲折而显得小中见大，建筑小品的位置和尺度，既要与主体建筑物及周围大环境保持协调一致，又要有独特的园林风格。要巧妙地利用主体建筑物的屋顶、平台、阳台、窗台、檐口、女儿墙和墙面等开辟绿化场地，并充分运用植物、微地形、水体和园林小品等造园要素组织空间。采取借景、组景、点景、障景等造园技法，创造出不同使用功能和性质的屋顶花园环境。

(4) 经济适用

与平地相比，屋顶花园的造价较高，这就更要求建造屋顶花园时要考虑经济因素。只有较为合理的造价，才有可能使屋顶花园得到普及。因此，为了在城市中努力推进屋顶绿化（花园）建设，必须考虑如何降低屋顶花园的造价，并尽量降低后期养护管理的成本。

13.2.2 屋顶花园的类型及布局

13.2.2.1 按绿化形式分

在国内,屋顶花园又常以屋顶绿化替代,且把屋顶绿化分为花园式屋顶绿化和简单式屋顶绿化两种类型。

(1)花园式屋顶绿化

花园式屋顶绿化是指根据屋顶的具体条件,选择小型乔木、低矮灌木、各类草本花卉、草坪地被植物进行配置,有选择地设置园路、座椅、浅水池和棚架、置石、雕塑等园林小品等,提供一定的游览和休憩活动空间的复杂绿化,其景观与功能实质上类同于露地庭院小花园。

对于花园式屋顶绿化,在建筑设计时就要统筹考虑,不同绿化形式对于屋顶荷载和防水的不同要求。根据建筑的静荷载要求,乔木、园亭、花架及山石等较重的物体应设计在建筑承重墙、柱、梁的位置,种植区则采用乔、灌、草结合的复层植物配置方式,产生较好的生态效益和景观效果。

(2)简单式屋顶绿化

简单式屋顶绿化是指利用低矮灌木或草坪、地被植物进行屋顶绿化,不设置游憩性设施,一般不允许非维修养护人员活动的简单绿化。主要应用于受建筑荷载及其他因素的限制,不能建造花园的屋顶。其主要绿化形式又可分为覆盖式、固定种植池和可移动容器绿化3类。

①覆盖式绿化 根据建筑荷载较小的特点,利用耐旱草坪、地被、灌木或匍匐和攀缘植物,在整个屋顶或屋顶的绝大部分形成一层地被式的绿色景观,如目前最为常用的佛甲草地被,也称为"生物地毯"。除了选用单一植物外,也可用不同色彩的花卉布置平面图案,产生优美的高处俯视效果。

②固定种植池绿化 根据建筑周边梁圈位置荷载较大的特点,在屋顶周边女儿墙一侧固定种植池,种植低矮灌木或悬垂和攀缘植物,形成不同的绿化空间,产生层次丰富、色彩斑斓的植物景观效果(见彩图30)。

③可移动容器绿化 根据屋顶荷载和使用要求,采用种植容器组合形式在屋顶上布置观赏植物,既可用规则的种植模块拼接出各种优美的图案纹样,也可用变化多端的容器进行植物组合栽植,形成自然美丽的景观,并且可根据季节不同随时变化组合。这种种植方式构造简单、布点灵活、应用方便(见彩图31)。

13.2.2.2 按使用要求区分

(1)公共开放游憩性屋顶花园

公共开放游憩性屋顶花园的设计目的是为人们提供室外活动空间,多出现在居住区等场所,具有公共、开放的特点,常以花园式为主。在出入口、道路系统、场地布局以及植物搭配上需满足人们在屋顶上活动的需要(图13-4~图13-6)。

图13-4 北京某住宅屋顶花园

图13-5 某建筑裙房屋顶花园

图 13-6　北京某住宅小区屋顶花园

（2）封闭营利性屋顶花园

封闭营利性屋顶花园一般是举办露天歌舞会、冷饮茶座，为人们提供生活娱乐或举办某种活动的场所，多出现在旅游宾馆、饭店，其服务对象有一定选择性，一般不对外开放，且多以营利为目的，绿化形式多为花园式。这类屋顶绿化的景观小品摆放富于情趣，植物材料的选择要注意美观且芳香，夜间照明要精美适用，如北京的广安会议中心屋顶花园、天贵食府屋顶花园、京伦饭店屋顶花园等均属于此类（图13-7）。

（3）家庭式屋顶小花园

家庭式屋顶小花园一般面积较小，多介于$10\sim20m^2$之间。通常以固定种植池绿化为主。面积较大且建筑结构允许的情况下可少量点缀轻型园林小品、山石、水体等（图13-8，见彩图32）。

（4）以科研、生产为目的的屋顶花园

利用屋顶花园进行无土栽培等相关科研活动的场所，大多出现在科研院所、高校等单位。也有的单位利用屋顶进行以生产为目的的活动，种植果树、中草药、蔬菜花木等经济作物，以获得经济回报。此类屋顶绿化布置方式均较为简单。

（5）以绿化为目的的屋顶花园

此类屋顶花园以绿化美化环境、提高城市绿化覆盖率及改善城市生态环境为目的，多采用简单式绿化，可以不设游览道路，形成整体地毯式植物景观。

图 13-7　某会议中心屋顶花园

图 13-8　北京某家庭式露天屋顶花园

13.2.3 屋顶花园的植物选择及种植设计

13.2.3.1 屋顶花园的植物选择

（1）以抗寒、抗旱性强的矮灌木和草本植物为主

屋顶花园由于夏季气温高、风大、土层保湿性差，冬季保温性差，因而应选择耐干旱、抗寒性强的植物。同时，考虑到屋顶的特殊地理环境和承重的要求，应多选择矮小的灌木和草本植物，以便于运输、栽种和管理。原则上不用大型乔木，有条件时可少量种植耐旱小型乔木。

（2）喜阳光充足、耐土壤瘠薄的浅根性植物

屋顶花园大部分地区为全日照直射，光照强度大，应尽量选用阳性植物，但考虑具体的小环境，如屋顶的花架、墙基下等处有不同程度遮阴的地方宜选择对光照需求不同的种类，以丰富花园的植物品种。屋顶种植基质薄，为了防止根系对屋顶结构的侵蚀，应尽量选择浅根性、须根发达的植物。不宜选用根系穿刺性较强的植物，以免损坏建筑防水层。

（3）抗风、不易倒伏、耐积水的植物

屋顶上栽培基质薄，但风力又大，因此，植物宜选择须根发达、固着能力强的种类，以适应浅薄的土壤并抵抗较大的风力。屋顶花园虽然灌溉困难，蒸发强烈，但雨季时则会短时积水，因此，植物种类最好能耐短时水淹。

（4）耐粗放管理的乡土植物为主

屋顶花园不仅生态条件差，而且植物的养护管理较地面难度大，农药的喷洒也更容易对大气造成污染，不易进行病虫害防治。而一般乡土植物均有较强的抗病虫害的能力，应作为屋顶花园的主体植物材料。在小气候较好的区域适当运用引进的新、优绿化材料，以提高景观效果。

（5）易移植成活、耐修剪，生长较慢的品种

屋顶花园施工和养护管理中，苗木的运输、更换等方面均较地面绿化更为困难，因此应该选择移植容易成活、生长缓慢且耐修剪的植物。

（6）能抵抗空气污染并能吸收污染的品种

屋顶花园在阻滞和吸收大气污染物方面具有重要作用，因此应选择抗污性强，可耐受、吸收、滞留有害气体或污染物质的植物。

13.2.3.2 屋顶花园的种植设计

屋顶花园的大小以及荷载及防水、排水等特点都决定了屋顶花园植物配置上难以随心所欲。通常根据屋顶花园的类型和功能决定植物种植的方式。如不上人屋顶花园可以采用地毯式种植方式，铺植草坪或地被植物。面积较小又具备一定休息功能的屋顶花园则以盆栽植物、花台、花坛等种植形式为主。只有在面积较大的屋顶花园，才可以适当构筑地形，结合道路及其他造园要素，进行多种形式的植物配置，如孤植、丛植、群植以及花坛、花带、花台甚至花境等，还可以结合休息设施布置花架、花廊等垂直绿化设施，或者结合水池布置水生植物，从而取得丰富的园林景观。

13.3 屋顶花园的种植施工

屋顶花园的施工需要综合工种的配合，全方位考虑建筑的结构、荷载、防水、围护安全等问题。屋顶花园的园林工程和建筑小品的设计、施工，必须与建筑物的设计、施工密切配合，相互合作。若在原有建筑物屋顶上改建或扩建屋顶花园，园林工程与旧建筑物的关系就更加重要。因为其关系到旧建筑物的结构、管线、防水等一系列的使用安全和截面容量承受能力等问题，关系到是否允许在屋顶上进行各项园林工程。这里只介绍屋顶花园的种植施工涉及的主要问题。

13.3.1 屋顶花园的荷载要求

13.3.1.1 屋顶绿化荷载要求

屋顶花园建设必须符合建筑结构荷载的要求。根据《建筑结构荷载规范》（GB 50009—2001）中规定，不上人屋面均布活荷载标准值为

0.5kN/m²；上人屋面均布活荷载为2.0kN/m²；经测算屋顶花园均布活荷载平均约为3.0kN/m²（表13-1）。

由表13-2可知，屋顶绿化工程对建筑屋面荷载并无过大影响，建筑屋面作为实施屋顶绿化的基本载体，即便因必须做二次防水，增加1kN/m²荷载的刚性防水层，屋顶绿化荷载仍小于不上人屋面的荷载总计值。该结果为建筑屋顶的绿化可行性和荷载安全性提供了参考依据。

表13-1　普通屋面荷载　　　　　　kN/m²

类别	静荷载	活荷载	荷载总计
不上人屋面荷载	5.15	0.5	5.65
上人屋面荷载	5.11	2.0	7.11
屋顶花园		3.0	

表13-2　屋顶绿化荷载分析　　　　kN/m²

类型	花园式屋顶绿化	简单式屋顶绿化	不上人屋面荷载总计	上人屋面荷载总计
荷载	3.06	1.53	5.65	7.11

注：花园式屋顶绿化和简单式屋顶绿化荷载值为其最大种植荷载。

13.3.1.2　种植区荷载

种植区荷载包括种植区构造层（包括防水层、排水层、过滤层、种植基质层）、植被层等在内的自然状态下的整体荷载。当然选择植物还应考虑植物生长产生的活荷载变化。现根据植物的不同品种、材料、厚度以及含水重分别介绍如下。

(1) 地被植物、花灌木和乔木的荷重

植物材料品种不同、规格不同，其荷重差异较大，尤其是屋顶花园若选择大型乔木时，需要较为深的种植池，是一项附加的荷载，需专门核算。不同种类、规格的植物荷重见表13-3。

由表13-3可知，花园式屋顶绿化种植荷载总计为0.51～3.06kN/m²，简单式屋顶绿化种植荷载总计为0.51～1.53kN/m²；由于花园式屋顶绿化铺设游憩园路，并且常常设置园林小品，故其荷载值受设计方案和应用建筑材料影响波动

表13-3　植物种植荷载参考

植物类型	规格(m)	植物平均荷重(kg)	种植荷载(kN/m²)
乔木（带土球）	$H=2.0\sim2.5$	80～120	2.55～3.06
大灌木	$H=1.5\sim2.0$	60～80	1.53～2.55
小灌木	$H=1.0\sim1.5$	30～60	1.02～1.53
地被植物	$H=0.2\sim1.0$	15～30	0.51～1.02
草坪	1m²	10～15	0.51～1.02

幅度较大，应根据实际条件具体分析。

(2) 种植土荷载

屋顶花园种植区的土荷载，应先根据植物品种确定种植土的厚度，再按种植基质的不同配比，算出屋顶种植土每平方米的荷载。不同植物生存和生育所需土层的最小厚度是不相同的，而植物本身又有深根型和浅根型之分，对种植土深度也有不同要求；再加上屋顶上一般风较大，植物防风处理也对种植土提出了要求。综合以上因素，对地被、花卉灌木和乔木等不同品种植物生存和生育的最适合的种植土深度提供数据如图13-9所示。

(3) 排水层荷载

排水层的厚度可按参考表，但需根据排水层使用的材料计算它每平方米的质量。卵石、砾石和粗沙的容重为2000～2500 kg/m³，是排水层材料中最重的。若采用陶粒则仅有600kg/m³，采用塑料空心制品时其质量将更轻。另外，种植区内除种植土、排水层外，还有过滤层、防水层和找平层等，在计算屋顶花园荷载时，可统一算入种植土的质量，以省略繁杂的小项荷载计算工作。

当然，屋顶花园除了种植区的荷载外，还有其他园林设施及构筑物的荷载，如盆花、花池、水池、建筑、山石及雕塑小品等。应根据各种设施的材料、质地等计算其荷载，与种植区荷载一起才构成屋顶花园的总荷载。在计算时，首先将屋顶花园上各项园林工程的荷载折算成每平方米重(kg/m²)或集中重(kg)、线分布重(kg/m)，然后将这些荷载施加到建筑物的承

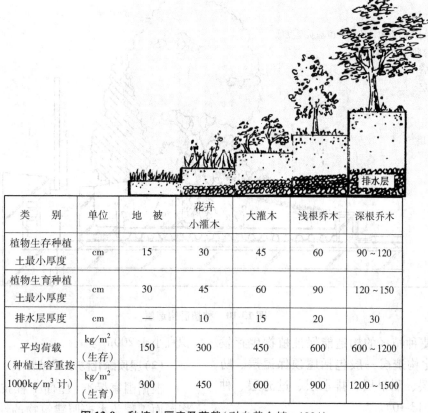

图 13-9　种植土厚度及荷载（引自黄金锜，1994）

类　　别	单位	地　被	花卉 小灌木	大灌木	浅根乔木	深根乔木
植物生存种植土最小厚度	cm	15	30	45	60	90~120
植物生育种植土最小厚度	cm	30	45	60	90	120~150
排水层厚度	cm	—	10	15	20	30
平均荷载 （种植土容重按 1000kg/m³ 计）	kg/m² （生存）	150	300	450	600	600~1200
	kg/m² （生育）	300	450	600	900	1200~1500

注　1. 若采用的种植小于或超出 1000kg/m³ 可自行换算。如 $r=1200$kg/m³ 的 45cm 厚的种植土荷载为 $1200\times0.45=540$kg/m²。
　　2. 表中所列土层厚度取自日本等国的一些资料。

重构件上，确认这些结构构件有足够的承载能力来承受屋顶花园所附加的荷载。这是屋顶花园安全性原则的重要内容之一。表 13-4 是常用园林小品材料的密度值，供计算小品荷重时参考。

表 13-4　园林小品相关材料密度值参考

建筑材料	材料密度 （kg/m³）	材料荷载 （kN/m²）	建筑材料	材料密度 （kg/m³）	材料荷载 （kN/m²）
混凝土	2500	25.51	青石板	2500	25.51
水泥砂浆	2350	23.98	木质材料	1200	12.24
河卵石	1700	17.35	钢质材料	7800	79.59
豆　石	1800	18.37			

13.3.2　屋顶花园的构造层及其施工

在自然大地上生长的植物，根系不会受到土层厚薄的限制，并能吸收土壤的各种养料和水。过多的水量会通过土壤自然下渗到下层土中，储存备用。为了使屋顶花园中各类植物能健壮生长，屋顶种植区要尽可能地模拟自然土的生态环境，但同时又受屋顶承重、排水、防水等的限制，因此除了选择适宜的轻型人工栽培基质代替较重的自然土壤以外，还要通过多

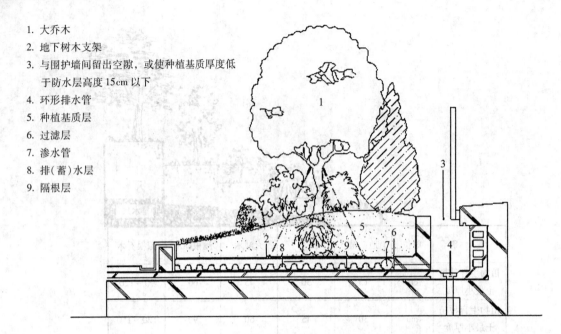

1. 大乔木
2. 地下树木支架
3. 与围护墙间留出空隙，或使种植基质厚度低于防水层高度15cm以下
4. 环形排水管
5. 种植基质层
6. 过滤层
7. 渗水管
8. 排（蓄）水层
9. 隔根层

图13-10 种植区构造层

方面的措施使种植区的构造能保证植物生存发育。屋顶绿化构造层一般包括屋顶保温层、防水层、保护层、隔根层、排水层、过滤层、种植基质层（图13-10）。

13.3.2.1 防水层及保护层

种植区的防水与排水和建筑物屋顶防水和排水是一个问题的两个方面。为了确保修建屋顶花园后，建筑物的屋顶绝对不漏水和屋顶下水道畅通无阻，在一些重要建筑物的屋顶建造屋顶花园时可以考虑采用双层防水、排水系统。所谓双层即除建筑物屋顶原设的防水、排水系统外，在屋顶花园的种植区和水体（水池、喷泉等）部分再增加一道防水、排水措施。

（1）屋顶绿化对建筑基层的要求

根据国家标准《屋面工程技术规范》（GB 50345—2012），屋面排水坡度一般要求为2%~3%。这也基本符合屋顶绿化实际要求。当坡度为2%时，宜选用材料找坡；当坡度为3%时，宜选用结构找坡。天沟、檐沟的纵向坡度不应小于1%，沟底落差不得超过200mm。水落口周围直径500mm范围内坡度不应小于5%，水落管径不应小于75mm，屋面水落管的最大汇水面积宜小于200m^2。

（2）屋顶绿化防水等级要求

根据国家标准《屋面工程技术规范》，国内将屋面工程防水按照建筑物的性质、工程特点、重要程度、使用功能要求、地区自然条件以及防水层耐用年限等分为4级，并按屋面防水等级的设计要求，进行屋面防水工程的施工。屋顶绿化的防水等级要求比一般住宅防水高出一级，即应达到建筑二级防水标准，防水使用年限为15年。建筑屋面防水等级划分见表13-5所列。

（3）屋顶绿化防水层及保护层

选用适合的防水材料，是整个屋顶绿化工程的关键。屋顶绿化的防水层除了要满足常规的要求，在户外气候条件下具有良好的防渗漏性、耐腐蚀、耐微生物侵蚀等一般防水材料的特点，尤其要具有耐植物根系穿刺的特点。由于屋顶花园种植土层薄，加上部分植物的根系又具有较强的穿刺能力，如刚竹类（*Phyllostachs* spp.）、火棘（*Pyracantha fortuneana*）等，普通的防水材料易被植物根系穿透导致屋顶发生渗漏。在没有阻拦措施的情况下，植物根系甚至会进入屋面电梯井、通风孔和女儿墙等结构层，造成结构破坏。耐植物根系穿刺材料通过对植物根系生长的引导和阻拦而避免上述问题的发生。中国建筑防水协会与北京市园林科研所合作，结合对北京地区屋顶绿化的调研、示范工程的建设及国内外目前屋顶防水材料的调研分析，在建设部（现住建部）《种植屋面工程技术规程》（JGJ 155—2007）中推荐 10 种耐根穿刺的防水材料，见表 13-6 所列。

表 13-5 建筑屋面防水等级划分及防水材料选择

项 目	屋面防水等级			
	Ⅰ	Ⅱ	Ⅲ	Ⅳ
建筑物类别	特别重要的民用建筑和对防水有特殊要求的工业建筑	重要的工业与民用建筑、高层建筑	一般的工业与民用建筑	非永久性建筑
防水层耐用年限（年）	25	15	10	5
防水层选用材料	合成高分子防水卷材、高聚物改性沥青防水卷材、合成高分子防水涂料、细石防水混凝土等	高聚物改性沥青防水卷材、合成高分子防水涂料、合成高分子防水卷材高聚物改性沥青防水涂料、细石防水混凝土、平瓦等	三毡四油沥青防水卷材高聚物改性沥青防水卷材、合成高分子防水涂料、合成高分子防水卷材高聚物改性沥青防水涂料、细石防水混凝土、沥青基防水涂料、刚性防水层、平瓦、油毡瓦等	二毡三油沥青防水卷材、高聚物改性沥青防水涂料、沥青基防水涂料
女儿墙高（cm）	（或栏杆）60~80			

表 13-6 10 种耐根穿刺防水卷材材料

编号	材料名称	厚度（mm）
1	铅锡锑合金	≥0.5
2	复合铜胎基 SBS 改性沥青	≥4
3	铜箔胎 SBS 改性沥青	≥4
4	SBS 改性沥青耐根穿刺	≥4
5	APP 改性沥青耐根穿刺	≥4
6	聚乙烯胎高聚物改性沥青	≥4，胎体厚度≥0.6
7	聚氯乙烯（内增强型）	≥1.2
8	高密度聚乙烯土工膜	≥1.2
9	铝胎聚乙烯复合	≥1.2
10	聚乙烯丙纶—聚合物水泥胶结料复合	≥0.6（聚乙烯膜层）

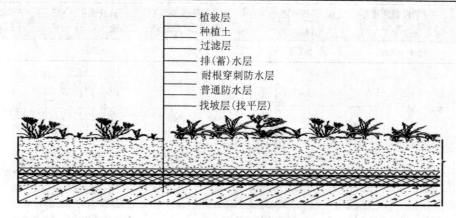

图 13-11 种植屋面基本构造层

据此，屋顶绿化应做二层防水，上层为耐根穿刺防水层，下层为普通防水层。两道防水层的材料应相容。种植屋面基本构造层见图13-11。

按照种植屋面的技术要求，在防水层上涂抹水泥砂浆等做保护层，不仅能起到保温、防水的作用，还能在一定程度上起到隔根作用。

13.3.2.2 隔根层

为避免对建筑结构造成威胁，在无法进行二次防水处理的情况下，屋顶绿化可以在原防水层上附加一层隔根层材料。使用隔根层材料主要起到防止植物根系穿透防水层的作用。隔根材料一般可选择高密度高韧性聚乙烯（HDPE）、低密度聚乙烯（LDPE）、聚氯乙烯（PVC）卷材等，幅宽约3m，厚度应大于0.5mm，并应具有权威机构出具的合格检测报告。根据所栽植物不同，可分单层或双层使用，搭接缝宽度也可分为500mm或1000mm。

13.3.2.3 排（蓄）水层

排蓄水层铺设在隔根层上，用于改善种植基质的通气状况，及时排出土壤中的积水，缓解瞬时集中降雨造成的压力，同时又可储存多余水以利备用，并兼有隔根作用。排水层材料的选择应满足通气、排水、储水和轻质要求。一般根据种植形式和植物规格不同，选择不同厚度和质地的排蓄水材料。

(1) 排（蓄）水材料选择原则

排（蓄）水层材料品种较多，为了减轻屋面荷载，应尽量选择轻质材料，应按照屋顶绿化实际工程所需的受压强度、排水量、流速以及现场条件等因素综合考虑选用，建议优先选用塑料、橡胶类凹凸型排（蓄）水板或网状交织排（蓄）水板材料。屋顶绿化工程排（蓄）水材料的排水量，应按照当地最大降雨强度时的雨水量或建筑屋面排水量加以计算并确定。年降水量小于蒸发量的地区，宜选用具有蓄水功能的排水板。

(2) 排（蓄）水材料类型

排水层所用材料有天然砾石、人工烧制陶粒及塑料排水板和橡胶排水板等。由于塑料排水板具有较好的蓄水能力，抗压性强，排水性好，板体轻薄，容易搬运，施工便捷，可根据土壤厚度选用不同规格的板体，对屋面防水层可起到一定的辅助保护作用，是目前国内常采用的排水层材料，主要有聚苯乙烯、聚乙烯制成的排水板，聚乙烯泡沫垫，聚氨酯泡沫垫等材料。在形状上，采用凹凸变化的特殊设计，使得排水板在凹槽部分可贮存一定的水分，通过蒸发作用渗入到种植基质中以供植物使用。凹凸型排（蓄）水板的主要物理性能应符合表13-7的要求，塑料排水板类型和塑料凹凸型排（蓄）水板样式如图13-12、图13-13所示。

表13-7 凹凸型排（蓄）水板主要物理性能

项目	单位面积质量（g/m²）	凹凸高度（mm）	抗压强度（kN/m²）	抗拉强度（N/50mm）	延伸率（%）
性能要求	500~900	≥7.5	≥150	≥200	≥25

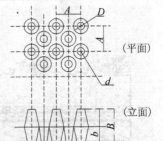

单面凸台搭扣式排水板　　模块式排水板　　双面凸台搭扣式排蓄水板

图13-12　塑料排水板的3种模式

图 13-13 塑料凹凸型排(蓄)水板种类

(3) 屋顶绿化排(蓄)水层施工要点

①用陶粒(或卵石)材料作排水层使用时,要注意保障防水层不被破坏。由于陶粒(或卵石)大小不匀,其棱角容易损坏或穿透防水层,因此,施工时应在防水层上部做水泥砂浆刚性保护层,并且预先在刚性保护层上铺设厚度2cm的一层细沙(粒径1~2mm)。

②用塑料排(蓄)水板作排水层材料使用时,要保障防水层不被破坏。在普通防水层上施工时建议做水泥砂浆刚性保护层,并设置隔根膜(聚乙烯等)起到辅助防水的作用。排水板应铺设平整,搭接缝部位凹、凸搭扣应套牢固定;不同类型的屋顶绿化以及不同的植物种类,采用材料、规格不等的排(蓄)水板材料(图13-14)。

③当屋面坡度较大(坡度≥5%)时,屋顶绿化排(蓄)水层材料必须采取防滑措施,施工前应清理屋面,屋面无凸起杂物或凹坑,在屋顶绿化种植基质较薄时(≤10cm),屋面平整度要小于1cm,避免产生积水坑。

④设置种植挡土墙时,挡土墙下部应设泄水孔或排水管。挡土墙宽度应不小于150mm,高度可视种植基质厚度确定。挡土墙顶部高度应比种植基质高(≥30mm)。

⑤施工时应根据排水口设置排水观察井,以及定期检查屋顶排水系统的通畅情况,及时清理枯枝落叶及杂物,防止排水口堵塞对植物造成积水伤害或使屋顶超负荷。

⑥种植池、种植区的排水是通过排水层下的排水花管或排水沟汇集到排水口,最后通过建筑屋顶的雨水管排入下水管道。如北京首都宾馆屋顶花园的种植区的排水出口与屋顶园路排水口相结合,使种植区排水层内的多余水,不通过管线即可直接排入屋顶的下水管道。

13.3.2.4 隔离过滤层

人工种植基质是用多种材料——耕土、砂土、腐殖土、泥炭和蛭石、珍珠岩、锯末、灰渣等混合而成的。如果基质中的细小颗粒随水流失,不仅影响基质的成分和养料,而且会堵塞建筑屋顶的排水系统,甚至影响到整幢建筑物下水道的畅通。因此,必须在种植土的底部设置一道防止细小颗粒流失的过滤层。

隔离过滤层铺设在排水层上,用于阻止基质进入排水层。过滤层的材料应是既能透水又能过滤细小的土颗粒,经久耐用造价低廉的材料。一般选择聚酯纤维无纺布(150~200kg/m^2)等材料。也可根据各地情况选用其他材料,如早期上海某工厂屋顶花园种植区采用50mm厚细炉碴做过滤层。

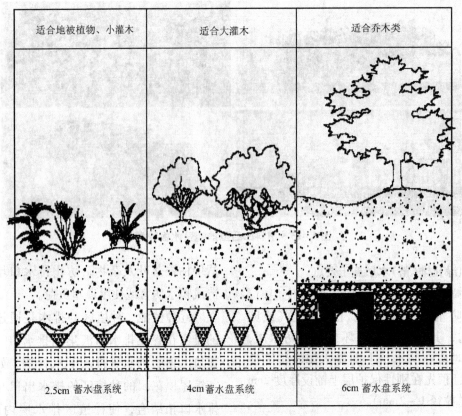

图 13-14　塑料排（蓄）水板规格与种植形式

13.3.2.5　种植基质层

种植基质层在隔离过滤层之上，主要提供植物生长所需要的养分和水分。该层基质的选择总体上要满足两方面的要求：满足植物生长和屋顶承重要求。具体来讲即质量轻、疏松透气且持水量大、营养适中、理化性质稳定、清洁无毒、材料来源广且价格低廉，其容量应控制在 1.3t/m³ 以内。据此要求，目前生产上常选用木屑、蛭石、砻糠、腐殖质、泥炭、椰糠、陶砾等掺入土配制成人工栽培基质。

为了降低屋顶的荷载，除了基质容重的要求，在满足固定和植物生长发育的前提条件下，屋顶花园所用栽培基质还要尽可能薄，根据不同种类，要求的适宜基质厚度见表 13-8。一般而言，简单式屋顶绿化种植土层平均厚度不小于 10cm，花园式屋顶绿化的平均厚度不小于 30 cm。设计时，可利用树池或局部微地形处理进行乔木、灌木栽植。

表 13-8　屋顶绿化植物生长适宜的种植基质厚度

屋顶绿化种植模式	植物种类	种植基质深度(cm)
简单式屋顶绿化	地被植物及宿根花卉	30~35
	草坪	25~30
花园式屋顶绿化	小乔木	80~100
	大灌木	60~80
	灌木	35~60
	地被植物及宿根花卉	30~35
	草坪	25~30

13.3.3　屋顶花园的种植施工

屋顶花园通常采用移栽、铺设植生带和播种等形式种植植物。与地面不同的是，屋顶花园由于生境条件差，植物搬运难度大，在施工过程中除了注意带土坨移植的植物要尽量保证土坨的完整性，直接播种的草坪或草花景观要细致管理之外，尤其要考虑屋顶风力较大，乔木存在被刮倒的隐患。因此屋顶种植高度大于 2m 的树木必须进行防风固定处理。

第13章 屋顶花园应用设计

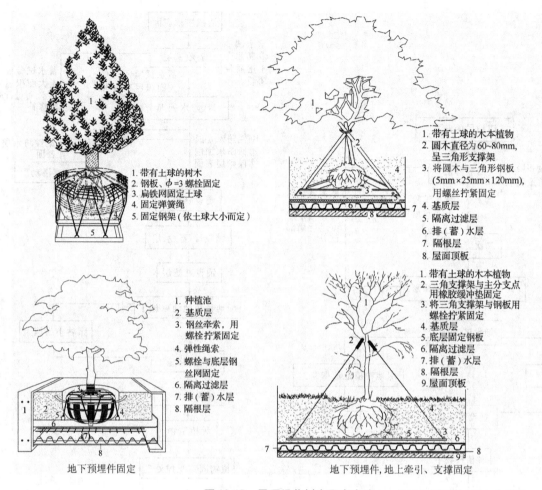

图 13-15 屋顶绿化树木固定方法

乔木通常采用两种方法进行固定：①地上牵引、支撑固定；②地下预埋件，地上牵引、支撑固定（图 13-15）。进行牵引、支撑时应根据植物体量及自身质量选择适当的固定材料，在固定植物时，支撑、牵引方向应与植物生长地的常遇风向保持一致；将树木主干成组组合，绑扎支撑，注意尽量使拉杆组成三角形不变体，以达到良好的固定效果。进行地下固定时，在树木根部土层下，埋塑料网以扩大根系固土作用，或结合自然地形的置石，加大根系上部的重力。其他小型乔灌木在种植初期则需采取包裹树干、搭设风障等措施减少风干，提高植物成活率。

屋顶花园的总体施工流程如图 13-16 所示。

13.4 屋顶花园的植物养护管理

屋顶花园除设计时选择适宜的植物种类，还需加强日常养护工作，才能保证植物生长良好，从而取得最佳的景观效果和生态效益。与一般绿化管理一样，屋顶花园中植物的养护管理也包括日常的灌溉、施肥、中耕、除草、病虫害防治、季节性植物的轮换及防寒保护等。但由于屋顶花园的特殊性，在日常的养护管理中，更需注意以下几方面：

①屋顶花园因种植基质层较薄，灌溉渗吸速度快，基质容易干燥，因此，灌溉要求采用少量频灌法灌溉。为了提高灌溉质量，屋顶花园必须具备适用的灌溉设施。低压滴灌既可节

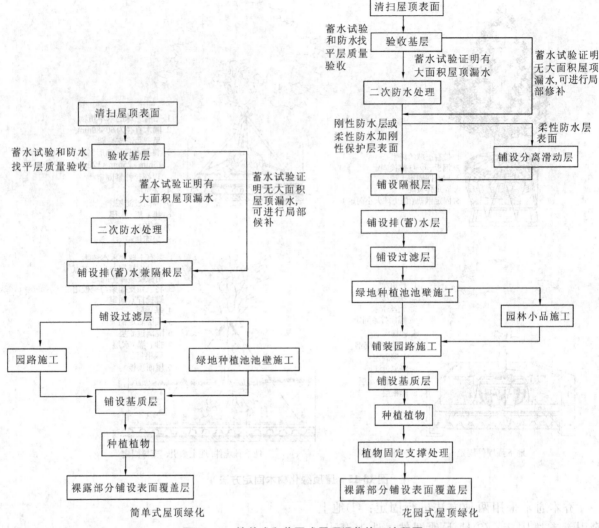

图 13-16　简单式和花园式屋顶绿化施工流程图

水,又可减轻灌溉劳动强度,提高效率。可设置微喷、滴灌等措施进行灌溉。有条件的屋顶还可根据建筑现状条件,考虑建立屋顶雨水和空调冷凝水的收集、回灌系统,实现节约用水。

②屋顶花园应采取控制水肥的方法或生长抑制技术,防止植物生长过旺而加大建筑荷载和维护成本。植物生长较差时,可在植物生长期内按照 30~50g/m² 的比例,每年施 1~2 次长效氮磷钾复合肥。但使用肥料需慎重,不要使用有污染或易腐蚀的肥料。屋顶绿化种植基质每年至少检查一次,保证土壤疏松。对于生长过快过大的植物则要求通过修剪加以控制。

③在屋顶花园养护管理中应根据植物的生长特性,进行定期整形修剪和除草,并及时清理落叶。对于简单式屋顶绿化植物,春季返青时期需将枯叶适当清除,以加速植被返青。

④为预防屋顶花园中病虫害发生,应保证排水通畅,水、肥等养护管理工作要科学合理,使植株生长健壮,增强自身抗病虫的能力,同时注意减少侵染来源。病虫害发生时,应采用对环境无污染或污染较小的防治措施,如采取人工及物理防治、生物防治以及采用环保型农药防治等措施。

⑤对于新植苗木或不耐寒的植物材料,适当采取防寒措施,根据植物抗风性和耐寒性的不同,采取搭风障、支防寒罩和包裹树干等措

施进行防风防寒处理。使用材料应具备耐火、坚固、美观的特点。易受低温侵害的植物应加强养护管理,适时足量浇灌冻水和返青水,合理修剪和施肥,提高抗寒能力。对于抗寒性弱的植株,如华山松、玉兰、七叶树、鸡爪槭、樱花、紫荆、蜡梅等,应在秋冬季采取搭风障、支防寒罩和包裹树干等措施进行防寒处理;对月季、棣棠等植株低矮、抗寒性较差的花灌木应于根基部培设土堆防寒;对紫薇、木槿、大叶黄杨等易发生春季梢条的树种,宜于初冬或翌年早春适量喷洒抗蒸腾剂进行保护。

⑥对于枝条生长较密的植物,各季还应进行适当修剪,使其通风透光,提高其抗风能力。雨季及大风来临前对浅根性、树冠较大、枝叶过密的乔木进行加固。

⑦简单式佛甲草绿化易出现鸟类毁苗现象。其中危害最为严重的鸟类有喜鹊、乌鸦和家鸽等,常常将佛甲草连根刨起。冬季可适当采用绿色无纺布覆盖,预防鸟类的损害。

13.5 屋顶花园实例

(1) 科技部节能示范楼屋顶花园

科技部节能示范楼(以下简称示范楼)位于北京市海淀区玉渊潭南路55号,属于现代建筑风格。其屋顶花园分布于8层顶部和4层露台,总面积1340m^2,可绿化面积843m^2,其中位于8层顶部的主景屋顶花园绿化面积达743m^2。8层屋顶花园由屋顶设备间自然分隔为东、西两块绿地,四面开敞,视野开阔。西北面可借景电视台,俯瞰玉渊潭公园;东南面是中央电视台(旧址)主楼,空间相对开放。东南部为高层住宅楼。因此,在进行屋顶绿化设计时既要满足建筑本身的功能需求,又要考虑其与周边环境的协调,以及被俯视时的视觉效果。4层露台花园为便于管理,仅以佛甲草做简易绿化。

8层花园以木质花架、储水池以及船形花坛为中心,采用曲径通幽的园林造景手法,以流畅的路网将各出入口连接起来,满足各方向游人的交通需要。为尽量保留从屋顶向西北眺望电视塔及玉渊潭公园的透视线,在屋顶四周设置了观赏平台和绿色走廊(多作建筑维护通道)。观赏平台、花架、廊道等景观小品与绿地结合,极大地丰富了屋顶花园的视觉空间层次(图13-17)。

主要应用的植物材料见表13-9所列。

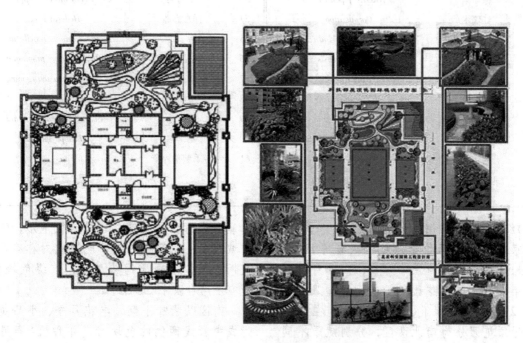

图13-17 科技部节能示范楼屋顶绿化

表13-9 科技部节能示范楼屋顶绿化植物材料

编号	植物名称	拉丁学名	编号	植物名称	拉丁学名
1	白皮松	Pinus bungeana	32	金叶女贞(球)	Ligustum vulgare × vicaryi
2	圆柏	Sabina chinensis	33	大叶黄杨(高接或篱)	Euonymus japonicus
3	油松	Pinus tabulaeformis	34	小叶黄杨(篱)	Buxus microphylla
4	'龙柏'	Sabina chinensis 'Kaizuca'	35	鸢尾	Iris spp.
5	日本花柏	Chamaecyparis pisifera	36	月季(黄)	Rosa 'Golden Mary'
6	'洒金'柏	Platycladus orientalis 'Aurea'	37	月季(红)	R. 'Schloss Mannheim'
7	砂地柏	Sabina vulgaris	38	'藤本'月季	R. hybrida 'Climbing Roses'
8	凤尾兰	Yucca gloriosa	39	迎春	Jasminum nudiflorum
9	玉兰	Magnolia denudata	40	大花美人蕉	Canna generalis
10	紫玉兰	M. liliflora	41	大花萱草	Hemerocallis fulva var. flore-pleno
11	'龙爪'槐	Sophora japonica 'Pendula'	42	花叶玉簪	Hosta undulata
12	'龙枣'	Ziziphus jujuba 'Tortuosa'	43	紫萼	H. ventricosa
13	'紫叶'李	Prunus cerasifera 'Atropurpurea'	44	八宝景天(粉)	Sedum erythrostictum
14	紫叶矮樱	P. cerasifera × cistena	45	费菜	S. kamtschaticum
15	绣线菊	Spiraea salicifolia	46	白景天	S. album
16	蜡梅	Chimonanthus praecox	47	松塔景天	S. nicaeense
17	'美人'梅	Prunus mume 'Mei Ren Mei'	48	佛甲草	S. lineare
18	'钻石'海棠	Malus 'Sparkler'	49	荷兰菊	Aster novi-belgii
19	贴梗海棠	Chaenomeles speciosa	50	紫藤	Wisteria sinensis
20	'寿星'桃	Prunus persica 'Densa'	51	匍枝毛茛	Ranunculus repens
21	欧洲琼花	Viburnum opulus	52	常夏石竹	Dianthus chinensis
22	棣棠	Kerria japonica	53	小菊类	Dendranthema spp.
23	红瑞木	Cornus alba	54	洋常春藤	Hederta helix
24	紫薇	Lagerstroemia indica	55	箬竹	Indocalamus tessellatus
25	紫荆	Cercis chinensis	56	早园竹	Phyllostachys propinqua
26	丁香	Syringa oblata	57	睡莲	Nymphaea tetragona
27	木槿	Hibiscus syriacus	58	千屈菜	Lythrum salicaria
28	石榴	Punica granatum	59	水葱	Scirpus tabernaemontani
29	'红王子'锦带	Weigela florida 'Red Prince'	60	麦冬	Liriope spicafa
30	锦带花	Weigela florida	61	冷季型草坪草	
31	紫叶小檗(球)	Berberis thunbergii var. atropurpurea			

(2) 红桥市场屋顶花园植物配置

北京市红桥市场位于东城区天坛东门外,西临天坛东路,北侧为法华寺街,向西可眺望天坛祈年殿。其屋顶花园位于其间层屋顶,占地面积2151m², 可绿化面积1228m²。在设计时,将屋顶花园分为南北两区,分别赋予不同的功能。北侧作自由式布局小游园,设置廊架、水池、休憩设施并辅以缓坡、微地形,营造一方城市净土;南侧为中轴规则式对称布局,作集散广场,以硬质铺装为主,点缀色块植物,设有主席台及中心舞台。

南区以紫叶小檗、丰花月季、小品黄杨球形成中轴线两侧的色块带,并种植'寿星'桃、'紫叶'李、玉兰等小乔木、灌木点缀,以常春藤、藤本月季、五叶地锦形成绿篱，丰富立面景观。地面种植区域以佛甲草覆盖。北区自然式布局的游园中植物材料多样，形成简单的乔、灌、草栽植模式。上层应用小圆柏、油松、海棠果、碧桃、'龙爪'槐、紫薇等，下层结合水池、桥等自然式种植鸢尾、萱草、八宝景天、玉簪等宿根花卉，结合佛甲草，使整个屋顶花园生机盎然。

苗木表见表13-10，种植设计如图13-18～图13-21所示。

表13-10　红桥市场屋顶绿化苗木表

编号	植物名称	拉丁学名	编号	植物名称	拉丁学名
1	圆柏	*Sabina chinensis*	19	小叶黄杨篱	*Buxus microphylla*
2	油松	*Pinus tabulaeformis*	20	'紫叶'小檗篱	*Berberis thunbergii* var. *atropurpurea*
3	'紫叶'李	*Prunus cerasifera* 'Atropurpurea'	21	棣棠	*Kerria japonica*
4	海棠	*Chaenomeles sinensis*	22	棣棠球	*Kerria japonica*
5	紫薇	*Lagerstroemia indica*	23	'红王子'锦带	*Weigela florida* 'Red Prince'
6	榆叶梅	*Prunus triloba*	24	砂地柏	*Sabina vulgaris*
7	花石榴	*Punica granatum*	25	丝兰	*Yucca gloriosa*
8	龙爪槐	*Sophora japonica* f. *pendula*	26	'曼海姆'月季	*Rosa* 'Schloss Mannheim'
9	红瑞木	*Cornus alba*	27	玉簪	*Hosta ventricosa*
10	'寿星'桃	*Prunus persica* 'Densa'	28	'洋娃娃'鸢尾	*Iris* 'Navy Doll'
11	碧桃	*Prunus persica*	29	大花萱草	*Hemerocallis fulva*
12	紫叶矮樱	*Prunus* × *cistena*	30	佛甲草	*Sedum lineare*
13	平枝栒子	*Cotoneaster horizontalis*	31	藤本月季(红)	*Rosa hybrida*
14	迎春	*Jasminum nudiflorum*	32	五叶地锦	*Parthenocissus quinquefolia*
15	绣线菊	*Spiraea salicifolia*	33	美国凌霄	*Campsis radicans*
16	大叶黄杨球	*Euonymus japonicus*	34	洋常春藤	*Hedeta helix*
17	小叶黄杨球	*Buxus microphylla*	35	水菖蒲	*Acorus gramineus*
18	大叶黄杨篱	*Euonymus japonicus*	36	高羊茅	*Festuca arundinacea*

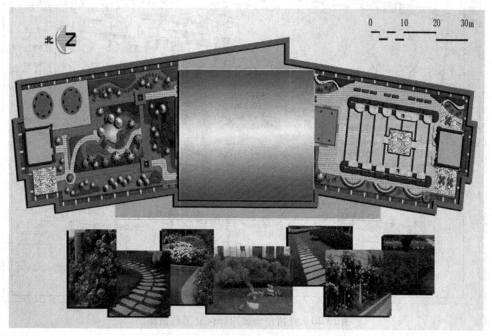

图13-18　红桥市场屋顶花园设计方案

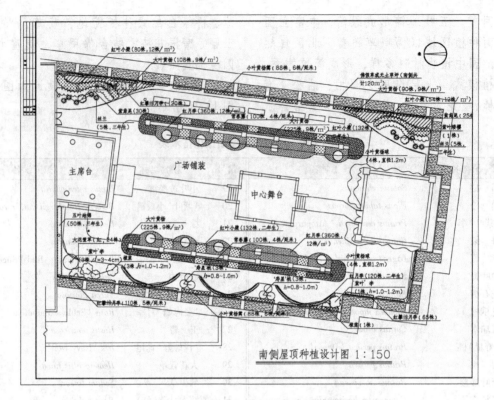

图 13-19　红桥市场屋顶绿化南区种植图

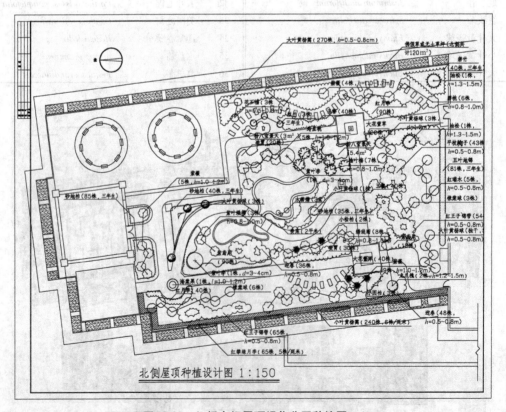

图 13-20　红桥市场屋顶绿化北区种植图

图 13-21　红桥市场屋顶花园设计实景

思考题

1. 屋顶花园有什么作用和特点？
2. 如何设计屋顶花园？设计时，植物选择及种植需要注意哪些问题？
3. 如何养护和管理屋顶花园的植物？

推荐阅读书目

北京市地方标准《屋顶绿化规范》DB11/T 281—2005. 北京市地方标准.

中华人民共和国行业标准《种植屋面工程技术规程》JGJ 155—2007.

科技部建筑节能示范楼屋顶绿化的设计与施工. 韩丽莉. 北京园林，2004(4).

屋顶花园. 黄金锜. 中国林业出版社，1994.

人工地面植物造景·垂直绿化. 毛龙生，王晓春，刘广. 东南大学出版社，2002.

第14章 阳台窗台花卉装饰

[本章提要] 本章主要介绍了人们居住与工作空间中常见的阳台、窗台花卉装饰这一花卉应用形式，叙述了阳台窗台花卉装饰的作用，设计原则，不同环境下阳台、窗台花卉材料的选择及各种植物布置形式，阳台窗台花卉的养护管理措施。

随着城乡建设的飞速发展，高层建筑日益普遍，利用阳台、窗台绿化美化环境就显得格外重要。阳台、窗台花卉装饰(balcony and window-box planting)是指按照植物的生物学习性、观赏特性及栽植目的，在阳台和窗台上或结合阳台和窗台布置各类花卉、果树、蔬菜和药用植物等的装饰形式。国外甚至将绿化美化的阳台、窗台称为窗园(window garden)。

14.1 阳台、窗台绿化作用

(1) 改善环境

阳台和窗台种植树木花草，除了同样具有净化空气的作用外，尤其有利于降低夏季裸露阳台因太阳辐射带来的高温，并且减轻城市交通噪声对人体健康的影响。

(2) 美化环境，陶冶情操

阳台、窗台绿化是建筑立面整体景观的重要组成部分。通过植物所特有的质感、色彩及合理搭配而形成的植物景观，不仅给建筑立面锦上添花，而且可以美化不雅的或古旧的建筑。作为居住环境的有机组成部分，阳台、窗台上的绿色植物是室外与室内植物景观的过渡，与人的生活有密切的关系。因此，生长良好、配置优美的阳台、窗台植物景观可以使人缓解疲劳、精神放松、陶冶性情。

(3) 具有一定的经济价值

阳台上的植物种植，可以适当结合蔬果类，不仅具有观赏价值，还具有一定的实用价值，如金橘、丝瓜、薄荷、葡萄等，在欣赏四季景色之余，还可以品尝自己的劳动成果，更增加了阳台、窗台绿化的无穷乐趣。

另外，阳台、窗台的花卉应用还有助于增加居室空间的私密性。

14.2 阳台、窗台花卉装饰原则

(1) 安全性原则

阳台与窗台种植，都属于高空立体绿化的范畴，因此安全性极为重要。安全性主要包括防止摆放种植容器的坠落、阳台及窗台外侧安装种植槽的稳固、浇水施肥时的滴漏等方面。

(2) 遵循环境艺术布局

阳台绿化的目的是创造一个舒适、美观、和谐的自然小环境，是植物栽培与环境艺术的巧妙结合，既要充分了解各种植物的生态习性，又应遵循环境艺术布局原则，尽量体现阳台装饰的美感。

(3) 巧用空间布局

阳台空间有限，需巧妙利用，既要注意整齐美观，避免杂乱无章，又要注意层次，适当留有空间，不使花盆和其他物品堆积过多。

(4) 色彩的合理搭配

阳台、窗台花卉的色彩设计，应与周围环境的景观、建筑的整体立面景观及室内的色彩协调，同时考虑阳台的功能，并依据不同的季节选择不同的植物，如炎热的夏季应选择冷色调的植物，给人以清爽的感觉；冬季应选择暖色调的植物。居家阳台、窗台还要根据个人爱好来选择植物。

14.3 阳台、窗台花卉选择

一般阳台面积有限，在植物种类选择上应掌握常绿小乔木、小灌木、草花或藤蔓植物相结合的原则。同时尽量选择不易发生病虫害、观赏价值高、易于养护管理的植物种类，尽可能达到月月有花可赏，季季有色彩变化，甚至秋有果实可尝，增添情趣。

阳台结构、朝向不同，便具有不同的小气候特点，应据此选择植物。阳台的地面和墙壁多为砖石和水泥结构，尤其是夏季，具有吸热快、散热快、蒸发量大、空气干燥的特点。因此，阳台花卉应具有较强的抗逆性。

阳台的朝向不同，光照条件各异。充分了解阳台的这些特点，选择适宜的植物种类，才能真正达到阳台绿化的目的(图14-1)。

(1) 朝南阳台

此类阳台通风好，光照充足，日照时间长，昼夜温差大，白天温度高，夜间温度低，蒸发量大，空气干燥。大部分喜光好热的植物，都适宜在此类阳台上种植和装饰，如天竺葵、大丽花、半支莲、月季、扶桑、矮牵牛、茑萝、吊兰、文竹、五色椒、菊花、凤仙花、鸡冠花、报春花、茉莉、米兰、九里香、一串红、仙人

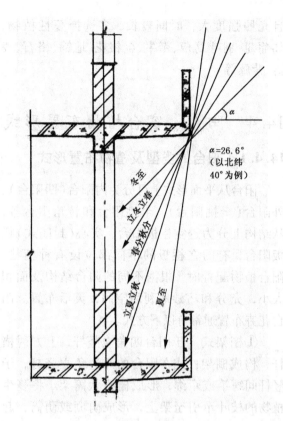

图14-1 阳台内的日照变化

掌类、芦荟以及盆栽苹果、盆栽桃、盆栽山楂等。此类阳台在气候温暖地区一年四季均可应用。

(2) 朝北阳台

朝北方向的阳台，全天大部分时间只有散射光，气温较低。此类阳台应选择耐阴的花卉，如吊兰、文竹、含笑、倒挂金钟、四季海棠、散尾葵、鱼尾葵、万年青、虎尾兰、橡皮树、龟背竹、南天竹、绿萝、绿巨人、变叶木、栀子、三角花、发财树等。朝北阳台养花以春、夏、秋三季为最佳季节。

(3) 朝东阳台

上午有阳光直射，午后只能见散射光。此类阳台适宜栽培短日照和稍耐阴的植物，如蟹爪兰、君子兰、兰花、杜鹃花、朱顶红、一品红、鸭跖草、马蹄莲、山茶等。

(4) 朝西阳台

上午见不到直射阳光，而午后却阳光直射

且光照强度大，时间较长。多选择蔓性植物，如葡萄、羽叶茑萝、牵牛、金银花、地锦、络石、凌霄、紫藤等。

14.4 阳台、窗台植物布置形式

14.4.1 阳台的类型及植物布置形式

阳台从平面形式上可分为内阳台（凹阳台）、外阳台（全挑阳台）、半挑阳台和转角阳台等；从结构上分为透空栏板阳台、实心（封闭式）栏板阳台，有的在栏板的不同部位设有种植槽。阳台植物配置时，根据不同的阳台结构及面积大小，充分和巧妙地利用空间，灵活布置。阳台花卉布置通常有以下方式。

①棚架式　于阳台四角立竖杆，上方缚横杆，构成棚架；或在阳台的外边角立竖杆，于竖杆间缚竿或牵绳，形成栅栏状篱架。将蔓生植物的枝叶牵引至架上，形成荫棚或荫篱，起到遮阴和降温的效果。这种形式适应于南向和西向阳台（图14-2）。

②花沿式　将大小、高矮、观花、观叶和色彩、姿态各异的植物配置在栏沿上，显得错落有致。花沿式是当前最常见、最简单的一种阳台绿化形式。

③花栏式　在阳台围栏外侧设置托架，固定花槽或花盆，种植菊花、天竺葵、万寿菊、半支莲、一串红等色彩艳丽的草本花，美化围栏外侧（图14-3）。

④悬垂式　用小巧的容器栽植吊兰、蟹爪兰、彩叶草、鸭跖草等，悬挂于阳台顶板上，美化立体空间；或在阳台栏沿内侧稍低位置悬挂小型容器，栽植藤蔓或披散形植物，使其枝叶越过栏沿而悬挂于阳台之外，美化围栏。

⑤附壁式　在围栏内、外侧的容器中种植地锦、凌霄等具有吸盘或气根的木本藤蔓植物，绿化围栏和附近墙壁。可在较小的栽培面积中获得较大的绿化效果。

⑥梯架式　在较小的阳台上，为了扩大种植面积，可利用阶梯式或其他形式的盆架，在阳台上进行立体盆花布置（图14-4）。

⑦综合式　将以上几种形式合理搭配，体现综合的美化效果，在实际中应用较为普遍。如果面积许可，阳台上甚至可布置拳山勺水，创造园林逸趣。

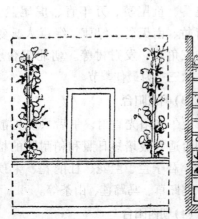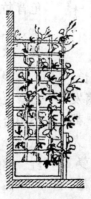

图14-2　棚架式阳台种植形式

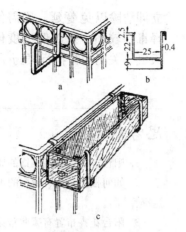

图 14-3　直接在阳台的金属栏杆上安装花箱
a. 花箱支架　b. 支架断面　c. 花箱安置后

图 14-4　阳台上放置花架

14.4.2　窗台花卉布置形式

窗台花卉装饰通常以窗为界分为室外窗台花饰和室内窗台花饰两种。室外窗台花饰是建筑立面的组成部分，要注重建筑的整体协调美，同一幢建筑的花卉装饰应该力求协调和统一（图14-5）。窗台花卉装饰通常有以下方式。

①植槽式　因为普通楼房的窗台面积比较小，植槽最好悬挂在窗台外侧，不占窗台空间。植槽通常宽20cm左右，高15～20cm，长度依据窗台的大小而定。悬挂在窗台正面的，可种植低矮或匍匐的一、二年生花卉，如矮牵牛、半支莲、美女樱、金鱼草、矮鸡冠、凤仙花等。窗台两侧的植槽，可种些爬藤植物，如红花菜豆、羽叶茑萝、旱金莲、文竹等，以竹竿、铁丝或细麻绳等牵引，使花卉缠绕其上，既美化了环境，又遮住了夏天的烈日。

②悬盆式　在窗台的上方空间悬挂一些横杆，其上悬吊盆花。悬盆式可选择低矮或悬垂式的花卉，如仙人掌、蟹爪兰、玉米石、盾叶天竺葵、吊兰、常春藤等。

③摆盆式　在窗台上摆花，这是比较灵活而简易的方法。

当然这些方式均可组合起来，形成丰富的景观（见彩图33）。

14.5　阳台、窗台植物养护

阳台、窗台绿化小气候环境较为恶劣，因此植物的栽培养护难度较大，需要精心养护，细致管理。

(1) 浇水

阳台小气候气温高，风速高且空气比较干燥，又缺少雨露滋润，浇水一般应多于露地，并需经常在阳台上洒水以增加空气湿度，干旱季节还需向花叶表面喷水，弥补植物蒸腾的失水。悬挂的花卉不要离墙太近，以免叶片被墙壁辐射热灼伤。

图 14-5　窗台花卉装饰

(2) 施肥

阳台绿化植物栽植于容器或种植槽中,营养面积受到限制,因此要使其生长茁壮,必须经常补充必要的营养成分。除在配制培养土时,在其中加入充分腐熟的有机肥料外,还应在生长旺盛时期适当追施复合肥。

(3) 打顶、抹芽、剪枝等措施

阳台绿化栽培的各种植物,为保持其各自的优美冠形,应经常剪除残花枯枝与病虫枝叶,还要进行打顶、抹芽、剪枝等工作,盆栽果树,还要人工授粉,疏花疏果,以保证开花正常,结果累累。对于趋光性强的花卉,还要经常进行转盆使植株生长均匀,株丛圆润。

(4) 病虫害防治

由于阳台、窗台种植与人居环境关系密切,不便于使用农药,因此阳台花卉栽植的基质应事先消毒以防止和减少病虫害发生。生长期间,一旦发现虫害应及时人工捕捉,对发病植株要立即清除以免蔓延。确需使用农药时,注意选择毒性较小,并以低浓度使用为主。选择无风天气,关闭门窗再行喷药。

思考题

1. 阳台、窗台花卉装饰的原则有哪些?
2. 如何根据阳台、窗台的不同环境进行花卉材料的选择?
3. 阳台花卉布置有哪些常见形式?

推荐阅读书目

城市绿化空间赏析. 荆其敏,张丽安. 科学出版社,2001.

庭院阳台盆栽果树. 肖建忠. 中国农业出版社,1999.

供四季欣赏的立体花坛——吊篮.[日]坂梨一郎. 徐惠风,金研铭,译. 吉林科学技术出版社,2000.

第15章 室内花卉景观设计

[**本章提要**] 城市化的发展使人们与室外绿化环境的接触机会越来越少,于是更加增强了人们进行室内植物布置的愿望。本章就室内花卉应用的主要形式(室内花园、室内容器栽植植物设计、插花花艺在室内的应用)设计要点作了介绍。

15.1 概述

15.1.1 室内绿化的意义

(1)改善室内环境

随着城市居民的集中,土地的减少,人们在室内生活的时间随之增多。由于室内空间的封闭性以及各种化学材料的使用,导致室内污染日趋严重。运用植物释放氧气,吸附有害气体,增湿,产生负离子等生态功能则是改善室内环境的重要途径之一。因此,室内花卉的应用得以迅速发展起来。

(2)美化室内空间

植物是构成室内空间重要的美学要素之一。室内植物具有观花、观叶、观果等多种素材,不仅带来大自然的生气,也为室内空间带来丰富的色彩和质感。植物不仅可美化建筑空间,而且与室外的植物景观相呼应,沟通人们在不同的活动空间中与自然的交流。

(3)组织室内空间

经过合理的布局,花卉在室内设计中还可以起到分隔和组织空间以及导向、提示等作用。

15.1.2 室内花卉及其应用方式

(1)室内花卉

室内花卉是指能适应室内环境条件,可较长期栽植或陈设于室内的花卉,也称为室内观赏植物。大部分为原产于热带、亚热带的不耐寒性花卉。

室内花卉种类繁多,草本、木本皆有。按株型分有直立、丛生、蔓性之不同;按观赏对象分有观叶、观花、观果等之不同,仅观叶植物又有各种叶形、叶色及质地的不同;室内花卉的栽培形式也非常多样,如单株栽培、组合栽培、悬吊栽培、封闭式透明容器栽培以及将攀缘植物作直立盆栽的图腾柱式栽培等,灵活多变,丰富多彩,适合各种室内空间的装饰。

(2)室内花卉应用的方式

室内花卉设计(interior plant design)是指在室内环境中遵循科学和艺术的原理,将富于生命力的室内花卉及相关要素有机地组合在一起,从而创造出功能完善、具有美学感染力、洋溢着自然风情的空间环境。

室内花卉的应用形式呈多样化的发展趋势,

在设计上力求达到多层次、多方位的空间装饰效果,使花卉和各种绿色植物最大限度地接近人,给人以亲近感,同时体现环境效益。室内花卉的应用方式综合起来有以下几种。

①室内花园　以地栽为主的综合性室内植物景观。

②容器栽植植物应用　包括以不同的形式将植物栽培于容器中布置于各种室内空间的应用形式,包括普通盆栽、组合盆栽、悬吊栽培、图腾柱式栽培、瓶景(箱景)等多种形式。

③盆景的应用　以各种盆景装饰室内空间。

④插花花艺应用　包括以鲜切花及干花作为素材,经过插花及花艺设计布置于各种室内空间的花卉应用形式。

15.1.3　室内环境的特点及对花卉的影响

(1) 光因子

室内光照一般仅为室外全光照的20%~70%。因此,光因子是室内条件下影响植物生长的第一限制因子。只有根据不同的室内光照条件,科学地选择耐阴性不同的观赏植物才能实现室内植物设计的目的。

不同花卉对光照的需求不同。一般而言,强耐阴花卉可以在1000~1500lx光照强度下正常生长;耐阴花卉在5000~12 000lx条件下可正常生长;耐半阴花卉适于12 000~30 000lx环境条件;喜光花卉需要30 000lx以上的光照才能生长。

室内环境的自然光分布与当地的地理位置、建筑的高度、朝向、采光面积、季节、窗外遮阴情况等众多因素有关。例如,在北方2月五层楼的南窗台,晴天中午最亮处为26 000lx,此时距窗7.5m远的位置光照仅为700lx。在室内北向较阴处,白天仅为20~500lx。光照弱是室内植物冬季生长量减少甚至休眠的主要原因。室内不仅光照弱,而且光源方向固定,植物会因向光性而导致株型不整齐。

(2) 湿度因子

大多数室内观叶植物要求空气的相对湿度为40%~70%较为适宜,而原产于热带丛林的花卉需空气湿度70%~90%才能正常生长。只有原产于干旱地区的花卉如仙人掌类等可在10%~30%的空气湿度正常生长发育。人类生活适宜的环境湿度为40%~70%。在北方冬季没有加湿设备的条件下,室内湿度一般为18%~40%,多数植物生长不良。因此,空气湿度也是限制室内植物生长发育的不利条件。

(3) 温度因子

在一定湿度的条件下大部分室内植物的最高生育温度为30℃左右,原产于热带的花卉生长最低温度一般为15℃,原产于亚热带的花卉生长最低温度为10~13℃。大多数室内花卉在15~24℃生长茂盛。而人类工作、休息的室内温度一般为15~25℃。因此,适于人居的温度可以满足大部分原产于温带、亚热带及部分热带花卉的正常生长。室内温度条件与自然相比,不利于植物生长的方面主要是室内昼夜温差较小,甚至常常会有夜间温度高于白天的状况。

15.1.4　室内植物养护管理的技术要点

(1) 浇水

室内花卉的水分管理应根据花卉习性及土壤性质、天气情况、植株大小、生长发育阶段、生长状况、季节、容器大小、摆放地点而定。除水生、沼泽植物外,土壤一般不可积水。湿生性花卉须始终保持土壤湿润,并定时喷雾、浇水。中性花卉可保持土壤见干见湿。旱生性花卉一般在土壤适度干燥时才浇水。花卉生长旺盛的季节应保证充足的水分供应,但冬季温度较低或者植物处于休眠期时,都须适当减少浇水。

水的pH值以酸性或中性为好,对于喜酸性的花卉结合施肥浇矾水或喷施0.1%~0.2%硫酸亚铁溶液。浇花宜用软水,自来水需放置2d后再用,以便氯气等有害物质挥发。水温与气温的差异不可过低或过高,应保持在5℃左右。

室内花卉的水分管理包括空气湿度的控制。大部分室内花卉喜欢较高的空气湿度,夏季应每天早晚用喷雾器各喷一次叶面,冬季在供暖干燥期应每天喷一次。用套盆或将花盆放置于装入砾石、陶砾及水的浅盘上可以局部增湿。另外,适当群植也有利于增加局部小环境的空气湿度。

专用喷雾设施或加湿器则可以更方便地控制室内的空气湿度。

(2) 施肥

由于盆栽花卉营养面积有限,生长旺盛的花卉会因肥料不足而生长缓慢、对病虫害的抵抗能力减弱、茎细弱、下层叶片提早掉落、叶褪色或有黄色斑点、花少等现象。施肥一般应掌握"薄肥多施、适时适量"的原则。生长旺期可10d结合浇水施一次薄肥,孕蕾或花后可适当施肥。但在雨季、炎暑或寒冬不宜多施肥。休眠期停止施肥。

(3) 松土

室内盆栽花卉同样需要松土。一方面,可以使植物根系的呼吸作用正常进行;另一方面,松土透气性改善后还可以提高土壤温度及水分渗透性。对于黏重的栽培基质松土尤为重要。

(4) 通风换气与病虫害防治

通风换气是室内植物养护的重要环节之一。通过气体交换,夏季可以降温,雨季时可以降低室内湿度从而防止感染病害。通过通风换气平衡室内的气体成分,有利于植物正常的光合作用与呼吸作用。

花卉在室内应用较长时间后,由于温度、湿度以及光照等环境条件不良而产生的生理病害最为常见,应通过合理调控环境条件来防止或减轻生理病害的发生。对于病理性病害,应以预防为主。轻度病虫害发生时,要及时清理病叶、病株和害虫;病虫害严重时,须将花卉转移至露地或栽培温室进行药物防治和复壮。

15.2 室内容器栽植植物应用设计

将已经具备观赏价值的室内花卉定植于适宜的容器中布置到各种室内空间,用以美化和装饰环境,是室内花卉应用最为广泛的形式,具有造价低、布置灵活、便于更新的特点,尤其适合于小空间及局部空间的点缀。

15.2.1 单株盆栽花卉的应用设计

树冠轮廓清晰或具有特殊株型的室内花卉,可以用于室内空间的孤植、对植、列植等布置方式,成为室内空间局部的焦点或分隔空间的主要方式。单株盆栽植物本身应具有较高的观赏价值,布置时还需考虑植物的体量、色彩和造型与所装饰的环境空间相适宜。

单株盆栽植物由于常作为空间的焦点,因此对容器的要求较高。目前生产上主要使用各种简易塑料制品的花盆,它们质轻,规格齐全,便于运输,但是直接用于室内布置则显得不雅。因此,经营者通常在出售前或消费者购买后均将植物定植到各种质地、色彩和造型的装饰用容器中。用于室内花卉布置的装饰性容器种类繁多,有陶器、塑料、木制品、玻璃纤维、藤制品、金属制品或玻璃等,颜色也各不相同;容器的形状多为几何图形,如高低、直径不等的圆形,或长、宽、高不同的方形。室内植物设计时选择容器的原则是:首先容器的大小、结构应能满足不同植物的生长需要,其次要根据室内环境的设计风格选择适宜的颜色、质地、造型的容器。容器不应喧宾夺主,应力求质朴、简洁,能最大限度地衬托植物并与室内总体景观相和谐。

为了便于更换及复壮植物,布置盆栽花卉时,也常常直接使用栽培容器,再在外面使用装饰性套盆。套盆底部通常不具备排水孔,浇水后多余的水分直接流入套盆,便于维持土壤水分和增加局部小环境的空气湿度。因此,对于喜湿植物常特意使用套盆。

15.2.2 组合盆栽花卉的应用设计

近些年来,随着人们对室内景观要求的提高,富于变化的组合盆栽应运而生。组合栽植(plant pack)是指将一种或多种花卉根据其色彩、株型等特点,经过一定的构图设计,将数株集中栽植于容器中的花卉装饰技艺。可以说组合栽植是特定空间和尺度内的植物配置,也是对传统艺栽的进一步发展。组合栽植不仅可以展现某一种花卉的观赏特点,更能显示不同花卉配置的

图 15-1　组合盆栽

群体美。不同植物相互配合,可以使其观赏特征互为补充,如用低矮、茂盛的植物遮掩其他种类分枝少、花茎高、下部不饱满的欠缺,也可以花、叶互衬或花、果相映,形成一组较单株观赏价值更高的微型景观。由于组合栽植体量不一、形式多样、趣味性强而广受欢迎,不仅可用于馈赠、家居及会场、办公场所等的美化,也广泛应用于橱窗等商业空间的装饰美化(图 15-1,见彩图 34)。

(1) 组合盆栽花卉的选择

各种时令性花卉及用于室内观赏的各种多年生及木本花卉都可以用于组合栽植的设计。根据作品的用途、装饰环境的特点等,应选择合适的植物种类。主要考虑以下几方面:

①观赏特性　组合栽植设计时,要充分利用不同植物的观赏特征,如花、叶、果、色彩、株型、高低、姿态等,选择不同的种类进行最恰当的组合,从而设计出观赏内容丰富的组合栽植景观。通常组合栽植既有简单的单种多株混合,更有多种植物观花观叶组合、直立下垂组合、不同色彩组合、不同高低组合等。

②文化特征　组合栽植不仅用于日常的室内装饰,也是节日布置或礼仪馈赠的重要花卉形式,因此在组合栽植设计时,常常赋予作品一定的寓意来烘托特定的节庆气氛或表达赠送者的美好祝愿。这就要求设计者在选择花材时,要了解各地的用花习俗、花材的文化内涵等,才能设计出优秀的作品。

③生态习性　将不同的植物种类组合在同一个容器中,必须选择对生长条件,如土壤 pH、土壤水分、空气湿度、光照强度等要求相似的种类,才能保证在较长时间内花卉生长良好,从而达到预期的景观效果。

(2) 容器的选择

组合盆栽的容器犹如插花花艺设计的容器,是作品整体构图的重要组成部分,因此,要根据作品的构图需求及表达内容慎重选择。为了便于造景,组合栽植通常选用长方形的种植槽式的容器,其材质和色彩丰富多样。但是,根据作品大小不同、配置的简繁不同,用于组合栽植的容器可以不拘形式,如各种造型的陶罐、竹筐、蚌壳、小木鞋等富有自然情趣或生活气息的容器均可使用。但设计中需注意花材和容器的关系以及容器的体量、色彩、质地等对整个作品的影响。

用于礼仪馈赠的小型组合栽植还常常借鉴花艺礼品设计的方式将作品进行包装,既提高作品的观赏性,又便于携带。

(3) 组合盆栽的配件与饰物

适当地运用装饰物,可以强化组合栽培作品的立意及增加作品的趣味性,如石头、枯木、松果、贝壳、藤条等材质可增加作品的自然美感;缎带、蜡烛、绳、包装纸、金属线、小玩偶饰物、模型等可为组合栽培作品点题或增加趣味性,烘托某种特定的气氛。但装饰物及配件不可滥用,以免画蛇添足,影响花卉整体的观赏效果。

在组合栽植的设计中,无论是构图,还是色彩搭配,同样遵循相关的艺术原理,力求在一个有限的空间内设计出和谐美观的微型植物景观。

15.2.3　室内花卉的悬吊装饰

将花卉栽培于容器中悬吊于空中或挂置于墙壁上的应用方式,悬吊装饰不仅节省地面空间,形式灵活,还可以形成优美的立体植物景观。

15.2.3.1　悬吊式应用的植物选择

用于悬吊式装饰的花卉又称为吊篮花卉或

垂吊花卉(hanging plants)。主要包括以下两类。

(1) 蔓性及垂吊花卉

包括枝条柔软蔓性生长或枝叶柔软下垂的花卉。常用的有鸭跖草科的吊竹草类、水竹草类、常春藤类、吊兰类、蔓长春花等。此类花材枝繁叶茂，茎、叶伸展而下垂，不仅悬吊观赏效果佳，而且能很快把容器隐蔽起来，因而对容器的色彩和造型都要求不高。

(2) 直立式花卉

植株低矮、株丛丰满、花叶美丽的直立型花卉，如冷水花、竹芋。这类花材不能完全掩蔽容器表面，因此要选用造型、色彩雅致且与植物协调的容器为宜。

15.2.3.2 悬吊观赏的类型

悬吊花卉的素材及装饰形式多样，可以统称为吊篮(hanging baskets)。根据其装饰形式及容器造型又可分为以下不同类型。

(1) 壁挂式

固定于墙面的一种悬吊形式。通常是在一侧平直、固定于墙面的壁盆或壁篮中栽植观叶、观花等各种适于悬吊观赏的花卉，固定于墙面、门扉、门柱等处进行装饰。用于壁挂装饰的容器要求比较轻巧，通常用木质、金属网、竹器、塑料制品等，造型上可以是方形、半球形、半圆形等，固定时要使盆壁与墙面紧贴，不能前倾，否则既不安全也不美观。

壁挂植物装饰形式常成为室内空间的视觉焦点。花卉的色彩应与所装饰墙面的色彩、质感形成比较鲜明的对比，增加作品的装饰效果。

(2) 悬吊式

在各种不同材质及造型的吊篮、吊袋、吊盆中栽植适于悬吊观赏的花卉，悬挂于空间装饰环境的一种花卉应用形式。

悬吊式花卉装饰可广泛应用于门廊、门框、窗前、阳台、天花板、屋檐下、角隅处、棚架下、枯树枝上等。根据装饰的环境选择球形、半球形、柱形等规则式造型或开展式、下垂式等自然式造型，使得空间环境极富装饰性或增添自然的情趣。悬吊式花卉装饰多为立体造型，可供上下及四面观赏；或者用造型优美的容器栽植直立式与蔓性花卉，使蔓性花卉悬垂于容器四周形成饰品。悬吊式花卉饰品中，容器及吊绳均为作品的整体构成，须选择适宜的色彩、材质及造型。

悬吊式花卉装饰形式因悬在空中，随风摇荡，须选择轻型容器及栽培基质。可用于吊篮(盆)的容器种类丰富，材质多样，如塑胶制品、金属网、柳编等均可。为了防止土壤外漏并保持水分，金属网篮类的容器须在四周放些苔藓、棕皮或麻袋片铺垫。

悬吊式花卉装饰的悬吊用绳，应选择耐水湿、坚实耐用又美观大方的塑料绳、麻绳、皮革制绳及各种色泽和造型的金属链。吊绳应从色彩、质感、粗细等方面与容器及整体花饰作品协调一致。另外，用于悬吊花卉的吊钩必须牢固。为了便于管理还可用滑轮做成可升降式吊钩。

(3) 几架式

在各种支架、几架、藤架上悬挂或放置垂吊花卉的装饰形式。制作精美的几架下方也可设轮子，便于轻松随意地移动位置。这种形式尤其适合置于阳台一角、室内的角隅、门廊等相对比较狭小的空间内。利用家具的高处摆放悬垂花卉，形成下垂的绿色瀑布的效果也是室内植物设计中常用的一种形式。

(4) 吊箱式

用木质、塑料或铁铸的材料制成花箱，种植悬垂花卉，将花箱固定于居室阳台或窗台沿口、墙壁或楼梯扶手栏杆、走廊外侧栏杆的装饰形式。较大的室内空间可在高处设种植槽栽种垂吊花卉形成立面装饰。

15.2.4 瓶景及箱景的应用设计

瓶景及箱景(terrarium)是经过艺术构思，在透明、封闭的玻璃瓶或玻璃箱内经过构思、立意，构筑简单地形，配置喜湿、耐阴的低矮植物，并点缀石子及其他配件，表现田园风光或山野情趣的一种趣味栽培形式，前者为瓶景，后者为箱景，又统称为"瓶中花园"或"袖珍花园"。

瓶/箱景的设计首先应确定所要表现的内容与主题，进而确定其风格与形式，在此前提下选择容器的形状、植物的种类、配件及栽培基质、栽培方式等。封闭式瓶/箱景应选择适宜的瓶器及植物素材，注意容器与植物、配件、山石的比例关系以及植物生长的速度等，使构图在一定观赏期内保持均衡统一（图15-2）。在色彩上综合考虑装饰物及植物素材等各种相关要素的协调性。开口式瓶/箱器栽培则在植物选材及表现形式等方面有着更多的选择，这种瓶器栽培方式也属组合栽培的范畴，同样需要考虑配置在一起的植物其习性必须相似，瓶/箱景的摆放也应注意与室内空间环境协调。

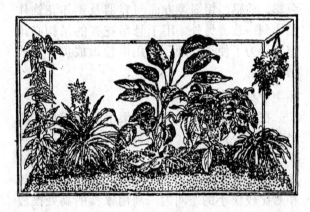

图 15-2　箱景式栽植

15.3　插花花艺在室内应用

插花花艺作品有着鲜明、亮丽的色彩及鲜活的生命力，雅俗共赏，因而具有极强的艺术感染力和装饰美化效果，广泛应用于各种公共及家居场所，美化环境。

15.3.1　插花花艺的类型

15.3.1.1　根据艺术风格分类

(1) 东方式插花艺术

主要以中国和日本传统插花为代表。作品不仅具有装饰效果，而且重视意境和思想内涵的表达。注重花材的人格化意义，赋予作品以深刻的思想内涵及寓意，用自然的材料来表达作者的精神境界，所以非常重视花的文化因素。色彩上以清淡、素雅、单纯为主，提倡轻描淡写；用花上亦讲求精炼，不以量取胜，而以其姿态、寓意为先。构图上崇尚自然，讲究画意，多以3个主枝作为骨干，高、低、俯、仰构成直立、倾斜、水平、下垂等各种形式，造型上自由活泼。

(2) 西方式插花艺术

以欧美各国传统插花为代表。作品讲究装饰效果以及插作过程的怡情悦性，不过分地强调思想内涵。讲究几何图案造型，追求群体的表现力，注重花材整体的图案美及色彩。构图上多采用均衡、对称的手法，多为规整的几何造型，追求丰富、艳丽的色彩，着意渲染浓郁的气氛。

(3) 现代自由式插花艺术

这是当今时代所广泛流行的插花艺术形式。在吸收传统东西方插花艺术的理念的同时，借鉴现代装饰艺术的理念和手法，包括色彩和空间的造型、现代绘画、服饰设计、雕塑等艺术门类的造型理念，发展出的具有很强现代形式美感和装饰性较强的花艺作品。

15.3.1.2　根据花材的性质分类

(1) 鲜花插花

以自然新鲜的花、枝、叶、果、茎等花材插制的插花作品，其特点是具有真实、自然、鲜美的生命力及艺术魅力，缺点是水养不持久，观赏期短。

(2) 干燥花插花

采用经自然或人工干燥后的花材插制的插花。干燥花制品可分为三大类：立体干燥花、平面干燥花（又称压花）及芳香干燥花。其中，立体干燥花主要指干切花，是用于制作干燥花插花及花艺设计的主要材料。干燥花插花观赏价值高，摆放时间持久，适用范围广；缺点是色彩不如鲜花生动，作品也不具备鲜花插花变化的特征。

(3) 人造花插花

选材均为人造纺织材料或塑料等经加工制

成。其特点为工艺性、装饰性强，经久耐用且容易清洗，但作品缺少鲜花插花的鲜活的生命力。

(4) 混合插花

多为干燥花与鲜花或干燥花与人造花混合插制而成。其特点是使得作品从层次、质感上更为丰富和生动，扩大了插花作品的表现空间。

15.3.2 室内插花布置的原则

①插花花艺作品应该与所装饰的空间大小相协调。一般明亮、宽敞的大厅或会议室、展示厅宜摆放大、中型的作品，而客厅、书房、卧室、办公室等空间相对较小的地方宜摆放中、小型作品。

②陈设的作品应与室内装饰的风格、色调相和谐，与室内的其他陈设品（如家具、艺术品）的风格相协调。

③作品的陈设高度、位置、角度等要合理。有些作品适合平视，有些则适合于仰视或俯视；有些作品是单面观赏，有些作品则适合从多面观赏。

④插花作品适宜摆放在通风良好，光照明媚（漫射光）、温度适中的环境中，切忌高温下的阳光直射，也不宜在过低的温度或过湿热的环境下摆放。

⑤室内照明光线的明暗、色调及插花所要摆放位置的光照状况影响插花的色彩效果。蓝色、紫色等深颜色的花若置于晦暗的光线中会有隐没感，起不到装饰的效果。光照不佳的环境需选择亮度较高的浅色调作品。布置晚会要注意不同光谱成分的灯光对于花色的不同作用，常用的光源中，白炽灯使冷色调的花暗淡，暖色调的花明亮；荧光灯使冷色调的花明亮，暖色调的花暗淡；蜡烛使冷色调的花发黑，暖色调的花发黄。

15.4 室内综合花卉景观设计

因建筑功能以及室内植物景观设计的目的，室内植物布置一般可以分为以植物造景为主的花园式布置和将植物作为装饰性点缀的应用两种布置方式。以植物为主体的设计其目的在于创造具有显著环境效益及游憩功能的室内绿色环境空间，绿色植物是主导要素，这种形式在建筑设计的同时即考虑了植物的景观及对环境的需求，主要用于展览温室及面积较大、有采光条件的宾馆、酒店、购物中心、车站、机场等公共建筑的共享空间。而将室内植物作为装饰性的设计，主要应用于各种面积较小或没有良好的专用采光设施的各种室内空间，如私有的居住空间、办公室、会议室等，这些建筑空间强调特定的使用功能，植物在室内空间成为柔化僵硬的建筑和家具的线条、点缀和美化环境、营造空间的亲和性与生机的重要元素，也是空间色彩及立体构成的重要内容。本节在室内花卉应用设计的基础上，简述共享空间与居住空间的植物景观设计。

15.4.1 室内花卉应用设计的原则

(1) 满足建筑与室内空间的功能性需求

设计者应在全面了解室内建筑空间的性质和功能要求的基础上，力求室内花卉设计方案适用、方便、安全、经济。在空间组织、整体与局部的关系、人与空间的关系、空间之间的关系等方面综合考虑其科学性、舒适性、艺术性、文化性与多样性，同时考虑应具备一定的适应性和可变性。

(2) 与室内设计总体风格协调

对于大型的室内公共空间如商贸中心、公司总部、饭店等社交场所、公共事业单位、豪华私人住宅、展览温室等特殊建筑，根据建筑物的性质、室内空间硬质景观和装饰的风格来确定室内花园的类型、风格及特色。

(3) 遵循形式美的基本规律

室内花卉设计要遵循艺术的基本规律，尤其注意多样统一原则的运用。通过确定主要的植物种类及其数量、主要的色彩而求得统一；通过植株的高低、质地、色差、花期、栽培方式等要素获得丰富的效果。

(4) 遵循科学性原则

根据植物的生长习性、生态习性、观赏特性，在室内不同的光分布区域内，选择适宜的花卉种类及植株体量进行合理配置。同一地段或同一容器中的花卉应选择对光照、土壤、水分等需求相近的花卉组合。群落的构成也以喜光植物在上方，喜阴植物在下方的原则布置。有异味及挥发性毒素的花卉种类不宜在室内应用。

(5) 因地制宜进行室内植物景观设计

充分利用室内空间，采用地栽、容器栽植、悬吊攀缘等多种方式布置植物，高低错落构成室内花园的人工群落景观。利用假山石、水体、小品及铺装面的沙石和树皮块等，使景观要素更为丰富。

15.4.2 共享空间综合花卉景观——室内花园

各种公共建筑的共享空间通常人流量较大，其植物应用不仅要具有环境效益，而且要提供游人以休息和游憩的功能，因此这类空间通常面积较大，且有良好的采光条件，植物的应用多以室内花园的形式构筑景观。

共享空间的花卉应用应遵循以人为本的原则，根据实际条件，为人流提供足够的活动和休息空间。综合考虑植物、室内水景、山石及小品、灯光、地面铺装等各种要素，并以植物为主进行景观设计(见彩图35，彩图36)。

室内花园通常采取群植的方式形成大小不等的室内人工群落，形成局部相对湿度较大的小环境以利于植物生长栽培管理。面积较大的室内共享空间还可以将许多室外园林花卉布置的形式如花坛、花台、花架等展现于室内，同时充分利用建筑空间内各种立面、柱体、台架等进行多种形式的植物布置，如垂吊花卉、屏风式的立体栽培形式，攀缘花卉与室内墙壁及柱子的结合等，并利用各种形式的容器栽植，形成平面构图上点、线、面分布合理，竖向空间高低错落的丰富的室内植物景观。同时，在植物的体量、数量、色彩等方面应主次分明，以获得室内空间构图上的多样统一。

15.4.3 居住空间花卉的综合布置

居住空间花卉的布置同样需根据室内设计风格综合运用各种室内花卉应用形式，如插花、盆景、平面压花、单株摆放、组合盆栽、瓶景、垂吊花卉等。居室空间狭小，要充分利用窗台、天花板、墙壁、柱体、家具等进行立体花卉装饰，并和地面植物布置相互结合，营造优美的植物景观。

居室空间虽面积有限，但也同样需要根据不同房间的情况进行整体设计，并根据不同房间的功能及特点各有侧重，如客厅可以相对多用植物，通过盆栽、组合盆栽、插花等合理搭配，形成丰富但协调统一的景观；书房可以运用简洁、淡雅的盆栽植物、盆景及插花，营造素雅、宁静的气氛；卧室只需点缀少量盆栽植物或垂吊植物；盥洗室可以放置喜欢空气湿度高的蕨类植物等。

随着社会的发展，人们的居住条件正得到极大的改善。注重居室植物应用的环保及美化双重作用，营造四季有景的室内花园景观将是私有室内空间植物应用的新趋势。

思考题

1. 举例说明不同环境条件下室内植物的选择。
2. 按建筑的性质及使用目的如何进行室内花园的布置？
3. 室内容器栽植有哪几类？每一类型对容器及植物材料的选择与搭配有哪些具体要求？
4. 不同建筑空间花卉的综合布置原则及设计要点是什么？

推荐阅读书目

室内盆栽花卉和装饰. 盖伊·塞. 肖良, 范小红, 编译. 中国农业出版社, 1999.

吊篮花卉彩色图说. 戴维·琼斯. 薛剑青, 译. 中国农业出版社, 2002.

绝妙的吊篮. 柳濑泉. 徐惠风, 译. 中国林业出版社, 2001.

室内园林. 纳尔逊·哈默. 海燕, 译. 中国轻工业出版社, 2001.

小庭院设计. 罗宾·威廉姆斯. 郭春华, 译. 贵州科学技术出版社, 2001.

第16章 花卉展览设计

[**本章提要**] 花卉展览是集中展示各种花卉的形态特征、栽培水平、造型技艺和园林艺术的最佳方式,内容非常丰富。本章介绍了花卉展览的起源、类型,重点阐述花卉展览的设计,包括设计原则、整体规划、植物景观设计,并以昆明世界园艺博览会、沈阳世界园艺博览会和北京海淀公园奥运花卉展览为例说明花卉展览的设计。

16.1 概述

16.1.1 花卉展览的定义及起源

花卉展览(flower exhibition)广义上讲是集中展示各种花卉的形态特征、栽培水平、造型技艺、园林艺术的最佳方式,可以归属于博览业的范畴。

西方的花卉园艺(园林)展览最早出现在欧洲。1809年在比利时举办了欧洲第一次大型园艺展,从此形成了园林展览的雏形。德国于1887年和1896年分别在德累斯顿和汉堡举办了国际园林展,将专业展示、商业利益以及公众的活动结合在一起,这一传统一直延续至今。欧洲的花卉展览一般是园林、园艺和相关艺术的多功能展览,内容包括主题花园、家庭花园、观赏类植物花园、经济类植物、农作物、室外花卉、公共艺术、园林材料、园林设施、园林技术、室内花园等,包罗万象。一般的功能设施,如儿童游戏场、活动场、休息设施、问讯中心、信息中心、剧场等也一应俱全。这些设施有些是临时的,有些是永久的,不仅在展览期间发挥着重要的作用,也为展览结束后的大众公园的营建打下了基础。展览期间还伴有艺术表演、音乐会等活动。

我国古代并没有明确定义的花卉展览,但是以花卉为主要内容,布置供人观赏的各种花事活动早已出现。自唐代赏花之风开始盛行,从宫廷至民间都表现出对花卉及花事活动的喜爱。当时长安崇尚牡丹,每年暮春,车马若狂,人们争看牡丹花,以不去者为耻。《牡丹史》序一曾载为了展现牡丹之富贵与大观,"选芳园胜地,玉砌雕栏,临以画阁琼楼,瑶台碧榭;映以珠帘锦箔,绣户云廊;幄以绮幕罗帏,华棚彩障",堪称牡丹的专类花展。宋代园林事业得到了空前的发展,据《梦粱录》载:"仲春十五日为花朝节,浙间风俗,以为春序正中,百花争放之时,最堪游赏。"在结社集会中有赏芙蓉、开菊会等活动。内侍蒋苑使于其住宅之侧"筑一圃,亭台花木最为富盛。每年春月,放人游玩。"《乾淳岁时记》记载:"都人九月九日,饮新酒,泛萸簪菊,且以菊糕为馈。"在花市中已将菊花制为花塔进行展出,菊花障子、菊楼这类艺菊造型在苏杭等地俱已出现,深受市民喜爱。经由唐宋时期花卉产业的飞速发展,花卉展览已初具规模。人们开始考虑花卉展览的选址、布置手法、栽植材料和品种等内容,逐渐尝试在不同区域内营造不同的主题,并根据植物的观赏特性搭配不同的植物材料。元代以后,花卉展览的发展趋于成熟,"植花木构数亭"是当时花卉展览中比较普遍的一种形式,表现在植物景观的营造通常配合亭、榭、轩、厅等建筑形式,以及水池、假山等园林手法以突显主题,在景观营造的艺术手法方面取得了明显的进步。

中华人民共和国成立以后,我国的花卉展览发展迅速,各地结合春节、国庆等节日广泛开展各类规模的花展。1987 年,由中国花卉协会组织举办了第一届全国性的花卉展览,掀开了我国当代综合性花卉展览的新篇章。此后的 1999 年,举办了国际性的大型展览——昆明世界园艺博览会,更是举世瞩目。近些年来,中国的花卉展览内容越来越综合,短短数年里中国已成为世界上每年举办园林展览次数较多的国家之一。

16.1.2 花卉展览的类型

花卉展览的内容非常丰富,依据展出的内容、形式和规模等分别有不同的类型。

16.1.2.1 按照花卉展览的内容和形式

(1) 综合性花展

此类展出有明确的主题,规模庞大,布局灵活,景观内容丰富,花卉种类多样;涉及的范围比较广泛,参展单位多,展览时间较长。一方面展示花卉的千姿百态,展出最新的园林成果,普及相关知识技术;另一方面以促进花卉业国内外贸易和合作交流为目的,通过参展展示品牌与企业形象,寻找长期贸易和技术合作机会。如 1999 年我国昆明举办的世界园艺博览会以及每四年一届的中国花卉博览会等。

(2) 主题性花展

主题性花展通常是以一个特定的时间段或节日庆典为契机,使用大量的花卉种类,搭配乔灌木、建筑小品等来营造良好的景观,给人赏心悦目之感。通过展示植物在其最佳观赏期的整体效果,渲染喜庆祥和的气氛,突出表现人们在节日庆典中的欢乐和愉悦。

按照主题性花展展出的侧重点不同,可以将其细分为观赏性花展、科普性花展和贸易性花展。如北京地区每年最主要的观赏性花展为京内十大公园的"一园一品展"以及北京植物园的春花和秋花展览。科普性花展以普及花卉的科学知识为主要目的,同时也给观众以美的享受,如"花的授粉与动物"的科普展览。展出的花卉有标牌、展板等较多的文字说明,让游人在欣赏的同时能够了解有关花卉、绿地保护、生物多样性等方面的科学知识。贸易性花展是以促进花卉业国内外贸易和合作交流为主要目的,如每年举办的"中国国际花卉园艺展览会"等。观赏性花展中还包括以节日庆典或重大活动为主题的花展,如以每年 10 月在北京天安门广场举办的国庆花展和 2008 年第 29 届奥林匹克运动会期间北京多处举办的花卉展览。

(3) 专业性花展

此类花展展出的花卉种类以一种或几种为主,展现该花卉最新的育种、栽培及应用等多方面的成果及相关的文化及科普知识。如荷兰每年在柯肯霍夫(Keukenhof)公园举办的郁金香展,美国山茶花协会每年举办的茶花展览。我国的专业性花展主要为全国性或各省市举办的菊花展、牡丹展、兰花展、盆景展等,多展示我国原产的名花佳卉,展览历史悠久。此类展览多由专业协会或学会主办,依托花卉专业种植园及公园的展厅,除展示盆栽或地栽的植物外,往往利用古色古香的陈设,展示相关的诗词书画、插花等艺术作品及科普知识;西方国家还常结合花车游行、时装表演等表达一定的文化意蕴。随着东西方文化的交流,这些展览方式也在相互借鉴,如 2009 年的洛阳牡丹花节期间就举办了与时装表演相结合的牡丹花艺展示,对传统名花观赏价值及应用方式的拓展起到了极大的促进作用。

16.1.2.2 按照花卉展览的规模分类

(1) 国际性花展

国际性花卉展览通常规模较大,参展国家较多,展出内容比较丰富,展出时间长。如由国际展览局(BIE)批准的在世界各国举办的国际园艺博览会就是代表。早期世界园艺博览会绝大多数在欧美发达国家举办,1999年我国第一次承担了国际园艺博览会,在昆明举办;2006年在沈阳举办;2014年在青岛举办;2019年在北京举办。"园博会"分为A1,A2,B1,B2共4种类型,简述如下。

A1类为大型国际园艺展览会,每年不超过1个,展期3~6个月,需要申办城市提前6~12年申请。每次展览会,要求至少有10个国家的参展者参加,展会必须包含园艺业的所有领域。昆明1999年和北京2019年举办的便是A1类世界园艺博览会。

A2类又称国际园艺展览会,每年最多举办两个,当两个展会在同一个洲举办时,其开幕日期至少要相隔3个月,展期为8~20d,要求至少有6个国家的参展者参加。

B1类为长期国际性园艺展览会,每年举办一届,展期为3~6个月。沈阳2006年举办的是A2+B1类世界园艺博览会。

B2类为短期国际性园艺展览会。这类展会举办每年不得超过两个,展期为8~20d。

(2) 全国性花展

其主要目的是展示本国花卉业的发展水平,促进交流和提高。自1951年起,德国每隔两年举办一次联邦园林展(Bundsgartenschau,简称BUGA),至今已经举办了28届。自1992年起法国每年在巴黎西南部的小镇Chaumont举办国际花园展,至今已经举办了14届。英国皇家园艺学会(Royal Horticultural Society)每年春天在伦敦举办切尔西花展(Chelsea Flower Show),夏天在汉普敦宫殿举办汉普敦宫殿花展(Hampton Court Place Flower Show),至今已分别举办了83届和15届。两个展览的展期都只有1周左右,主要展示园艺业的成果,包括小花园。中国现在有3种形式的全国性花卉(园林)展,即由国家住建部主办的中国国际园林花卉博览会(简称园博会)、由中国花卉协会主办的中国花卉博览会(简称花博会)和由全国绿化委员会主办的中国绿化博览会(简称绿博会)。其他全国性花展包括国内各主要协会举办的中国兰花博览会、中国菊花品种展览、全国茶花艺术展等。全国性花展参展单位以省市政府部门、科研机构和生产企业为主,亦会邀请国外有关机构参展。

(3) 地方性花展

国际上这种级别的花展主要是由一个或几个国家中的区域、州(省)举办,由一个或两个城市承办的区、州(省)园林展。如德国的16个州都有自己的园林展(Landsgartenschau)。法国里昂于2004年成功地举办了街道园林展(Festival des Jardins de rues)并于2006年6~10月再次举办主题为"城市"的园林展。瑞士洛桑于1997年和2000年各举办了两届园林展(Lausanne Jardins)。我国的地方性花展主要是各省市政府部门组织举办的省市级花卉展览。目的是展示地方花卉事业的发展,交流生产经验,丰富群众的娱乐生活,有时也与招商引资相结合。如北京圆明园的荷花展、中山公园的郁金香展、洛阳牡丹展等。

16.2 花卉展览的设计

16.2.1 花卉展览的设计原则

(1) 主题突出,把握全局

花卉展览是一个综合性的展览活动,故展览的构思立意和整体布局在整个展区布置中处于举足轻重的地位。要根据展出的意图和规模确定布展的主导思想,通过人工环境与自然环境的交融,现代建筑和传统布局方式的结合,从地形出发对场地进行功能区的布局、交通游线组织以及景观环境规划。各个要素均要围绕主导思想,相互呼应,协调一致,服从于整体布局。另外,在花展展区的设计中要突出主题,主次分明,统筹安排各类景观要素,综合考虑布展时的造景手法、材料选择、展台式样、背景处理、道具设计、标牌制作等布展细节，使得花卉展览新颖别致。

(2) 形式丰富，和谐统一

花卉展览的形式多样与否直接影响该展览最终表现的气氛和效果。因此，在紧扣主题的基础上，要综合运用规则式、自然式和综合式的园林规划形式，合理组织道路、建筑、山石、小品和植物等景观要素，增加游人的参与感，从而为花展注入活力。同时，花卉展览的陈设和布置必须考虑到花展整体的和谐统一以及与周围环境的协调。根据主题选择不同形状、质地、颜色的植物，根据环境选择湿生、旱生或喜光、耐阴的植物，根据人的需要选择易养护管理或可食用的植物等。例如，将水果、蔬菜、香草植物、药用植物等融入花园设计，创造更加丰富的景观效果。根据花展的规模和场地容量，把握陈设材料的体量和数量，使之与立地环境相适应，色彩搭配相宜，空间配置合理，使整个展览成为一幅完美的画卷。

(3) 尊重自然，讲求韵味

花卉展览的展示材料以植物为主，由于植物的生长需要一定的条件，因此应该根据花展举办的季节、展地的温度光照等条件以及植物的生长习性，选择适宜的布展花卉。在植物配置中，应根据环境的不同特征，尽可能维持植物的自然生境，以不同的材料组成各种植物群落，形成林缘线和林冠线变化多样、季相丰富多彩、植物与建筑水体相映成趣的美好景致，追求生态性和景观效果的融合。如果展期较长，还要考虑造景布展的植物材料的更换，达到理想的艺术效果，保证展览期间始终具有良好的景观。

(4) 锐意创新，注重特色

花卉展览中的陈设布置只有通过锐意创新，体现浓厚的时代特色，才能保证花展的特色和水平。锐意创新应包括以下几个方面：在确立指导思想时应当思路开阔，充分反映时代潮流；布置手法应力求别致出新；施工技术应匠心独运；材料选择应采取全新的视角以物善其用。

当然，锐意创新并不是否定传统，更不排斥继承和借鉴，而是博采众长，吐故纳新，在消化吸收的基础上创造性地发展，使传统的富于创意，使外来的适于我用，这样花展才能不断出新。例如，鉴于世界性的气候变暖以及环境污染问题，展览花园的设计也力求环保，以表达人们美好的生活愿望。国外目前的花园设计中，使用除草剂、杀虫剂以追求立竿见影效果的方法已大量减少，植物材料的选择主要根据其生态习性、景观需求结合栽植地土壤的类型和温湿度选择乡土植物渐成趋势。如 2007 年切尔西花展中的 Smith's garden 在展园设计中运用水果和蔬菜营造野生生物的生境，使用再生水营造景观，向人们传达了展园在表现环保的同时仍会具有良好的景观效果。同时，寻求花园设计材料的多样化，例如，应用大量可再生或可再利用的材料，如废旧的钢铁板、碎石等，以减少对环境的影响。采取多种材料铺设的路面，如木平台、石板、沙滩和玻璃板等，使得展览花园别具一格。

16.2.2 花卉展览的整体规划

16.2.2.1 功能布局的划分

花卉展览在整体规划中，应首先根据规划用地，结合地形条件进行功能布局的划分，主要包括前景空间、展览区域、公共服务空间、后勤区域等。

(1) 前景空间

前景空间具备停车、售票、检票、聚散等功能，应结合现状地形进行合理的布局，形成强烈景观性、导向性和标志性的前景空间。

(2) 展览区域

室内展馆根据展览的内容需求，采取综合与专题、集中与适当分散、封闭与开敞相结合的布局方式。室外展区在总体规划阶段应根据场地特征、参展单位数量特征等，进行适当的区域划分，并确定整体的风格，是展区沿游览主干道成组团式合理布置。展区之间、展园之间既有机联系，又相对独立；景观既有渗透，又有各自鲜明的特色。

(3) 公共服务空间

以花卉展览的日平均入场人数确定展览的公共服务设施规模，把就餐、茶饮、厕所、医务、环卫、小卖部、保安、问讯、通信、管理等功能按照大集中、小分散的原则，布置在参观线路的交织口，形成方便游人、布局合理的服务网络。

(4) 后勤区域

根据花卉展览的规模确定后勤区域的大小和组织结构，主要具备接待、植物检疫、消防以及苗圃等功能。

16.2.2.2 观赏路线的组织

花卉展览的观赏路线必须通过科学合理的安排和组织，不仅将参展单位所属展区内的各分区、景区有机地连接起来，同时也要把分区、景区内的各景点和展品陈设的各单元连成一个整体。

观赏路线的组织，首先要通畅和曲折。避免游人走回头路以造成拥塞，同时防止由于观赏路线过直，使游人一览无余、兴致索然。应运用障景的手法分隔空间，从而使得道路弯曲迂回以增强景深、丰富层次并延伸观赏路线，使整个布展区域内的观赏路线曲得合理、弯得自然。沿道路弧线的切线方向是参观者视野的焦点，所以在安排组织观赏路线时应尽量使这一方向面对主要景点或展台。另外，沿观赏路线适量点缀一些花卉展品，营造花台、花境等景观，可以起到引导、过渡和衔接的作用。

16.2.2.3 展区的分区与设计

合理分隔展区空间，不仅能起到增强景深、丰富景物、增加层次、以小见大的作用，而且经过虚实对比、抑扬开合和曲折变化的处理，展区空间会产生韵律节奏的变化，增强布展的艺术感染力。同时，展区空间既要有分隔，也要有联系与过渡，发挥其突出主题和渲染气氛、烘托展品的功能。分隔材料的选择应因地制宜，根据展区规模大小不同，综合运用地形、景墙、景窗、植物、篱笆、栅格等分隔空间。

虽然依据展览的类型和规模不同，内容可能各有千秋，但一般花卉展览主要包括门区、庭院景区、品种展区、室内展区等部分。

(1) 门区

门区作为花卉展览的第一部分，首先要留有足够的场地，以满足游人的集散功能。这一景区在处理手法上应以营造气氛为主，格调简洁，气氛热烈，可以运用大面积的植物色块或花坛、花台等手法，配合花展的主题进行植物布置，营造宏伟和喜庆的场面，引发游人的共鸣，并使参观者产生先睹为快的愿望。同时该区域应附有花展简介、指示牌、导游路线等内容，给游人的游览活动提供指导作用。

(2) 庭院景区

很多花展或园林展的室外展区均是各参展单位以庭院的形式布置参展的内容，如新品种应用展示，园林设计艺术和技术、材料展示等，是展会最精彩及群众最喜爱的内容。这一景区主要运用各种园林形式如中国传统的造园手法布置成景，可以自然山水为蓝本再现山野清泉，以历史文化为依据再现人文社会，以传统的地方园林流派为特色，以民族风情和地域特色为构思，以人居生态环境为立意，以植物造景为主体等，综合运用山石、建筑小品、植物等造园技法，或体现皇家园林的华贵，或再现文人园林的清雅；或湖光山色，或小桥流水，或草亭蹊径，或林下小酌……使游人从都市的纷繁中解脱出来，给人以回归自然之感。布置庭院景区时构思要追求意境，道具宜古朴，植物应用一般以体现群体效果的花卉材料为佳。

(3) 品种展区

花卉展览时，常会结合评奖等活动设品种展示专区，展品多是最能体现花卉的形态特征、观赏特性且长势良好的花卉品种。这一展区的布置应以陈设为主。展台设计要有一定的层次，展出的花卉品种的单种体量应较大，品种之间保持一定的距离，同时留给人们充足的空间，使参观者能够驻足仔细观赏。

(4) 室内展区

室内展区主要包括插花展区、盆景展区和

室内植物展区等。插花展区的布置与其他展区要相对独立。为了充分体现插花作品的艺术魅力，展台以白色为佳，式样最好是高低错落、形状各异的几何图形，这样一则可根据现场情况组合摆放，二则可根据作品的构图、体量进行调整。在布置手法上要线条简洁，色调明快，环境的色彩处理不宜热烈，以免喧宾夺主。盆景展区布展手法上宜古香古色，清新典雅，具有鲜明的民族特色。在布置展台时应仔细审视每件作品以发掘其艺术内涵，从而选择相宜的几案、合适的摆放方向和陈设高度等。一般长形盆配以长方几，圆形盆配鼓几或圆几，微型盆景陈设于博古架上，山石盆景宜放置于几案之上，高度以与人视线持平或稍低为宜。陈设时展品的色彩上宜有所变化，将深色作品和浅色作品穿插陈设。同时，在展区内悬以书画、楹联等，能够创造高雅的民族文化氛围，起到烘托展品的作用。此外，一些大型综合性花卉展览有时也会开设根艺、观赏鱼、奇石等展区。

总之，花卉展览在总体布局上要巧妙构思、突出主体；在材料选择上要依据标准、因地制宜；在布置手法上要不拘一格、匠心独运；在展区划分上要清晰明了，繁简相宜；在展区分隔上既要形成分隔，又要相互联系；在观赏路线上既要迂回曲折，又要便捷易行；在背景处理上要力求烘托主体、强调气氛。把握好以上几个环节，运用综合的布展手法处理好展区的每个细节，充分体现各自所表现的主题，同时利用明确合理的参观路线，将各展区有机地组织在一起，使整个花展布置完美地结合起来，创造出良好的布展艺术效果。

16.2.3　花卉展览的植物景观设计

花卉展览的主要目的是展示、交流人类利用植物的成果，展览的主角是植物，其余一切的设施和构筑物都是为了更好地展示植物及游人的游览要求而设置的，因此，植物的选材和植物景观设计是展览的核心内容。

16.2.3.1　植物材料的选择

(1) 根据植物的生态习性选择

与其他植物景观设计一样，因地制宜，根据植物的生态习性选择适宜当地的气候和环境条件的种类是首要考虑的。花卉展览虽然在一个特定的时间段内展出，但对于大型的综合性展览，展览结束后大部分展园都作为永久性景观保留下来——当作公共绿地供当地市民休闲娱乐或成为重要的旅游景点。因此，植物材料的选择需要从以下几个面考虑其适应性和适用性：首先，哪些区域将建成永久性植物景观，此处须选择当地气候条件及特定立地条件下能正常生长发育的植物，如展区的背景、园路的庭荫树等；其次，哪些区域属于临时景观区或布展区，该区域可以选择时令性花卉或可移动的盆栽花卉等；第三，展会还常会用到一些非季节性的植物，需要通过促成或抑制栽培的措施方可实现，则需及早安排；最后，有些展区还需要布置一些当地无法适应的植物，则需考虑防护措施是否具备。如2006年沈阳世博园中，部分华南省份的展区就因使用热带亚热带植物在沈阳早春的气候条件下受寒害，影响到开园时的效果。

(2) 根据花展的主题和展览方式选择

按照花卉展览的主题和方式，可从以下几个方面考虑植物材料的选择。

①专类展园　主要收集观赏价值较高、种质资源丰富的花灌木，要求植物材料花色繁多、品种多样，有一定的文化内涵等，如牡丹、芍药、月季、梅花、木兰、杜鹃花、山茶、桃花、丁香、鸢尾、荷花、兰花等，综合考虑当地的生态、小气候、地形条件进行栽植。由于专类展园在开花期观赏效果极佳，其他时期的观赏性相对较低，故同时应选择常绿树种或观赏性佳的其他植物进行配置，结合花架、花池及园路的特点，合理搭配成景。

②专题花园　即将不同科、属的植物配置在一起，展示植物的共同观赏特征。常见的专题花园有以突出植物芳香为主题的芳香园，以

观叶为主的彩叶园，以水景为主的水景园，以观果为主的观果园，以观花色为主的百花园。这类花园在造景材料选择时主要考虑植物的观赏特性能否满足某一主题，如芳香园首先要选花开芳香的植物，如米兰、丁香、含笑、茉莉等。其次注重季相的变化，如彩叶园可选既有突出春色叶的臭椿、栎树等，又有展示秋色叶的元宝枫、银杏、黄栌等，还要布置常年异色叶的'紫叶'李、紫叶矮樱、'金叶'刺槐等。

③园林形式展示园 主要展示世界各国的园林布置特点及不同流派的园林特色，如中国自然山水园林、日本枯山水园、英国自然风景园、意大利台地园林及近年来出现的后现代主义园林、解构主义园林等。这类展区的布置应着重选择能够体现其流派风格和地域特色的植物材料，结合其他园林手法，使游人身处其中，能强烈地感受到不同的园林特色。

(3) 根据植物的观赏特性选择

花卉展览是集中展示花卉个体和群体美的平台，故一定要注重植物的观赏特性和配置效果。多采用观花、观果、观姿和彩叶的植物，用种种配置方式加以布置，以形成良好的景观。同时植物材料应具备分枝点低、结构紧密、耐修剪的特点，经搭架、绑扎和修剪后，即可创造出千姿百态、栩栩如生、生动明快、简洁大方的各类造型。

16.2.3.2 植物的色彩设计

花卉展览中的植物色彩必须与展览所突显的主题相对应与协调。比如展览力图表现皇家园林的雍容气派或营造欢庆活动的热闹场所，那么在植物选择上应以红色、橙色、黄色为代表的暖色系材料为主；如果要表现江南园林的淡雅别致或营造休闲放松的安静场所，则应以各种色度的绿色植物材料为主，尽量选择平静的色调如蓝色、粉色、银色和白色，而少一些鲜亮活泼的色彩。总之，在区域的整体色彩布局中，首先，应该控制色彩的数量，确定其主题色调，在大尺度的空间内某一主题色彩的重复出现，能够吸引人们的注意以充分体现景观的特征和整体感；其次，在特定的区域内布置鲜艳或特殊色彩的植物材料，不时出现些精心设计的色彩对比，会给大片和谐的植物色调注入一股活力而令人兴奋，以保证整个布局的完整而又不乏新意。

色彩除了能够有效地营造展园的气氛，还能改变游人对展园尺度和距离的感知。在小面积的展园内，精心运用冷色系的色彩可以营建出宽敞明亮的空间感觉；在大面积的区域内，运用浅色系、暖色调和明亮的色彩能够拉近空间距离，同时运用色彩作为纽带，可以将本区域和周围环境融为一体，使景观成为有机的整体。

16.2.4 花卉展览设计实例

16.2.4.1 1999昆明世界园艺博览会

(1) 总体规划及分区布局

1999昆明世博会是我国首次举办的A1级大型专业博览会，以"人与自然，迈向二十一世纪"为主题。规划用地西南至东北向长约3km，呈条带状分布，东北高西南低，故规划用纵向三段式、轴线紧凑型组团布局类型，通过地面环路有机体联合展园（图16-1）。南段由景前区、中国室外展区、中国馆、大温室、人与自然馆构成，体现中国现代文明与自然环境的完美结合，创造世博会多姿多彩的声势；中段由国际室外展区、科技馆、国际馆构成，展示人类改造自然的高科技成果，以及不同国家、地区、民族在人类社会发展过程中创造出的不同风格的园林技术精品，实现全世界文化的交融；北段与国家重点文物保护单位——金殿风景名胜区相连，以大片的森林植被形成整个展会的背景，意喻回归自然、返璞归真以及"21世纪更美好"的人类共同追求。

整个博览会分为室内展馆和室外展区。室内展馆包括中国馆、人与自然馆、大温室、科技馆及国际馆。室外展区包括国际展区，展览用地面积57 000m^2，来自五大洲的35个国家和国际组织建造了34个各具特色的庭院；国内展区展览用地面积48 000m^2，基本按中国行政区版

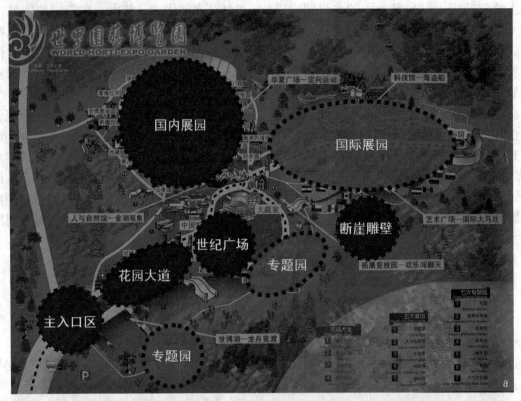

图 16-1　世界园艺博览会（昆明）总平面图及分区图
a. 世界园艺博览会（昆明）分区图　b. 世界园艺博览会（昆明）总平面图
（根据昆明世博园股份有限公司印制的导游图改绘）

图分布,大致分为华北、西北、西南、东北、华南、华中等区,包括全国 31 个省、自治区、直辖市及港、澳、台地区展园;企业参展区 9 家,展览用地面积 20 000m²;树木园、竹园、茶园、药草园、盆景园、蔬菜瓜果园专题展园 6 个,展览用地面积 71 280m²。所有展室和展区充分展示了各个国家、地区独具特色的造园艺术、园林景观及园林园艺方面的最新的科技成果。

在交通游线组织规划上以"人车分流、客货分流"为原则,将花园大道和友谊路作为游览主干线,以步行交通为主,内部游览车和空中索道为辅进行交通组织。同时在展览区中,又根据具体场地条件进行各分区的观赏路线组织,如在面积较大的室外展区,将风格各异、情趣不同的国际区与国内区分开布置,以大片植物为主的树木园和名花异石园进行分隔,使人们能体验不同的空间、不同的风情展示;明确的分区也为游人选择游览观赏路线提供了便利。

主入口广场上,本届世博会的吉祥物——一只硕大的滇金丝猴"灵灵",手持花束,笑迎嘉宾。进入主入口,首先扑入眼帘的是由 1500 盆鲜花装点而成、面积近 320m²、直径达 19.99m(寓意为 1999 年)的"世纪花钟"。踏上 60m 宽的鲜花大道,宛然置身花的海洋。数十万盆(株)鲜花或布置成图案优美、色彩艳丽的"花海""花溪";或布置成造型别致、立体丰满的"花柱""花船"。以"花钟"为序曲,乘"花船"经"花溪"流入"花海",最后点题于中心广场,由大温室前的"花开新世纪"雕塑和大型喷泉将气氛推向高潮。鲜花大道开阔疏朗的空间、新潮现代的设计、花团锦簇的景观令人目醉神迷,也由此奏响了世博园气势宏大、不同凡响的华美乐章。

(2)展园实例——上海明珠苑

明珠苑占地面积 1552m²,以都市街心园林、花园为命题,以圆珠形为构思点进行设计布局,以海派园艺风格为特色。园内设有一高一低两个水池,构成明珠花盘,大珠小珠落玉盘,意喻"东方明珠"上海(图 16-2a)。

明珠苑入口分布在圆珠形水池两侧,即园内主路的两端;以东西向的园路分隔园内空间,北为高低错落的水池,南为下沉小花园、茶室及高大的植篱背景(图 16-2b)。园西北两边为密林,东南为疏林及低矮灌木,水池和花园的布局相互呼应,形成构图简洁、外高内低、别有洞天的半封闭空间。

明珠苑以大圆与小圆相切,大圆中部契合弧形轩廊,小圆内设明珠岛和主景大花球。大圆上部是水池,下部为具有强烈现代气息的流线型草花花坛构成的下沉式花园。主景——大花球,直径 3m,高 5.4m,数百株盆栽花卉放置在不锈钢的球架中。花园环路设汉白玉立柱的球灯,花坛周边设雪花白石球;滚动的"幸运

图 16-2 上海明珠苑
a. 明珠花盘　b. 流线型草花花坛构成的下沉式花园

球"配以'龙柏'球、瓜子黄杨等植物。园内瀑布、跳泉、花流、人流等映入球的镜面,虚实相映,产生流动的空间效果,颇有情趣。

植物配置有雪松、'龙柏'、广玉兰、香樟、杜鹃花、桃叶珊瑚、'花叶'玉簪等,形成乔、灌、草结合的复层群落。建筑内侧各立面设置悬挂花钵、墙面花格,种植绿萝、常春藤、油麻藤等攀缘植物;屋面设花槽、花钵、屋檐草坪构成屋顶花园,形成良好的上爬下悬的垂直绿化效果。

16.2.4.2 2006 沈阳世界园艺博览会

(1) 总体规划及分区布局

2006 年沈阳世界园艺博览会是国际园艺生产者协会(AIPH)批准的 A2+B1 级别的国际性展会,其主题为"我们与自然和谐共生"。整个展会依托沈阳植物园,因地制宜地利用北低南高的山势地形、山水丘陵、林海花海及大型人工标志建筑等造园要素,形成大尺度的人文与自然相交融的景观。

西北侧 46hm² 的主入口区,包括凤凰广场、郁金香彩虹广场和百米迎宾花廊 3 个部分,选用大面积植物色块、花坛、花台烘托展会气氛,从售票、商务、客服等公共服务空间过渡到展览区域。东南侧地势高处由湖区、百合塔、百合谷岗高地、大草坪休闲区围合形成开敞空间,是整个展会的中心景区;标志性建筑——百合塔高 125m,是全园的制高点,可鸟瞰全园风景,星罗棋布的百余座园林作品掩映在树林丛中,森林美景尽收眼底。

在总体规划上,按照参展国家的地理位置,分为国内区及国际区两个展区。在国内展区中又根据各省(自治区、直辖市)及行政区将场地划分为华北、东北、西南区及东南区 4 个展区组团。结合现场地形和原生植被条件,整个观赏道路系统弯曲迂回、层次丰富,将各分区、景区串联起来。沿途大量布置花卉展品,营造花坛、花台、花境等景观,起引导、过渡和衔接作用。在各展区内的展区组团间,综合运用植物、纱、篱笆、树皮、博古架及胶合板等制成的形式、风格各异的景窗、景墙,合理分隔展区空间,增加景深和层次;同时通过虚实对比、抑扬开合和曲折变化的处理,使展区空间产生韵律节奏的变化,增强布展的艺术感染力(图 16-3)。

(2) 展园实例——深圳鹏城书苑

鹏城书苑设计以岭南广府式建筑风格为主,构思取材于深圳东门老街的思月书院。

全园景点依次为鹏城书苑、思月堂、藏书阁、澄漪亭、名家画廊。沫英涧是水源头,调控全园水的流动;澄漪亭是观景的最高处;名家画廊就势造景,兼有景墙的功能,为鹏城书苑提供独具特色的背景;流芳台作为回廊的终点,是游人驻足赏景的好地方。园内游览路线清晰、曲折回环,各景点步移景异、富有情趣(图 16-4)。

全园植物种类丰富,在植物配置中引种多种华南树种,合理利用沈阳本地的乡土树种,如拧筋槭、落叶松等,结合建筑、水体和山石,通过花台、花丛等应用形式,营造出淡雅别致的植物景观,尽显岭南园林的秀美。

16.2.4.3 2007 海淀公园奥运花卉展览

(1) 总体规划及分区布局

2007 海淀公园奥运花卉展览是为了确保高水平、有特色地完成奥运环境绿化美化任务,营造奥运期间隆重、热烈的赛时氛围,全面提升北京园林绿化、美化环境及管理的整体水平,由各级政府、科研机构、大专院校和企事业单位于 2007 年 8 月 5~31 日在海淀公园共同举办的关于奥运园林绿化科技成果的展示活动。

本次花展通过园林绿化景观营造、实物材料展示、图文科普宣传等多元化方式,全面展示近年来园林绿化方面的最新成果,包括新优植物材料、立体花卉装饰、屋顶绿化、大规模苗木移植、植物群落建植、草坪养护技术、园艺资材、病虫害防治、园林绿化机械、节水灌溉等类别,依托于北京海淀公园实际场地条件以及不同展示区域的功能需要划分了"云起龙翔""缤纷之夏""凤舞花韵""和谐奥运""绿野清

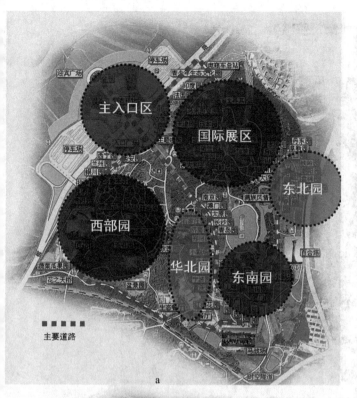

图 16-4　深圳鹏城书苑
a. 秀丽的水景　b. 全园的观景最高点澄漪亭坐落于水边

图 16-3　沈阳世界园艺博览园总平面图及分区图
　　a. 沈阳世界园艺博览园分区图
　　b. 沈阳世界园艺博览园总平面图

芬"5个景区，共同表现"人文奥运，花之畅想"的主题（图16-5）。

(2) 各景区实例

①"云起龙翔"景区　位于公园景观轴线上，占地约3300m^2，主要展示"北京奥运用花引种、生产应用综合技术研究"课题研究成果，植物材料为北京市花木公司等参展单位引种、筛选、培育的一、二年生草本花卉和宿根花卉等，包括"北京风情""北京与奥运""花卉与奥运"3条游览路线。展示区的设计以艺术化的祥云为主要的平面构图形式，以醉蝶花、夏堇、香彩雀、彩叶草、红花鼠尾草、蓝花鼠尾草、花烟草、鸡冠花、万寿菊、硫华菊、白晶菊、波斯菊、藿香蓟、四季秋海棠、观赏辣椒、蓍草、大花

图 16-5　2007 海淀公园奥运花卉展览总平面图及分区图
a. 2007 海淀公园奥运花卉展览分区图　b. 2007 海淀公园奥运花卉展览总平面图

马齿苋、紫露草、'金叶'薯、'紫叶'薯、假龙头、玉簪、细叶婆婆纳、红花酢浆草、紫叶酢浆草、红花矾根、松果菊、景天类、美人蕉、宿根福禄考、千屈菜、观赏向日葵、观赏谷子、萼距花等多种及品种的植物材料，形成色彩各异、形式丰富的色块。由四季秋海棠、五色苋类塑造的玉龙和火炬传递标志结合的立体造型，表现奥运来临之际人们热烈欢快之情和蓄势以待之意。整个设计紧紧围绕"人文奥运，花之畅想"的主题，结合场地条件设立孔雀草、百日草、非洲凤仙、长春花、彩叶草、一串红、夏堇、四季秋海棠、大花马齿苋、观赏草类等多个植物品种展示区，在展示新优品种的同时，亦用鲜艳明快的植物组合体现景观效果与人文气息的交融。整个展览运用植物种类及品种总计486种，同时又根据北京8月高温的气候条件选出抗性最强的植物品种26种，如'公爵夫人'——粉红色夏堇、'进步'——蓝花鼠尾草、'丰盛樱桃'——红色百日草、'奇才翡翠色'——彩叶草等最适宜奥运会期间使用的草花种类(图16-6)。

②"缤纷之夏"景区 入口是以黄色为主基调，形成具有现代气息的大色块园林景观；其中的水生荷塘区域以南集中展示培育的一、二年生花卉、多年生花卉、木本花卉、水生花卉等组合应用，点缀山石和水等元素，形成具有我国园林古朴、自然、简约特点的植物景观。共展出300多个种和品种的花卉，其中乡土花卉占70%以上，包括药用、食用、饲用和芳香等功能的花卉，如药用类的千日红、细叶婆婆纳、紫萼、大马齿苋、黄芩、薏苡、垂盆草、落新妇、射干、花叶芦竹、花叶薄荷、地涌金莲、毛曼陀罗、茅尼、牛扁、芸香、吊竹梅、狭苞橐吾、千屈菜、泽泻等；食用类的如芋头、紫甘蔗、韭菜、紫苏、藿香、狼尾草、谷子、睡莲、荷花等；饲用类的如'金叶'薯、'花叶'薯、东北婆婆纳、苔草、胡枝子等。在屋顶绿化材料与技术的集中展示区，利用精心搭建的小木屋和花墙展示屋顶及立体绿化的最新技术和成果。

小木屋对面的彩叶花果乔木展示区则主要展示先进的容器育苗技术以及一批新优彩叶、观花、观果植物。在墙后的大草坪上正在进行一场草坪养护恢复的竞赛，通过对破坏草坪的管理复壮恢复，集中展示草坪建植和养护恢复方面的产品和技术(见彩图37、彩图38)。

景区通过山水景园布置，用大量的植物材料，如夏堇、香彩雀、彩叶草、长春花、醉蝶花、藿香蓟、凤仙花、非洲凤仙、毛蕊花、红花烟草、旱金莲、垂吊矮牵牛、美女樱、万寿菊、波斯菊、桂圆菊、硫华菊、皇帝菊、茑萝、红蓼、四季海棠、观赏辣椒、千叶蓍、天竺葵、马利筋、'金娃娃'萱草、花叶香茶菜、滨菊、

图16-6 "云起龙翔"景区
a. 各类草花组成的纷繁的祥云图案 b. 百日草品种展示

亚菊、宿根天人菊、紫叶薯、福禄考、蓝花鼠尾草、假龙头、'金边'过路黄、串叶松香草、紫叶酢浆草、景天类、花烛、莲子草、龙翅海棠、血草、玉带草、蓝羊茅、银边芒、观赏谷子、蓖麻、蛇莓、紫花地丁、蛇鞭菊、晚香玉（芳香）、彩色马蹄莲、花叶芋、黄菖蒲、芡实、凤眼莲、慈姑、常春藤、山荞麦、'金叶'莸、木芙蓉等，意在使人在这绚烂的夏季，贴近自然景色，感受缤纷生活，憧憬奥运的到来。

③"凤舞花韵"景区 以奥运火炬接力标志"火凤凰"及"五环"的抽象性图案突出奥运主题，通过色彩搭配，重点展示北京市花菊花和月季品种，一、二年生草花和宿根花卉（图16-7，见彩图39）。以花境配置、组合花坛等园林造景方式展示自育菊花及新优月季品种，包括通过杂交、筛选加栽培措施培育出的小菊；以及短日照处理的小菊、品种菊、艺菊等。同时展示具有自主知识产权的20余种一、二年生草花，以及在多年育种筛选的基础上，通过技术措施优选的新优宿根花卉种和品种，如夏堇、矮牵牛、鸡冠花、一串红、百日草、小百日草、孔雀草、波斯菊、皇帝菊、万寿菊、硫华菊、美女樱、重瓣紫茉莉、月见草、假龙头、蓝花鼠尾草、黑心菊、亚菊、天人菊、桔梗、皱叶剪秋萝、观赏谷子、柳叶马鞭草、长尾婆婆纳等。

图16-8 "和谐奥运"景区富有趣味性的海刀豆（魔豆）

④"和谐奥运"景区 取"和谐致祥迎奥运"之意，结合北京植物园承担的"北京奥运用花引种、生产应用综合技术研究"课题，以小品、科普牌示和自然式花境的形式展示60多个夏季具有观花、观叶和观果效果的国内外新优植物品种。以复合造型盆相连接，在花境中点缀生肖猪、花塔等小品造型，并借鉴插花中构图、花色搭配的手法，形成生动活泼的景观效果。景区着力发掘植物的功能性和趣味性，如使用经过加工能在叶片上长出"人文奥运 花之畅想"字样的海刀豆（Canavalia martima，又名魔豆、巴西豆）形成花带，呼应"花卉与奥运"的主题，体现中国传统文化追求身心和谐、人际和谐、天人合一的思想（图16-8，见彩图40）。运用醉蝶花、红花鼠尾草、香翠雀、百日草、皇帝菊、非洲凤仙花、紫松果菊、金光菊、堆心菊、金鸡菊、蓝花婆婆纳、穗花婆婆纳、假龙头、旋覆花、落新妇、玉带草、蛇鞭菊、黑心菊、美人蕉、景天类、夏堇、藿香、荆芥、美国薄荷、黄芩、水杨梅、皱叶剪秋萝、大花马齿苋、玉簪、紫矾根、一枝黄花、火炬花、大叶铁线莲、山桃草、斑点泽兰、梣叶槭、紫叶稠李、海棠、紫薇、矮本花石榴、木槿、八仙花、欧洲接骨木、糯米条、金叶连翘、锦带、金叶莸、醉鱼草、海州常山、金老梅、多花胡枝子等大量花卉植物种及品种和灌木，形成本景区的特色景观——花境，在展示种

图16-7 "凤舞花韵"景区菊花品种及应用形式展示

类丰富的植物自身个体美的同时，又凸显出植物景观的群体美。

⑤"绿野清芬"景区 该区以展示"城市绿地被植物开发应用研究"及"多年生观赏草品种引选及其扩繁、栽培和应用技术研究"课题的研究成果为主，重点展示引种筛选的如紫花地丁、委陵菜、鹅绒委陵菜、匍枝委陵菜、甘野菊、菊花脑、蛇莓、大叶铁线莲、连钱草、多花胡枝子、胡枝子等30余种表现良好的奥运地被种类。该区以原生态为设计理念，结合园林艺术布局，搭配巧妙的透水铺装小路、路牙，以及木制小配件、涌泉等景观元素，展示喷雾装置与红蓼、大油芒、水杨梅、多花胡枝子等形成的地被小品；紫茉莉、鹅绒委陵菜、大花马齿苋及旋覆花等形成的野花组合；红蓼、紫茉莉、长尾婆婆纳、紫松果菊、连线草、青绿苔草等形成的富有情趣的地被花境；皇帝菊、水杨梅、蓝羊茅、发草、花叶拂子草、多花胡枝子等形成的地被组合以及快速建植技术等。和煦的阳光、河畔青青的绿色地被植物、各色摇曳的小野花、咕嘟咕嘟的小涌泉，和着缕缕清风，在炎炎夏日营造出一个清凉幽静的百草园(图16-9)。

16.3 展览温室花卉景观设计

16.3.1 温室概述

展览温室(ornamental green house)是一个展示各类不同植物，保存植物资源，保护生物多样性，进行园艺研究，开展国际交往的场所，同时，又是对公众开展科普教育，普及植物学知识，陶冶游览者热爱自然、保护环境、热爱科学的情操，培养爱国主义精神和民族自豪感的理想场所。

展览温室作为一种独特的建筑类型，是随着欧洲殖民主义的发展而产生的。它始于17～18世纪，流行于20世纪，其建筑的外形、材料、结构、空间分隔、温湿度调节手段等，随着科技的发展与展出植物的需要而日新月异。

由于受建筑材料和科技的限制，早期的展

图16-9　"绿野清芬"景区
a. 由桔梗、皇帝菊、水杨梅、紫花酢浆草、蓝羊茅、发草、花叶拂子草、多花胡枝子形成的富有野趣的地被组合
b. 由紫茉莉、矮牵牛、鹅绒委陵菜、大花马齿苋、旋覆花形成的野花组合

览温室一般规模不大，且以维多利亚传统式屋顶为主，如剑桥大学温室建于1880年，温室的高度远低于现代的温室。19世纪中叶到20世纪前几十年的维多利亚时期是温室发展史上最辉煌的一段时期。随着网架结构在建筑上的应用，展览温室在跨度和高度上都有大的突破，使得棕榈科和其他科属的高大植物能够进入温室，温室内出现了热带雨林等景观，大大丰富了温室内物种和植物景观。如美国费城的朗伍德植物园温室、密苏里植物园温室，英国皇家植物园展览温室，日本东京的"梦之岛"展览温室等。过去的展览温室多是一个建筑整体空间，由于

互相邻近的单元之间生态环境不易控制，进而发展为分散的新格局，如加拿大蒙特利尔植物园展览温室、美国生物圈2号温室群、北京植物园展览温室等。由于不同展览单元相对独立，其环境的可控性大大提高。

如今世界发达国家的重要城市均有大型植物园，其中的展览温室规模及内容不仅代表了植物园的水平高低，还在不同程度上反映了一个城市的科学技术水平与文化发展程度，并成为衡量一个现代化城市文明进步的重要标志之一。

16.3.2　展览温室的分类

世界上展览温室主要分布在温带。因此，展览温室主要是布置热带、亚热带和高山寒带的植物来再现当地自然景观。根据展示的内容或布置的方式，展览温室有不同的分类。

(1) 根据植物生长习性分类

可分为高温温室（如热带雨林温室、热带水生植物温室）、高湿温室（如热带兰花温室）、中湿温室（如热带棕榈温室）、中温温室（如秋海棠植物温室）、低温温室（如温带蕨类植物温室）等。

(2) 根据植物原产地分类

可分为非洲植物温室、大洋洲植物温室、美洲植物温室等温室区。

(3) 根据植物类别分类

可分为棕榈类植物温室、仙人掌类及多浆植物温室、热带雨林植物温室、食虫植物温室等。

(4) 根据自然景观分类

有些展览温室通过园林设计手法，在温室内模拟自然景观，营造出独特的室内园林景观，如加拿大蒙特利尔生态馆完全模拟自然，以亚马孙热带雨林为蓝本，建造了热带雨林馆，并且在馆内放养了鸟类、兽类，完全模拟自然生境，使人到了温室，仿佛置身于热带丛林。

16.3.3　展览温室花卉景观的设计

尽管各地各类展览温室展示的内容各有特色，但下列5个区是一般展览温室最常见的展示内容。

(1) 热带雨林区

主要反映南美洲、亚洲地区热带雨林景观，展出面积$1000 \sim 3000m^2$，冬季温度不低于20℃。在布局上，热带雨林景观占据65%，水域生态景观占20%，道路占15%。布置树种由乔木、灌木、藤本、草本等组成一个浓密、庞杂的错综体，有独木成林、老茎生花、绞杀、板根等现象，可使参观者领略到世界最典型的热带雨林景观。水域生态景观以配置王莲、热带睡莲、马蹄莲、海芋、观音莲、百子莲、埃及纸莎草等塑造出热带水域景观的一个缩影。

(2) 观花植物区

本区展出面积$1000 \sim 3500m^2$，冬季温度不低于12℃。主要展示世界各国丰富多彩的观赏植物，不同时间突出不同主题，采用规则式与自然式相结合的布展形式，使游人观后有新鲜感、愉悦感，达到流连忘返的境界。在具体做法上可采用不同形式和不同内容的展览。以永久性栽种的植物为衬托，四季鲜花要保持常换常新，一年四季要突出不同的主题。如冬季春花展、春季夏花展、名花名树专题展、各国名花景观展、世界商品花卉展、观赏植物精品展等。同时该区作为联系空间，可调节温差给人带来的不适，又为游人提供休闲、娱乐场所。不仅满足各类植物生存生长的需求，还兼顾游览观景时的活动空间。

(3) 热带水生植物区

面积$1000 \sim 3000m^2$，冬季温度不低于15℃。主要展出热带、亚热带水生植物的多样性和水域自然景观。一般要求陆地面积占40%，水面60%。陆地营造出丘地和平地，水面部分筑起深水、浅水和沼泽地。水面要有主有次、有大有小；水际线蜿蜒曲折、自然。水面上可筑起汀步、小桥，陆地上修建$2 \sim 3$处风格独特的小品。在水生植物造景上，按照景观艺术设计的原则，创造出源于自然、高于自然的艺术风貌。如挺水植物群落用埃及纸莎草、马蹄莲、海芋等；浮水植物群落用王莲、芡实、浮叶眼子菜等；沉水植物群落用金鱼藻、血心兰、水榕等，有条件的区内建造喷泉、瀑布等流速较大的水体，增添动感。同时，为了丰富本区陆地的自然景观，可配置乔木（如棕榈类）、小型热带观叶植物、多年生草本花卉等，使整个景观更为丰富。

（4）仙人掌及多浆植物区

面积1000~3000m^2，冬季温度不低于15℃。主要展示热带、亚热带沙漠植物景观及其他多浆植物。包括仙人掌科、番杏科、景天科、大戟科、龙舌兰科、萝藦科、百合科等科的肉质肥厚的植物种类。

本区常以墨西哥荒漠地带生长的巨人柱为代表，展示美洲热带干旱、荒漠地区的植物多样性和奇特景观。景观展示面积占80%、道路占20%。室内路面采用细卵石，展示区以园林手法筑起自然山丘地形。中央种植世界著名的巨人柱，其周围配置中型柱状和大型圆球状仙人掌植物。游览线路两侧用中小型球状多肉植物成群或成组布置，形成一个高低错落的美洲热带地区的一个缩影，力求充分展示仙人掌及多浆植物的美感。

（5）高山植物区

面积800~1500m^2，冬季温度不低于12℃，夏季温度不超过25℃。主要展示热带、亚热带高海拔地区的珍贵植物。由于多数高山植物比较矮小，自然群生，展室在地形上要有起伏，便于参观者欣赏。同时，自由摆放不规则岩石来模拟高山地貌景观。植物配置上，以刺柏、侧柏、崖柏、冷杉等为骨干树种，以常绿杜鹃花、高山矮生杜鹃花为主要花灌木，形成美丽的灌丛。并将报春花、番红花、风铃草、矮生鸢尾、龙胆、苦根等多年生草本，镶嵌于岩石旁和灌丛边际。春季花时，宛如一张多彩的地毯，让人领略山地高原的自然景色。

除了上述5个展区外，大部分展览温室可能还包括蕨类植物或阴生植物展区、兰科植物展区、凤梨科植物展区、食虫植物展区、棕榈植物展区等。也有的从植物地理学角度布置大洋洲植物展区、非洲植物展区、南美洲植物展区等。

作为现代化的花卉展览温室，除内部各种植物景观布置富有特色外，建筑的外观一定要通透、轻快、富有个性，与周围环境要能融为一体。内部展区要设置有不同强度的展示照明及植物生长补光设备，室内光线可根据季节和气候情况进行植物光照调节控制，还能通过不同的色温营造环境气氛并突出植物展示效果。所有的内部控制设备，要能满足不同类型的植物生长的需要。生态建筑及可持续发展的绿色建筑是当代建筑学的前沿问题，如何节约能源、充分利用先进的技术达到生态的综合平衡及植物所需的最佳环境是当今世界各地普遍关注和集中研究的问题。

思考题

1. 花卉展览有哪些类型？
2. 综合性花展布局与设计的原则及主要景区的设计要点是什么？
3. 展览温室的类型及主要景区的植物设计要点是什么？

推荐阅读书目

花展布置艺术与布置手法. 刘佩，钱辛华. 陕西林业科技，2002(3).

讨论大型花卉展览中的陈设布置. 黄月华. 蓝天园林，2003(1).

园林植物景观设计与营造. 赵世伟，张佐双. 中国城市出版社，2001.

昆明园林志. 昆明市园林绿化局. 云南人民出版社，2002.

参考文献

陈俊愉，程绪珂，1990. 中国花经[M]. 上海：上海文化出版社.
陈俊愉，等，1996. 中国农业百科全书·观赏园艺卷[M]. 北京：中国农业出版社.
陈俊愉，2001. 中国花卉品种分类学[M]. 北京：中国林业出版社.
陈植，1979. 园冶注释[M]. 北京：中国建筑工业出版社.
郭锡昌，1994. 绿化种植艺术[M]. 沈阳：辽宁科学技术出版社.
韩烈保，杨碚，邓菊芬，1999. 草坪草种及其品种[M]. 北京：中国林业出版社.
胡中华，刘师汉，1995. 草坪与地被植物[M]. 北京：中国林业出版社.
李尚志，2000. 水生植物造景艺术[M]. 北京：中国林业出版社.
李彤，陈鹭声，1995. 药用植物园景区规划[J]. 中国园林，11(2).
郦芷若，朱建宁，2001. 西方园林[M]. 郑州：河南科学技术出版社.
[明]徐光启撰（石声汉校注），1979. 农政全书校注（中）[M]. 上海：上海古籍出版社.
苏家和，1986. 花坛[M]. 成都：四川科学技术出版社.
孙筱祥，1981. 园林艺术与园林设计[M]. 北京：北京林学院城市园林系.
朱迎迎，李静，2008. 园林美学[M]. 3版. 北京：中国林业出版社.
王莲英，1997. 中国牡丹品种图志[M]. 北京：中国林业出版社.
魏钰，张佐双，朱仁元，2006. 花境设计与应用大全[M]. 北京：北京出版社.
吴涤新，1994. 花卉应用与设计[M]. 北京：中国农业出版社.
谢维荪，徐民生，1999. 多浆花卉[M]. 北京：中国林业出版社.
徐民生，谢维荪，1991. 仙人掌类及多肉植物[M]. 北京：中国经济出版社.
叶剑秋，2000. 花卉园艺初级教程[M]. 上海：上海文化出版社.
叶剑秋，2000. 花卉园艺高级教程[M]. 上海：上海文化出版社.
叶剑秋，2000. 花卉园艺中级教程[M]. 上海：上海文化出版社.
余树勋，1998. 花园设计[M]. 北京：天津大学出版社.
臧德奎，2002. 攀缘植物造景艺术[M]. 北京：中国林业出版社.
赵世伟，张佐双，2002. 园林植物景观设计与营造[M]. 北京：中国城市出版社.
周维权，1999. 中国古典园林史[M]. 2版. 北京：清华大学出版社.
朱秀珍，2002. 花坛艺术[M]. 沈阳：辽宁科学技术出版社.
宗白华，等，1987. 中国园林艺术概观[M]. 南京：江苏人民出版社.
AREND JAN VAN DER HORST, 1997. Patio and Conservatories[M]. Rebo Productions.
BJ HOSHIZAKI & R C MORAN, 2001. Fern Grower's Manual[M]. Portland, Oregon: Timber Press, Inc.
BRIAN CLOUSTON, 1977. Landscape Design with Plants[M]. William Heinemann Ltd., Institute of Landscape Architecture.
DAVID S. MACKENZIE, 1997. Perrnnial Ground Cover[M]. Portland, Oregon: Times Press, Inc.
E GORDEN FOSTER & JOHN T. MICKEL, 1983. For great gardening, turn to ferns[J]. Garden, March/April.
HUXLEY A, 1920. An Illustrated History of Gardening[M]. New York and London: Paddington press Ltd.
JOHN BROOKES, 1987. The Country Garden Grown[M]. New York: Publishers, Inc.
NIGEL HEPPER, 1982. Kew Gardens for Science & Pleasure[M]. Maryland: Stemmer House, Publishers, Inc Owings

Mills.

PHILIP PERL & THE EDITORS OF TIME-LIFE BOOKS, 1979. Ferns[M]. Time-life Books (Nederland) B. V.
ROBIN WILLIAMS, 1990. The Garden Planner[M]. Frances Lincoln.
STEFAN BUCZACKI, 1986. Ground Rules for Gardeners[M]. London: William Collins Sons and Co. Ltd.
TONY LORD, 1994. Best Borders[M]. London: Frances oncoln Limited.

索 引

I 名词索引

（按拼音顺序）

A

矮型髯毛类(Dwarf bearded, DB) 156

B

巴洛克式花园(the Baroque garden) 102
编结植篱(knitted hedge) 84
波斯顿蕨(Boston fern) 130
波斯花园(the Persian garden) 101

C

草地园(lawn garden) 88
草坪(lawn) 89
草坪植物(lawn grasses) 10
草坪植物(lawn plants, lawn grasses) 89
常绿针叶树(dwarf conifers) 57
常绿植篱(evergreen hedge) 83
窗台花卉装饰(balcony and window-box planting) 188
窗园(window garden) 188
垂直绿化(vertical greening) 67

D

当代花园(present-day garden) 103
低维护性花园(low maintenance garden) 106
地被植物(ground covers) 10
地被植物(groundcover plants, groundcovers) 90
吊篮(hanging baskets) 197
吊篮花卉或垂吊花卉(hanging plants) 196
都市花园(the urban garden) 102
多浆类花卉(cacti & succulents) 11

E

二年生花卉(biennials) 9

F

丰花月季(Floribunda Rose) 153
风景式风格的花园(the landscape style garden) 102
凤梨类花卉(bromeliads) 11

G

高山植物(alpine plants) 124
高山植物(alpines) 126
高山植物展览室(the rock garden under glass, the alpine house) 125
高型髯毛类(Talle bearded, TB) 156
根茎类(tuberous root) 10
观赏果蔬专类园(ornamental vegetable and fruit tree garden) 143
观赏植物(ornamental plants, landscape plants) 1
冠状类(Crested irises) 156
规则式岩石园(formal rock garden) 125

H

花丛(flower clumps) 32
花卉(ornamental plants, garden flowers) 1
花卉应用设计(application design of garden plants) 1
花卉展览(flower exhibition) 201
花境(flower border) 56
花境花卉(border flowers) 10
花台(raised flower bed) 51
花坛(flower bed) 34
花坛花卉(bedding flowers) 10
花园(flower garden) 101
花园(garden) 101

J

家庭花园(home garden) 104

结园(knot garden) 4
蕨类植物(ferns) 11
蕨类植物门(Pteridophyta) 130

K

块根类(rhizomes) 10
块茎类(tubers) 10

L

兰科花卉(orchids) 11
浪漫主义式花园(the romantic garden) 102
篱(fence) 83
鳞茎类(bulbs) 10
楼子台阁亚类(Grown Proliferate-Flower Subsection) 148
楼子亚类(Crown Subsection) 148
路易斯安那鸢尾类(Louisiana irises) 156
绿篱(green fence) 83
洛可可式花园(the Rococo garden) 102
落叶植篱(deciduous hedge) 84

M

米诺鸢尾类(Junos) 156
牡丹园(Tree-peony Garden) 148
木本花卉(tree and shrubs) 10

N

拟鸢尾类(Spuria irises) 156

P

盆栽花卉(potted plants) 10
瓶景及箱景(terrarium) 197

Q

千层台阁亚类(Hundred Proliferate-Flower Subsection) 148
千层亚类(Hundred-Petals Subsection) 148
墙园式岩石园(dry-stone wall) 125
切花花卉(cut flowers) 11
切叶花卉(cut-leaf plants) 11
邱园(Kew Garden) 124
球根花卉(bulbs) 10
球茎类(corms) 10

R

容器式微型岩石园(miniature rock gardens, trough gardens) 125

S

食虫植物(carnivorous plants; insectivorous plants) 11
室内花卉(indoor plants) 10
室内花卉设计(interior plant design) 193
蔬菜花园(kitchen garden) 101
水景园(water garden) 113
水生和湿生花卉(water and bog flowers) 11
水生植物(aquatic plants) 113
宿根花卉(perennials) 10
宿根花卉花境(perrennial border) 57

T

太平洋海滨鸢尾类(Pacific coast irises) 156
藤蔓类花卉(climbers and creepers) 10
藤月季(Climber & Rambler) 153
田园式风格的花园(the cottage style garden) 103

W

网状鸢尾类(Reticulates) 157
微型月季(Miniature Rose) 153
文艺复兴时代花园(the Renaissance garden) 102
屋顶花园(rooftop garden, roof-garden, green roof) 166
无髯毛类(Beardless irises) 156

X

西班牙鸢尾(Xiuphiums) 157
西伯利亚鸢尾类(Siberia irises) 156
仙人掌和多浆植物(cacti and succulents) 11, 135
仙人掌及多浆植物专类园(cacti and succulents garden) 135

Y

岩生花卉(rock flowers) 10
岩生植物(alpines and rock plants) 126
岩石园(rock garden) 125
燕子花类或水生鸢尾类(Laevigatae or water irises) 156
阳台、窗台花卉装饰(balcony and window-box planting) 188
药用植物专类园(herb garden) 139
一年生花卉(annuals) 9
有髯毛类(Bearded irises) 156

鸢尾园(Iris Garden)　148
园林地被(ground cover)　90
园林花卉的种植施工(planting of garden plants)　25
园林花卉应用设计(application design of garden flowers)　1
园林植物(landscape plants)　1
月季园(Rose Garden)　148

Z

杂种长春月季(Hybrid Perpetual Rose)　153
杂种香水月季(Hybrid Tea Rose)　153
展览温室(ornamental green house)　215
整形植篱(clipped hedge)　84
植篱(hedge)　83
植物雕塑(topiary)　3

中世纪的花园(the medieval garden)　101
中型髯毛类(Intermediate bearded, IB)　156
园林花卉的种植施工(planting of garden plants)　25
竹园(Bamboo Garden)　148
朱诺鸢尾类(Junos)　157
主题花园(theme garden)　110
专类花卉(specialized flowers)　11
专类花园(specialized garden)　110
专类园(specialized garden)　110
壮花月季(Grandiflora Rose)　153
缀花草地(flower meadow)　92
自然式岩石园(informal rock garden)　125
自然式植篱(natural hedge)　84
棕榈类植物(palms)　11
组合栽植(plant pack)　195

Ⅱ 植物名称索引

(按拼音顺序)

A

埃及白睡莲(*Nymphaea lotus*) 113
矮牵牛(*Petunia hybrida*) 15

B

八角金盘(*Fatsia japonica*) 97
八仙花(*Hydrangea macrophylla*) 14
菝葜属(*Smilax*) 68
霸王鞭(*Euphorbia neriifolia*) 136
白及(*Bletilla striata*) 98
白蜡(*Fraxinus chinensis*) 16
白三叶(*Trifolium repens*) 98
白头翁(*Pulsatilla chinensis*) 10
百合类花卉(*Lilium* spp.) 13
百里香(*Thymus mongolicus*) 35
斑竹(*Phyllostachys bambusoides* f. *tanakae*) 162
半边莲(*Lobelia chinensis*) 76
半支莲(*Portulaca grandiflora*) 15
报春花类(*Primula* spp.) 10
报春花属(*Primula*) 13
抱树莲(*Drymoglossum piloselloides*) 132
北京铁角蕨(*Asplenium pekinense*) 173
北美巨杉(*Sequoiadendron giganteum*) 124
荸荠(*Heleocharis dulcis*) 121
笔筒树(*Saphaeropteris lepifera*) 130
薜荔(*Ficus pumila*) 96
变色鸢尾(*Iris versicolor*) 158
变叶木(*Codiaeum variegatum* var. *pictum*) 13

C

彩叶草(*Coleus blumei*) 76
草地早熟禾(*Poa pratensis*) 89
草甸碎米荠(*Cardamine pratensis*) 115
草莓(*Fragaria ananassa*) 96
侧柏属(*Platycladus*) 83
茶梅(*Camellia sasanqua*) 84
菖蒲(*Acorus calamus*) 114
长寿花(*Kalanchoe blossfeldiana*) 69
常春藤属(*Hedera*) 69
常夏石竹(*Dianthus deltoides*) 98
车前(*Plantago depressa*) 96
齿叶桂(*Osmanthus fortunei*) 84
雏菊(*Bellis perennis*) 9
垂吊矮牵牛(*Petunia* spp.) 69
垂盆草(*Sedum sarmentosum*) 40
垂丝海棠(*Malus halliana*) 69
春鹃(*Rhododendron chunienii*) 69
慈竹属(*Sinocalamus*) 162
葱兰(*Zephyranthes candida*) 10
粗茎早熟禾(*Poa trivialis*) 92
酢浆草(*Oxalis corymbosa*) 10
翠菊(*Callistephus chinensis*) 40
翠云草(*Selaginella uncinata*) 130

D

大花葱(*Allium giganteum*) 63
大丽花(*Dahlia pinnata*) 10
大叶黄杨(*Euonymus japonicus*) 40
倒挂金钟(*Fuchsia hybrida*) 15
灯芯草属(*Juncus*) 114
地被菊(*Dendranthema* × *grandiplorum*) 97
地黄(*Rehmannia glutinosa*) 96
地毯草(*Axonopus compressus*) 89
杜鹃花(*Rhododendron simsii*) 84
杜鹃花类(*Rhododendron* spp.) 10
钝叶草(*Stenotaphrum helferi*) 89
盾叶天竺葵(*Pelargonium peltatum*) 69
多茎委陵菜(*Potentilla multicaulis*) 96

E

峨眉蕨(*Lunathyrium acrostichoides*) 132
萼距花(*Cuphea hyssopifolia*) 39
耳蕨(*Polystichum auriculatum*) 133

F

番红花属(*Crocus*) 92

方竹（*Chimonobambusa quadrangularis*） 162
飞燕草（*Consolida ajacis*） 10
菲白竹（*Arundinaria fortunei*） 162
菲白竹（*Pleioblastus argenteo-striatus*） 97
菲黄竹（*Arundinaria auricoma*） 162
'绯牡丹'（*Gymnocalycium mihanovichii* var. *friedrichii* 'Hibotan'） 136
肥皂草（*Saponaria officinalis*） 98
粉叶蕨（*Aleuritopteris pseudo-farinosa*） 131
风信子（*Hyacinthus orientalis*） 10
枫香（*Liquidambar formosans*） 69
枫杨（*Pterocarya stenoptera*） 115
凤尾竹（*Bambusa multiplex* var. *nana*） 162
凤仙花（*Impatiens balsamina*） 9
凤眼莲（*Eichhornia crassipes*） 114
佛肚竹（*Bambusa ventricosa*） 162
扶桑（*Hibiscus rosa-sinensis*） 14
浮萍（*Lemna minor*） 114
浮叶眼子菜（*Potamogeton natans*） 114
福建茶（*Carmona microphylla*） 39
福建观音莲座蕨（*Angiopteris fokiensis*） 131
福禄考（*Phlox* spp.） 98
复叶耳蕨（*Arachniodes aspidioides*） 132

G

刚竹类（*Phyllostachs* spp.） 176
刚竹属（*Phyllostachys*） 162
高原鸢尾（*Iris collettii*） 157
沟叶结缕草（*Zoysia matrilla*） 89
狗脊蕨（*Woodwardia japonica*） 133
狗牙根（*Cynodon dactylon*） 10
枸骨（*Ilex cornuta*） 84
枸橘（*Poncirus trifoliata*） 84
瓜叶菊（*Senecio cruentus*） 14
观音莲属（*Lysichitum*） 115
观音莲座蕨（*Angiopteris fokiensis*） 131
贯众（*Crytomium fortunei*） 132
光棍树（*Euphorbia tirucalli*） 176
广东万年青（*Aglaonema modestum*） 134
龟背竹（*Monstera deliciosa*） 15
龟甲竹（*Phyllostachys pubescens* var. *heterocycla*） 162
桂花（*Osmanthus fragrans*） 69
桂竹香（*Cheiranthus cheiri*） 9

H

海刀豆（*Canavalia martima*） 214
海金沙（*Lygodium japonicum*） 131
海棠（*Malus* spp.） 110
海芋（*Alocasia macrorrhiza*） 134
含笑（*Michelia figo*） 40
寒菊（*Dendranthema morifolium*） 2
旱金莲（*Tropaeolum major*） 69
郝瑞希阿属（*Chorisia*） 176
合欢（*Albizia julibrissin*） 23
荷花（*Nelumbo nucifera*） 2，10
荷包牡丹（*Dicentra spectabilis*） 10
荷兰菊（*Aster novi-belgii*） 40
黑桦（*Betula dahurica*） 115
黑麦草（*Lolium multiflorum*） 89
黑麦草属（*Lolium*） 89
黑藻（*Hydrilla verticillata*） 114
红盖鳞毛蕨（*Dryopteris erythrosora*） 132
红花檵木（*Loropetalum chinense* var. *rubrum*） 84
红花油茶（*Camellia chekiang-oleosa*） 69
红椒草（*Cryptocoryne wendtii*） 114
红桑（*Acalypha wilkesiana*） 84
红树（*Rhizophora apiculata*） 115
猴面包树属（*Adansonia*） 136
厚皮香（*Ternstroemia gymnanthera*） 69
厚叶蕨（*Cephalomanes sumatranum*） 131
胡颓子属（*Elaeagnus*） 68
槲蕨（*Drynaria roosii*） 132
蝴蝶花（*Iris japonica*） 156
蝴蝶兰（*Phalaenopsis amabilis*） 13
虎耳草（*Saxifraga stolonifera*） 98
花菖蒲（*Iris kaempferi*） 115
花秆早竹（*Phyllostachys praecox*） 162
花蔺（*Butomus umbellatus*） 115
花毛茛（*Ranunculus asiaticus*） 97
花叶万年青（*Dieffenbachia picta*） 134
华北蹄盖蕨（*Athyrium pachusorum*） 132
华东蹄盖蕨（*Athyrium nipponicum*） 132
槐叶萍（*Salvinia natans*） 132
黄菖蒲（*Icorus pseudacorus*） 114
黄菖蒲（*Iris pseudacorus*） 158
黄刺玫（*Rosa xanthina*） 84
黄秆乌哺鸡竹（*Phyllostachys vivax*） 162

黄花鸢尾（*Iris pseudacorus*） 116
火棘（*Pyracantha fortuneana*） 176
火棘（*Pyracantha* spp.） 69
火棘属（*Pyracantha*） 84
火炬花（*Kniphofia uvaria*） 23
火炬树（*Rhus typhina*） 16

J

鸡冠花（*Celosia cristata*） 9
鸡爪槭（*Acer palmatum*） 69
吉祥草（*Reineckia carnea*） 10
加拿大一枝黄花（*Solidago canadensis*） 13
加拿大早熟禾（*Poa compressa*） 89
加纳利刺葵（*Phoenix canariensis*） 40
夹竹桃（*Nerium indicum*） 114
嘉兰（*Gloriosa superba*） 68
荚果蕨（*Matteuccia struthiopteis*） 131
假俭草（*Eremochloa ophiuroides*） 89
假升麻（*Aruncus sylvester*） 114
剪股颖属（*Agrostis*） 89
箭竹属（*Fargesia*） 162
江南星蕨（*Microsorium fortunei*） 131
蕉藕（*Canna edulis*） 43
角果木（*Ceriops tagal*） 115
结缕草（*Zogsia japonica*） 10，88
金琥（*Echinocactus grusonii*） 137
金莲花属（*Trollius*） 114
金毛狗（*Cibotium barometz*） 131
金镶玉竹（*Phyllostachys aureosulcata* f. *spectabilis*） 162
金叶女贞（*Ligustrum ovalifolium* var. *variegatus*） 84
金银莲花（*Nymphoides indica*） 114
金鱼草（*Antirrhinum majus*） 15
金盏菊（*Calendula officinalis*） 13
锦带花（*Weigela florida*） 69
锦熟黄杨（*Buxus sempervirens*） 35
锦绣玉属（*Parodia*） 137
井栏边草（*Pteris multifida*） 132
景天类（*Sedum* spp.） 40
酒瓶兰（*Nolina longifolia*） 176
菊花（*Dendranthema morifolium*） 11
菊花脑（*Dendranthema nankingense*） 97
巨人柱（*Carnegiea gigantea*） 137
蕨（*Pteridium aquilinum* var. *latiusculum*） 132
君子兰（*Clivia miniata*） 10

K

孔雀草（*Tagetes patula*） 9

L

兰花（*Cymbidium* spp.） 10
蓝蝴蝶（*Iris tectorum*） 156
蓝睡莲（*Nymphaea coerulea*） 145
老枪谷（*Amaranthus caudatus*） 23
老鼠筋（*Acanthus ebracteatus*） 115
老鸭柿（*Diospyros rhombifolia*） 69
乐昌含笑（*Michelia chapensis*） 69
冷杉（*Abies fabri*） 124
梨（*Pyrus* spp.） 101
丽格海棠（*Begonia elatior*） 69
丽花属（*Lobivia*） 137
栎类（*Quercus* spp.） 16
连翘（*Forsythia suspensa*） 15
两色鳞毛蕨（*Dryopteris bissetiana*） 132
量天尺（*Hylocereus undatus*） 137
量天尺属（*Hylocereus*） 136
林地早熟禾（*Poa nemoralis*） 89
铃兰属（*Convallaria*） 92
凌霄（*Campsis grandiflora*） 10
凌霄属（*Campsis*） 69
菱（*Trapa bispinosa*） 114
令箭荷花（*Nopalxochia ackermannii*） 137
令箭荷花属（*Nopalxochia*） 136
柳属（*Salix*） 115
六月雪（*Serissa foetida*） 84
'龙翅'海棠（*Begonia* 'Dragon Wing'） 69
龙拐竹（*Chimonobambusa szechuanensis*） 162
龙舌兰（*Agave americana*） 136
龙竹（*Dendrocalamus giganteus*） 162
龙爪球（*Copiapoa* spp.） 137
楼斗菜（*Aquilegia vulgaris*） 13
芦荟类（*Aloe* spp.） 136
芦荟属（*Aloe*） 136
'鹿角'桧（*Sabina chinensis* 'Pfitzeriana'） 23
鹿角蕨（*Platycerium bifurcatum*） 69
驴蹄草（*Caltha palustris*） 114
绿萝类（*Scindapsus* spp.） 134
绿绒蒿属（*Meconopsis*） 13

罗汉松(*Podocarpus macrophyllus*) 69
络石属(*Trachelospermum*) 69
落新妇属(*Astilbe*) 114
落羽杉(*Taxodium distichum*) 114

M

马蔺(*Iris lactea* var. *chinensis*) 60
马蹄莲(*Zantedeschia aethiopica*) 10
麦冬类(*Liriope* spp.) 42
'馒头'柳(*Salix matsudana* 'Umbraculifera') 23
满江红(*Azolla imbticata*) 116
蔓长春花(*Vinca major*) 69
毛竹(*Phyllostachys pubescens*) 162
梅花(*Prunus mume*) 110
梅花草(*Parnassia palustris*) 115
美女樱(*Verbena hybrida*) 98
美人蕉(*Canna generalis*) 15
猕猴桃属(*Actinidia*) 68
绵枣儿属(*Scilla*) 92
膜蕨(*Hymenophyllum barbatum*) 131
茉莉花(*Jasminum sambac*) 84
牡丹(*Paeonia suffruticosa*) 148
木芙蓉(*Hibiscus mutabilis*) 114
木槿(*Hibiscus syriacus*) 23
木通属(*Akebia*) 68
木绣球(*Hydrangea dumicola*) 69
木贼(*Equisetum hiemale*) 133

N

南蛇藤属(*Celastrus*) 69
南天竹(*Nandina domestica*) 84
南洋杉(*Araucaria cunninghamii*) 43
尼泊尔鸢尾(*Iris decora*) 157
鸟巢蕨(*Neottopteris nidus*) 131
鸟蕉花属(*Ixia*) 159
茑萝(*Quamoclit pennata*) 10
茑萝属(*Quamoclit*) 68
女贞(*Ligustrum lucidum*) 72

O

欧洲椴(*Tilia europaea*) 84
欧洲山毛榉(*Fagus sylvatica*) 84

P

蘋(*Marsilea quadrifolia*) 132
爬山虎属(*Parthenocissus*) 69
炮仗花(*Pyrostegia ignea*) 68
平枝栒子(*Cotoneaster horizontalis*) 69
苹果(*Malus pumila*) 101
瓶蕨(*Trichomanes auriculata*) 131
瓶兰(*Diospyros armata*) 69
萍蓬草属(*Nuphar*) 114
铺地蜈蚣(*Palhinhaea cernua*) 130
匍茎剪股颖(*Agrostis stolonifera*) 89
葡萄属(*Vitis*) 68
蒲公英(*Taraxacum mongolicum*) 96
蒲葵(*Livistona chinensis*) 114

Q

桤木属(*Alnus*) 115
槭树类(*Acer* spp.) 16
千里光(*Senecio scandens*) 69
千屈菜(*Lythrum salicaria*) 10
牵牛(*Pharbitis hederacea*) 10
牵牛属(*Pharbitis*) 68
铅笔柏(*Sabina virginiana*) 23
芡属(*Euryale*) 114
蔷薇(*Rosa* spp.) 101
蔷薇属(*Rosa*) 68
球兰属(*Hoya*) 69

R

人面竹(*Phyllostachys aurea*) 162
忍冬属(*Lonicera*) 68
日本木瓜(*Chaenomeles japonica*) 69
日本珊瑚(*Viburnum awabuki*) 69
榕属(*Ficus*) 69
箬竹属(*Indocalamus*) 162

S

三色堇(*Viola tricolor*) 10
散尾葵(*Chrysalidocarpus lutescens*) 40
扫帚草(*Kochia scoparia*) 90
沙棘(*Hippophae rhamnoides*) 84
砂地柏(*Sabina vulgaris*) 23

山茶(*Camellia japonica*) 15
山桃(*Prunus davidiana*) 15
山影(*Piptanthocereus peruvianus* var. *monstrous*) 136
山茱萸(*Cornus officinalis*) 69
珊瑚藤(*Antigonon leptopus*) 68
蛇鞭菊(*Liatris spicata*) 63
蛇葡萄属(*Ampelopsis*) 68
射干(*Belamcanda chinensis*) 159
生石花(*Lithops pseudotruncatella*) 136
生石花类(*Lithops* spp.) 136
石菖蒲(*Acorus calamus*) 90
石斛兰(*Dendrobium nobile*) 13
石莲花(*Echeveria glauca*) 136
石榴(*Punica granatum*) 15
石韦(*Pyrrosia lingua*) 131
石竹(*Dianthus chinensis*) 9
饰冠鸢尾(*Iris cristata*) 156
鼠李(*Rhamnus dahurica*) 84
双穗狗牙根(*Cynodon dactylon* var. *biflorus*) 89
水鳖属(*Hydrocharis*) 114
水葱(*Scirpus validus*) 113
水杉(*Metasequoia glyptostroboides*) 114
水松(*Glyptostrobus pensilis*) 114
水苋菜(*Ammania gracilis*) 114
水椰(*Nypa fruticans*) 115
睡菜(*Menyanthes trifoliata*) 115
睡莲(*Nymphaea* spp. & cvs.) 10
丝瓜(*Luffa cylindrica*) 71
丝石竹(*Gypsophila elegans*) 23
苏铁(*Cycas revoluta*) 40
苏铁蕨(*Brainea insignis*) 130
酸藤子属(*Embelia*) 69
桫椤(*Cyathea spinulosa*) 131
桫椤类(*Alsophia* spp.) 130

T

苔草属(*Carex*) 114
昙花(*Epiphyllum oxypetalum*) 69
昙花属(*Epiphyllum*) 136
唐菖蒲(*Gladiolus hybridus*) 10
唐菖蒲类(*Gladiolus* spp.) 159
桃(*Prunus persica*) 15
桃花(*Prunus persica*) 110
桃叶珊瑚(*Aucuba chinensis*) 98

天轮柱属(*Cereus*) 136
天竺葵(*Pelargonium hortorum*) 15
田葛缕子(*Carum buriaticum*) 96
贴梗海棠(*Chaenomeles speciosa*) 69
铁角蕨(*Asplenium trichomanes*) 173
铁杉(*Tsuga chinensis*) 124
铁线蕨(*Adiantum capillus-veneris*) 131
铁线莲属(*Clematis*) 68
桐花树(*Aegiceras corniculatum*) 115
土麦冬(*Liriope spicta*) 96
团扇蕨(*Gonocormus minutus*) 133

W

瓦韦(*Lepisorus thunbergianus*) 132
卫矛(*Euonymus alatus*) 69
卫矛(*Euonymus* spp.) 69
苇状羊茅(*Festuca arundinacea*) 89
文殊兰(*Crinum asiaticum*) 10
蚊母(*Distylium racemosum*) 69
乌毛蕨(*Blechnum orientale*) 131
无花果(*Ficus carica*) 101
蜈蚣草(*Nephrolepis cordifolia*) 131
五色苋(*Alternanthera bettzickiana*) 35
五味子属(*Schisandra*) 68
勿忘草属(*Myosotis*) 115

X

西伯利亚鸢尾(*Iris sibirica*) 115
西府海棠(*Malus micromalus*) 69
溪荪(*Iris sanguinea*) 158
喜林芋类(*Philodendron* spp.) 134
细叶百日草(*Zinnia linearis*) 40
细叶结缕草(*Zoysia tenuifolia*) 89
细叶麦冬(*Liriope minor*) 98
细叶美女樱(*Verbena tenera*) 98
仙客来(*Cyclamen persicum*) 10
现代月季(*Rosa* cvs.) 11
香榧(*Torreya gransis*) 69
香蒲(*Typha* spp.) 113
香石竹(*Dianthus caryophyllus*) 14
香豌豆(*Lathyrus odoratus*) 68
香雪兰属(*Freesia*) 92
香雪球(*Lobularia maritima*) 40

橡皮树（Ficus elastica） 40
小檗类（Berberis spp.） 84
小檗属（Berberis spp.） 84
小苍兰（Freesia refracta） 159
小冠花（Coronilla varia） 98
小蓬竹（Drepanostachyum luodianense） 162
小叶女贞（Ligustrum quithoui） 84
小叶榕（Ficus microcarpa） 114
蟹爪（Zygocactus truncactus） 137
新几内亚凤仙（Impatiens hawkeri） 69
雄黄兰属（Crocosmia） 159
绣球（Hydrangea spp.） 69
须苞石竹（Dianthus barbatus） 9
萱草（Hemerocallis fulva） 10
萱草属（Hemerocallis） 114
悬钩子属（Rubus） 68
雪莲（Saussurea involucrata） 13
雪柳（Fontanesia fortunei） 84
雪松（Cedrus deodara） 124
雪叶菊（Senecio sinarasia） 60
薰衣草（Lavandula angustifolia） 36

Y

鸭舌草（Monochoria vaginalis） 116
鸭跖草（Tradescantia albiflora） 77
崖豆藤属（Millettia） 68
崖姜蕨（Pseudodrynaria coronans） 131
崖爬藤属（Tetrastigma） 69
岩蕨（Woodsia ilvensis） 132
岩牡丹属（Ariocarpus） 137
沿阶草（Ophiopogon japonicus） 60
燕尾蕨（Cheirpleuria bicuspis） 131
燕子花（Iris laevigata） 114
羊胡子草（Carex regescens） 88
羊茅属（Festuca） 89
羊蹄甲属（Bauhinia） 68
杨梅（Myrica rubra） 69
杨属（Populus） 115
野菊花（Dendranthema indicum） 98
野牛草（Buchloe dactyloides） 10
叶子花（Bougainvillea glabra） 23
叶子花属（Bougainvillea） 68
夜香树（Cestrum nocturum） 69
一串红（Salvia splendens） 10

一年生黑麦草（Lolium multiforum） 89
一年生早熟禾（Poa annua） 89
一品红（Euphorbia pulcherrima） 11
一枝黄花（Solidago canadensis） 13
银粉背蕨（Aleuritopteris argentea） 132
银杏（Ginkgo biloba） 16
银芽柳（Salix leucopithecia） 11
迎春（Jasminum nudiflorum） 23
鱼尾葵（Caryota ochlandra） 15
榆叶梅（Prunus triloba） 15
羽衣甘蓝（Brassica oleracea var. acephala） 9
玉带草（Arrhenatherum elatius var. tuberosum f. variegatum） 32
玉兰（Magnolia denudata） 15
玉帘属（Zephyranthes） 92
玉簪（Hosta plantaginea） 10
玉簪属（Hosta） 114
郁金香（Tulipa gesneriana） 2
鸢尾类（Iris spp.） 10
鸢尾属（Iris） 156
圆柏（Sabina chinensis） 23
圆柏属（Sabina） 83
圆盖阴石蕨（Humata tyermanni） 131
月光花属（Calonyction） 68
月桂（Laurus nobilis） 84
云杉（Picea asperata） 124
筠竹（Phyllostachys glauca f. yunzhu） 162

Z

早熟禾（Poa annua） 89
早熟禾属（Poa） 89
泽泻属（Alisma） 115
榛属（Corylus） 115
中华结缕草（Zoysia sinica） 89
中华里白（Diplopterygium chinensis） 69
中华水韭（Isoetes sinensis） 132
柊树（Osmanthus heterophyllus） 84
子孙球属（Rebutia） 137
紫花地丁（Viola yedoensis） 96
紫荆（Cercis chinensis） 23
紫罗兰（Matthiola incaca） 13
紫茉莉（Mirabilis jalapa） 15
紫萁类（Osmunda spp.） 133
紫穗槐（Amorpha fruiticosa） 84

紫藤(*Wisteria sinensis*) 10
紫藤属(*Wisteria*) 68
紫薇(*Lagerstroemia indica*) 23
紫羊茅(*Festuca rubra*) 89
紫叶小檗(*Berberis thunbergii* var. *atropurpurea*) 84

紫竹(*Phyllostachys nigra*) 162
紫竹梅(*Setereasea purpurea*) 69
棕竹(*Rhapis excelsa*) 40
柞木(*Xylosma congestum*) 84

第 1 版后记

编写一本花卉应用设计的教学参考书的想法由来已久，因各种缘故一直没有开始。近些年来，城市建设日新月异，与时俱进的是花卉新品种不断出现，花卉在园林中的作用日趋重要，形式越来越多，应用的质、量也越来越高。看到一届届毕业的学生都投入到园林建设的大潮中，既庆幸时代给了这个学科发展的好机会，又有一种紧迫感；作为培养专业人才的学校，我们的教学如何才能既训练学生扎实的基本功，又能引导学生开阔思路、紧跟时代发展的步伐，以便在未来的工作中勇于创新，这是值得我们思考的问题。因此迫切需要一套实用、系统、科学的教材。但学科发展如此之快，教材恐怕跟不上时代的变化。犹豫之中，在学校相关部门领导和出版社的鼓励下，抱着权且抛砖引玉的态度承担了此项任务。

花卉应用设计虽然不是新兴的内容，前辈也有一些专著，但长久以来可供教学参考的、全面而系统的资料还是非常欠缺。因此，本书从大纲的确定到内容编写，都深感犹如垦荒，极为艰难。我国虽然具有悠久的花卉栽培和应用历史，但在史料记载及现存的古典园林中，植物配置注重的主要是木本植物，关于草本花卉在园林中的规模化运用记载较少。然而时代的发展却对草本花卉的应用提出了新的要求，以至于我国目前园林中草花应用的主要形式主要是舶来品。但中华民族深厚的文化底蕴使得这些花卉应用形式在中国的发展过程中不断地被赋予民族文化的内容和形式，比如花坛、花钵等。如今我国的大部分城市都已经走过了城市绿化的初级阶段而在大规模进行改造，加之"奥运"在即，一方面力图通过花卉配置丰富城市色彩、追求"四季常青、三季有花"，追求"没有量就没有美"等现代园林绿化美化的形式，使之与城市大手笔的道路、桥梁及建筑、广场相宜。另一方面，人们居住环境逐渐得到改善，社区花园及私家花园渐多，对园林花卉的小范围、精致型的配置也提出了更高的要求。而且当今时代，园林植物的应用已不仅仅是为了美化环境，如何通过花卉应用维护城市的生态平衡、保持人类生活环境与大自然的和谐和彼此渗透等都是具有时代特征的不容回避的问题。与之相应的，在国际上发达国家出现了野生花卉的应用、低维护性花园、野趣花园等具有新理念的花卉应用形式。如何使学生在掌握花卉应用设计的基本原则后，触类旁通，保持开阔的视野，做出令时代和社会满意的作品，不仅是教学，也是我国园林实践中一个急需探讨的题目。我们试图在本书中涉及某些方面，但感觉远未如愿。如今付梓之际，我一方面如释重负，另一方面却惴惴不安，恐误导学生、恐贻笑大方，而且交印后又发现一些内容不够完善，还有一些遗漏，但已不便通篇大改了，也因此深感遗憾。

出版社曾经提出书名是否改为《园林花卉应用学》，学校设的课程名称为花卉应用学。但请教了许多专家并考察国内外资料，似乎无此名称。考虑到园林花卉应用设计实际上属园林设计的范畴，只是由于内容相对独立，加上教学方便才单列出来，故现名似乎更为稳妥。相应的英文名称为 *Application Design of Garden Flowers*，并求正于广大同行。

该书写作历时两年多。不会忘记写作过程中，在阅读参考国外资料的过程中，对一些不甚明了的地方多次请教陈俊愉先生时，先生不厌其烦地讲解，并欣然为拙作作序；不会忘记炎热夏季，余树勋先生审阅本书，不仅提出具体意见和宝贵的建议，斧正了书的英文名称，还在电话中多次教导，使我受益匪浅。不会忘记王莲英教授在对完善大纲及内容的多次交流中提出的宝贵意见，张启翔教授在本书出版过程中给予的鼓励和各方面协调所付出的辛劳，还有周道瑛副教授在资料方面提供的无私帮助。学高为师，德高为范。前辈的治学精神和对晚辈的培养，不仅使我时时感念，更是我学习作为一名教师的楷模。

在最后整理书稿的这段时间，几乎每天的报纸都登载有介绍北京某个园林景观建成或城市某处又要大规模栽植鲜花营造多彩景色的信息，看后的确令人兴奋，越发希望本书能为园林建设的发展作出微薄的贡献。

参编人员承担本书各部分撰写工作的情况如下：

董丽：本书第一、二、三、四、五、六章、第十章、第十一章（第八节中竹园除外）。

张延龙：第七、第八章第二节。

朱仁元、张延龙、董丽：第八章第一节。

朱仁元：第八章第三、四节。

董丽、谢晓蓉：第九章第一、三节。

尹淑霞：第九章第二节。

张鸽香、孙兴旺：第十一章第八节竹园部分。

刘庆华：第十二章。

肖建忠：第十三章。

岳桦：第十四章第一、二、四节。

洪波、董丽：第十四章第三节。

毛志滨、张鸽香：第十五章。

全书由董丽统稿。

另外，参加本书编写及有关资料收集、选图、绘图、校对等工作的还有欧哲民、张睿鹏、龙金花、任爽英、余莉、周琳、刘红、杨洋、张红滨、梁芳、陈然等。

对于本书中存在的缺点和错误，竭诚欢迎广大的学生、教师及园林工作者批评、指正。

董　丽

2003 年 6 月